北方酱卤肉制品
品质提升关键技术及应用

陈洪生　韩　齐　刁静静　著

内 容 简 介

本书以肌肉蛋白氧化控制技术和北方酱牛肉、酱卤猪手等产品工业化加工关键技术方面的研究结果为基础,系统地论述了北方传统酱卤肉制品及品质提升关键技术的研究进展。全书分为四章,主要内容包括北方酱卤肉制品及品质提升关键技术研究进展、香辛料对肌肉蛋白氧化的控制技术、北方酱牛肉品质提升的关键技术和北方酱卤猪手品质提升的关键技术。

本书适合于从事酱卤肉制品加工和研发的科研人员,以及各大院校食品专业的研究人员和师生阅读。

图书在版编目(CIP)数据

北方酱卤肉制品品质提升关键技术及应用 / 陈洪生,韩齐,刁静静著. —哈尔滨:哈尔滨工程大学出版社,2022.6
  ISBN 978 – 7 – 5661 – 3541 – 4

Ⅰ.①北… Ⅱ.①陈… ②韩… ③刁… Ⅲ.①酱肉制品 – 食品加工 – 研究 Ⅳ.①TS251.6

中国版本图书馆 CIP 数据核字(2022)第 108491 号

北方酱卤肉制品品质提升关键技术及应用
BEIFANG JIANGLU ROUZHIPIN PINZHI TISHENG GUANJIAN JISHU JI YINGYONG

选题策划 刘凯元
责任编辑 李 暖
封面设计 李海波

出版发行	哈尔滨工程大学出版社
社　　址	哈尔滨市南岗区南通大街 145 号
邮政编码	150001
发行电话	0451 – 82519328
传　　真	0451 – 82519699
经　　销	新华书店
印　　刷	北京中石油彩色印刷有限责任公司
开　　本	787 mm×1 092 mm　1/16
印　　张	12.5
字　　数	308 千字
版　　次	2022 年 6 月第 1 版
印　　次	2022 年 6 月第 1 次印刷
定　　价	49.00 元

http://www.hrbeupress.com
E-mail:heupress@hrbeu.edu.cn

前　言

本书基于香辛料对肌肉蛋白氧化控制技术、酱牛肉和酱卤猪手等北方特色酱卤肉制品工业化加工关键技术研究及应用等方面，论述了北方酱卤肉制品品质提升关键技术的研究进展。酱牛肉、酱卤猪手等北方传统酱卤肉制品极具地方特色，深受消费者喜爱，但也存在着加工技术粗放、连续化生产工艺落后、产量和质量不稳定、产品档次低以及添加剂滥用等一系列问题。希望本书的出版有助于食品加工企业提升北方酱卤制品的加工技术，为从事酱卤肉制品加工和研发的技术人员提供帮助，改善产品配方和加工工艺，提高产品品质，实现传统特色肉制品的现代化、工业化，打破地域限制，扩大销售市场，从而促进黑龙江省畜牧、肉制品加工行业的发展和优化升级。

本书的研究结论和理论成果得益于黑龙江八一农垦大学主持和参与的相关科研项目，即黑龙江省农垦总局科技攻关项目（HNK135－05－06），黑龙江省"百千万"工程科技重大专项课题（2020ZX07B02－2），黑龙江八一农垦大学"三横三纵"支持计划（TDJH202003），国家自然科学基金项目（32202109）的支持和资助；也得益于黑龙江省中加合作食品研究发展中心、黑龙江省农产品加工工程技术研究中心等平台的支持。本书综合了著者近年来的科研成果，是在基础理论研究、产业化转化成果的基础上，参考了相关国内外文献资料撰写而成。全书共四章：第一章主要对北方酱卤肉制品及品质提升关键技术研究进展进行了综述；第二章论述了香辛料对肌肉蛋白氧化的控制技术；第三章论述了北方酱牛肉品质提升的关键技术，包括五香牛前腱的工艺优化及复合保鲜剂对其贮藏品质的影响；第四章论述了北方酱卤猪手品质提升的关键技术，包括酱卤猪手配方、去骨实验研究加工工艺的优化和贮藏试验。

本书由黑龙江八一农垦大学的陈洪生、韩齐、刁静静合著而成。其中第一章、第二章第一节由韩齐撰写；前言、第二章二至四节、第三章一至二节由陈洪生撰写；第三章三至四节及第四章由刁静静撰写。在成书过程中得到了黑龙江八一农垦大学于长青教授的大力支持，在此表示由衷的感谢。并对参与研究项目实施的黑龙江八一农垦大学的刘欢、牛百惠等科研人员，协助书稿整理的李嘉琦、姜晓娟等同学表示衷心感谢！由于著者学术视野和能力的不足，试验条件及环境的局限，本书难免存在疏漏或错误的观点及论述，希望各位同人和读者能够给予指导和建议。著者衷心希望本书的相关研究内容可以为科研人员提供参考。

最后，感谢大家在本书出版过程中给予的帮助和支持！

著　者
2022 年 1 月于大庆

目 录

第一章 北方酱卤肉制品及品质提升关键技术研究进展 ·········· 1
- 第一节 酱卤制品加工发展现状 ·········· 1
- 第二节 酱卤制品品质提升技术研究进展 ·········· 3
- 本章参考文献 ·········· 29

第二章 香辛料对肌肉蛋白氧化的控制技术 ·········· 38
- 第一节 香辛料提取物对肌原纤维蛋白氧化理化特性的影响 ·········· 38
- 第二节 丁香提取物对肌原纤维蛋白结构和功能性的影响 ·········· 57
- 第三节 猪肉肌原纤维蛋白氧化的蛋白组学分析及 CE 的影响 ·········· 75
- 第四节 丁香提取物对生肉糜的抗氧化作用 ·········· 86
- 本章参考文献 ·········· 101

第三章 北方酱牛肉品质提升的关键技术 ·········· 106
- 第一节 五香酱牛肉工艺研究 ·········· 106
- 第二节 五香酱牛肉工艺正交试验优化 ·········· 118
- 第三节 复合保鲜剂对低温五香牛前腱贮藏品质的影响 ·········· 127
- 第四节 温度波动对低温五香牛前腱贮藏品质的影响 ·········· 138
- 本章参考文献 ·········· 148

第四章 北方酱卤猪手品质提升的关键技术 ·········· 150
- 第一节 酱卤猪手配方优化 ·········· 150
- 第二节 酱卤猪手去骨试验研究 ·········· 158
- 第三节 酱卤猪手加工工艺的优化 ·········· 166
- 第四节 酱卤猪手保质期预测及贮藏期间品质变化研究 ·········· 175
- 本章参考文献 ·········· 189

第一章　北方酱卤肉制品及品质提升关键技术研究进展

第一节　酱卤制品加工发展现状

一、酱卤肉制品

肉制品是人们饮食结构中的重要组成部分,也是全球消费量最大的食品之一。我国是世界上最大的肉制品加工国之一,2016 年肉制品加工总产量达 10 000 万吨,占世界肉制品加工总产量的 30%;同时,我国肉制品总消费量达 8 500 万吨,占世界肉制品总消费量的 30%,是与美国和巴西并列第一的肉制品加工和消费国。肉制品虽然是一种营养丰富、富含蛋白质的食物,但容易腐败变质,所以需要采用合理的贮藏和防腐方法,否则将影响肉制品的食用品质与安全。当然,随着人们生活水平的不断提高,肉制品加工也不仅仅拘泥于延长保质期,更多的是为了丰富种类和风味,以满足不同人群的消费需求。

肉制品的传统加工工艺分为原料肉缓化工艺、原料肉腌制工艺、绞肉工艺和烘干工艺。而根据加工工艺不同,肉制品可分为 9 大类:(1)腌腊肉制品,包括咸肉制品、腊肉制品和腌制肉制品;(2)酱卤肉制品,包括酱卤肉制品、糟肉制品、白煮肉制品和肉冻制品;(3)熏烧焙烤肉制品,包括熏烤肉制品、烧烤肉制品和焙烤肉制品;(4)干肉制品,包括肉干、肉松等肉制品;(5)油炸肉制品,包括炸肉串、肉排等肉制品;(6)肠类肉制品,包括火腿肠制品、熏煮香肠制品、中式香肠制品、发酵香肠制品、调制香肠制品以及其他肠制品;(7)火腿肉制品,包括中式火腿制品和熏煮火腿制品;(8)调味肉制品,包括咖喱肉、各类肉丸、肉卷等肉制品;(9)其他类肉制品。

酱卤肉制品是一类色泽美观、质地酥软、风味浓郁、口感适中的传统熟肉制品,其历史悠久。酱卤肉制品是以鲜(冻)畜禽肉和可食副产品为原料,放在加有食盐、酱油(或不加)、味精(或不加)、香辛料的水中,经预煮和浸泡、煮制及酱制(卤制)等工艺生产加工制成的酱卤系列肉制品。北方传统酱卤制品包括酱猪手、酱牛肉、酱排骨、酱猪肚等。在整个北方地区,肉制品大多以"焖制"为主,都可以称之为"酱卤"。传统的酱卤水,都是以酱香为主,五香为辅,除了使用常规香料外,还会用甜面酱、黄豆酱、老抽等调味品增色,颜色普遍发红,色泽也比较光亮。北方传统酱卤制品因其具有独特的酱香风味而深受消费者喜爱。因此,如何保证北方酱卤肉制品风味和品质是推动其工业化加工产业提升的关键点之一。

二、酱卤制品加工发展现状与研究进展

1. 酱卤制品的配方优化

肉制品的颜色、嫩度、风味、保水性和多汁性是影响肉制品食用品质的主要因素。肉制品的食用品质反映了肉制品的消费性能和潜在价值,也直接影响了消费者对肉制品的购买欲。而酱卤制品的最大卖点更是在于其风味,酱卤肉制品中的香辛料和调味料等辅料是决定酱卤制品风味的关键因素。而由于中式卤肉制品生产的地域不同、消费者的消费习惯不同,所以各个地区的酱卤制品特点均不同。而且由于酱卤制品受加工工艺和消费者消费习惯的限制,其酱卤制品风味和品质均受到不同程度的影响。因此,为了进一步促进传统肉制品的工业化生产,迫切需要对传统酱卤肉制品的配方和加工工艺进行系统研究。

目前,国内已有很多关于传统酱卤制品配方优化的研究,孙永杰等人应用正交实验对鹿肉的酱卤配方进行研究,得到了酱卤鹿肉的最佳配方。李儒仁等人应用响应面实验对酱卤牦牛肝的配方进行改良,得到了最佳生产配方。王宇等人对酱牛肉工艺配方进行优化实验,结果优化出一种口味良好的酱牛肉工艺配方。

2. 酱卤制品的加工技术

近年来,随着工业化程度的提高,我国肉制品加工研究方向也发生了较大的改变,同时,随着人们对肉制品品质要求的逐步严格,许多企业和科研人员将深加工肉制品及休闲即食肉制品的开发与研究作为生产、研究的重点。传统肉制品经过千百年来的发展,已形成独有的特色肉制品,如何在传统的基础上创新发展肉制品,如何传承传统制品,使之实现现代工业化,并使之打破地域限制,扩大消费市场,已成为现在酱卤肉制品发展的方向之一。

肉制品的加工方式、工艺及参数均会影响肉制品品质变化。温度在 30～50 ℃的时候蛋白质开始凝固变化,温度达到 90 ℃的时候蛋白质凝固硬化,盐类及浸出物从肉中析出,肌纤维收缩,肉质变硬,温度升高到 100 ℃时一部分蛋白质和碳水化合物发生水解,肌纤维断裂,肉质熟烂。随着温度的升高胶原蛋白可以转化成明胶,而随着煮制时间的延长肉制品会失去水分导致质量减小,肌肉蛋白质会发生热变性凝固,肉汁分离,肉的保水性和蛋白质都会发生变化。肉中脂肪会随着加热而熔化,脂肪的熔化又会释放出一些挥发性化合物,这些化合物可以增加肉制品的香气。另外在肉制品食用过程中,感官评价也是评价肉制品质量的重要指标,结缔组织是产品形状以及韧性的决定性因素。肉制品的风味也会受到加热温度、加热时间的影响。在肉制品加工过程中,加工工艺对肉制品的营养成分和感官品质都具有至关重要的影响。因此,在传统酱卤肉制品传承发展过程中,如何保证产品的品质将成为酱卤制品发展的关键点之一。

影响酱卤制品发展的关键问题在于其加工工艺不标准。因此,我国大量研究人员为确保酱卤制品的品质,均对其加工工艺条件进行了优化筛选。谢美娟等人进行了卤煮时间对酱卤鸡腿品质影响的研究,实验结果得出,鸡腿经 95 ℃卤煮 1.5 h 后得到的产品口感和品质最佳。王秀娟在酱卤鸡蛋的加工中融入超声波技术,实验结果得出,使酱卤鸡蛋感官品质优良的加工条件。刘杨铭等人使用超高压技术对酱卤羊肚的品质进行改良,研究结果表

明,超高压技术对产品的感官品质有显著影响,对蛋白质的二级结构和组分还有产品的微观结构也有影响,实验最终得到可以改善产品感官的最佳处理条件。陈金伟将超高压技术引用到猪手的加工中,实验结果表明超高压技术可以有效地改良猪手中筋不容易煮烂的问题,也对筋不容易从骨头上去除的问题有较好效果,超高压技术对猪手中的胶原蛋白的稳定具有很好的效果。刘洋等人研究滚揉腌制和浸泡腌制猪拱嘴品质的影响,实验结果表明浸泡工艺制作的酱卤猪拱嘴有更高的品质。陈旭华研究了酱卤肉制品定量卤制工艺,通过对生产数据的分析得出可以提高生产效率以及可以节省费用的酱卤肉制品加工工艺。

综上所述,酱卤肉制品是一种风味独特、深受消费者喜爱的产品。肉制品的食用品质反映了肉制品的消费性能和潜在价值,也直接影响消费者对肉制品的购买欲。而酱卤制品的特色更在于其风味,酱卤肉制品中的香辛料、调味料等辅料是决定酱卤制品风味的关键因素。目前,酱卤肉制品工业化发展中存在的主要问题有加工工艺不标准、出品率低、品质指标难以控制等。因此,保证酱卤肉制品产品的品质和风味是推动酱卤制品产业发展的关键点之一。

第二节 酱卤制品品质提升技术研究进展

一、肉制品品质提升技术研究进展

1. 现代工艺方面的研究

肉制品主要具有凝胶、保水、乳化等几大加工特性。在肉制品加工过程中,添加磷酸盐和食盐后体系中的 pH 值会升高,经过滚揉和斩拌后,肌原纤维蛋白会被提取到溶液中。高浓度的氯化钠会降低肌球蛋白的等电点,进而使肌球蛋白在通常的 pH 值范围内带有更多的静电荷。肌肉中蛋白质发生凝胶变化时,肌原纤维蛋白与胶原蛋白形成特殊的三维网络结构,与产品的加工特性和食用特性息息相关。研究发现肌肉中自由水主要借助毛细血管作用和表面张力作用而被束缚在肌肉中,自由水主要决定于肌肉蛋白的结构,肌丝之间束缚着大量的水分,进而影响肉的持水性。肉制品品质与生产过程中的腌制、煮制工艺以及品质控制是分不开的,Koohmaraie 等人发现在腌制过程中将静态盐水注射和动态的滚揉工艺的机械方式相结合可以最大限度地优化产品品质,同时,烹饪过程直接影响产品的口感和外观。在滚揉腌制过程中,通过周期性间隔抽真空形式的脉动真空滚揉同样可以加速腌制过程,较好地利用了机械力对产品品质进行优化,同时,微波真空干燥对鸡肉粒的品质优于传统干燥方式。

用 70% 的钾盐风味补偿剂作用于腊肠,其产品的钠盐浓度可以降低 50%。Mestre 等人认为肉的剪切力与持水性有一定联系,当肉制品持水性得到改善,肉的口感质地都会得到提高,可见盐水浓度的不同可以影响腌制肉中质量传递和动力学模型参数。Pietrasik 等人对牛半膜烤肉进行机械力的作用,分析持水性、剪切力和质构的变化情况,结果发现盐水注射有助于提高产品蒸煮出品率,改善嫩度,减小产品硬度,但是内聚力增加不显著($p > 0.05$),当滚揉结合刀片嫩化 2 h 可以提高 20% 的嫩度,但若继续增加滚揉时间则不会改善嫩度。同时 Pietrasik 等人进一步研究刀片嫩化、预滚揉和注射后滚揉，对烤牛肉质构、嫩度、出品率和压榨失水率所带来的变化，盐水注射可以提高产品出品率，并且对半膜肌嫩度有很大影响，结合嫩化处理可提高牛肉持水性并改善压榨失水率，预滚揉还可显著提高牛肉的嫩度，但是与注射后滚揉相比对嫩度的改善不显著（$p > 0.05$）。Szerman 等人研究注射后滚揉与注射前滚揉对牛肉机械特性、视觉特性、物理特性和结构特性的影响，注射进 120% 的盐水量，其中包括 3.5% 的乳清蛋白和 0.7% 的氯化钠，结果发现预注射结合滚揉不会影响评估的参数指标，盐水的添加显著减少了蒸煮损失和质量损失，并增加了猪肉的 pH 值，降低了剪切力。Su 等人通过研究注射、滚揉形式对腌制牛排理化性质和感官特性的影响，经过腌制浸泡过的牛排 pH 值为 5.26 ~ 5.51，注射工艺会使牛肉具有较高的 pH 值，使用浸泡的方法腌制导致肉蒸煮损失增加，但差异不显著（$p > 0.05$），注射和滚揉过后的牛排硬度范围为 8.01 ~ 13.99 kg，相比之下对照组的值较高，在感官评定过程中，与对照组相比，注射、滚揉后的肉嫩度、质构、滋气味都有较大的差异性。晋艳曦等人通过观察滚揉、电刺激及注射嫩化剂研究牛肉嫩度的变化情况，得出间歇滚揉对牛肉嫩度的改善优于电刺激、注射嫩化剂，当技术参数为 41 r/min、间歇运行 15 min/45 min 时，牛纤维小片化程度强，剪切力下降。Karl 等人研究发现，盐水注射量、真空滚揉、切碎程度对真空冷却样品多孔性具有直接的影响，孔隙度的变化情况对产品的水分含量、蒸煮损失也有着很大的影响。静态盐水注射和动态的滚揉工艺相结合可以改善产品出品率及整体品质。曾荛等人发现干腌火腿结合滚揉工艺后，腌制效率得以提高，用盐量减少，均匀性提高。罗章等人研究了高压蒸煮、常温水煮、微波加热对西藏牦牛肉风味的改变情况，不同的热处理影响肉制品风味成分及感官特性的变化。Markus 等人研究在不同的盐液浓度、浸泡时间下，牛肉在巴氏欧姆加热后整体品质的变化，使用 3% 的盐溶液滚揉 16 h 后，挑选出的质量参数与蒸汽加热的牛肉相比较，巴氏欧姆加热的牛肉具有显著、均匀的亮度，巴氏欧姆加热后的烘烤牛肉片蒸煮损失低，且嫩度只有 5.08 N。钟赛意等采用超声波与钙结合工艺对牛肉进行处理，研究牛肉的质构特性、游离氨基酸含量变化，以及色泽、感官评定的影响，探讨两种工艺结合处理对牛肉品质感官特性的影响，结果发现两种工艺结合处理能改善牛肉的嫩度，亮度值（L^* 值）显著增加，红度值（a^* 值）呈降低趋势，感官评定中的总体可接受性得分也相对较高。谢小雷等人对牛肉干进行中红外和热风两种干燥方式，测定牛肉干干燥曲线、水分扩散率，研究牛肉干中红外 - 热风组合干燥过程中水分迁移变化，借助水分低场核磁共振波谱及氢质子成像技术研究牛肉干中红外 - 热风组合干燥和热风干燥过程中水分的状态变化及其分布情况，比较两种干燥方法对牛肉干内部自由水、结合水、不易流动水的横向弛豫时间、含量、信号幅度及 H 质子密度的影响，揭示中红外 - 热风组合干燥牛肉干水分迁移规律，对水分迁移情况和干燥曲线进行交叉考虑。Vergara 等人通过实验研究得出，不同比例的气调包装对雌鹿肉的 pH 值、色差、汁液损失、蒸煮损失和剪切力的影响也不同。

2. 食品改良剂的应用进展

在肌肉制品的加工过程中，肉制品改良剂发挥着重要作用。Pietrasik 等人发现肉类、非肉类蛋白和其他改良剂可改善肌肉类食品的持水性，从而增加产品出品率和肌肉纹理特征。目前，在肉类产品生产中使用较广泛的改良剂包括大豆分离蛋白、卡拉胶、黄原胶、乳清蛋白浓缩物、酪蛋白酸钠、多聚磷酸钠、明胶、海藻酸钠、瓜尔胶、琼脂、刺槐豆胶和魔芋胶,这些黏合剂在增稠、稳定、持水、凝胶方面具有特性,可以用于改善低温熟肉类产品的质量,提高肉制品的质地、味道、营养、口味,同时,可以利用多种复合食用胶的相互组合的补充功效,弥补改善食用胶的应用范围和产品功效。

大豆分离蛋白升温至85 ℃左右再放至冷却后,会形成光滑的沙状胶质,被添加的肉制品将具有良好的质地。大豆分离蛋白之所以能够改善产品质构是因为大豆分离蛋白能够与肌肉蛋白质反应生成一种凝胶。这种凝胶结构能把肌肉蛋白结合进胶体的体系中,可以极大地改善产品的品质,并且还可以提高成品出品率和多汁性。凝胶特性是大豆分离蛋白最重要的功能特性,这种紧密的结构将水及其他的物质包裹起来成为凝胶,增加产品出品率、多汁性等产品品质。

卡拉胶是一种从海藻中提取的多糖物质,是一种纯植物胶,也是天然胶体中唯一的蛋白质活性胶体。García - García 等人发现卡拉胶的乳化性能稳定,脂肪乳化稳定性增强,减少蒸煮损失,提高持水性,同时能够提高成品的生产率。此外,卡拉胶还可以防止盐溶蛋白和肌动蛋白的流失,改善肉制品的风味。卡拉胶和蛋白质可以形成网状结构,具有良好的凝胶和黏性,能够提高肉制品的持水性、改善口感。卡拉胶对蛋白质的亲和性较强,其中的氢键可以与水分子结合、硫酸基与肌肉蛋白氨基结合,钙离子等二价离子会与蛋白质中羧基化合物结合,它们形成的网状复合物对自由水有固定作用,可保持自身10% ~20%的水分,使肉质结构紧凑,韧性、硬度与切片效果较好。

黄原胶本身并不是一种凝胶多糖,其作用是使食品体系黏度显著增加,形成弱凝胶结构,改善食品或其他产品的存在状态,提高乳液稳定性。黄原胶结构内部含有大量的棒状超螺旋与蛋白质相互作用,形成的凝胶三维网状结构相对疏松、密度大,留有大量的持水空间。Defreitas 等人发现多糖如黄原胶等能与肌肉蛋白互相作用,提高肉糜制品的持水性、均一性和组织结构,降低蒸煮损失。黄原胶的加入可降低乳化肠类制品的凝胶强度和硬度。虽然黄原胶本身不能形成凝胶,膨胀性较强,但添加到产品中将结合大量的水,既能填补凝胶体系的空缺,又能改变产品质量。但是黄原胶是一种假塑性流体,对重组肉的结构黏结效果不强。

其他的一些品质改良剂也是肉制品中良好的增稠剂和赋形剂,一般用量控制为原料的3% ~20%。当淀粉加热时颗粒发生一系列改变,可以保证添加肉制品的持水性及组织形态。添加磷酸盐可以改善肉制品的持水性,添加的聚磷酸盐被肉制品中的磷酸酶所水解,水解的正磷酸盐在肉制品表面会形成白霜,故加入的磷酸盐要控制好量,防止肉制品外观变差。魔芋胶与蛋白质形成凝胶网络的紧密程度介于卡拉胶和黄原胶两者之间,其弹性较高。由于亚麻胶具有较高的黏度和水结合能力,对产品硬度的增加也有一定的抑制作用,在肉制品加工过程中有许多应用,其原理是热可逆冷凝胶的形成。陈海华等人发现肉制品中亚麻籽胶与肉蛋白的相互作用主要依赖于静电力,二硫化物和氢键在其中也起到一定功效。添加海藻酸钠可以提高产品的黏度、保水率、柔嫩性,但是单独使用容易使肉制品出水,一般复配使用。

目前国外对于肉制品方面的研究,在添加辅料方面主要是应用如磷酸盐等改良剂对肉制品的保水性方面的影响,研究的主要对象也大多集中在香肠产品、原料猪肉等方面,而牛肉中主要涉及烤牛排。如增稠剂对于重组肉制品方面的实验,国外对于酱卤肉制品研究的相对少。Zhang等人研究了焦磷酸钠、三聚磷酸钠、六偏磷酸钠等单一的水分保持剂,以及它们组成的复合磷酸盐对兔肉持水性的影响,结果表明,其对兔肉持水性的影响效果大小为焦磷酸钠＞三聚磷酸钠＞六偏磷酸钠,且复合磷酸盐对兔肉持水性的效果优于单一磷酸盐。Chen等在高温香肠中应用亚麻籽胶后,产品的持水性和保油性增强。相关研究发现,氯化钠、三聚磷酸钠、乳酸钠注射液可以降低预煮牛肉的烹饪损失、二次蒸煮损失、脂肪氧化指数和剪切力,同时提高感官特性的总分。Keenan等人研究发现,随着磷酸盐的添加量的减少会使肉的颜色变差。黄莉等分别添加0.3%（m/m）卡拉胶、亚麻籽胶等多种食用胶,通过黏结性、色差、解冻损失、烹饪损失、嫩度以及结构分析,研究食用胶对重组牛肉加工特性,分析得出添加卡拉胶能增加重组牛肉的红度值,δ-葡萄糖酸内酯与卡拉胶的复配降低了重组牛肉的a^*值,添加亚麻胶和黄原胶后其重组牛肉的成片性效果差,添加黄原胶和亚麻胶可改善重组牛肉的嫩度,较好地揭示了目前应用广泛的改良剂对肉制品品质的影响。Parlak等人通过将蛋黄、蛋清、碳酸钠等加入牛肉馅饼中,对产品进行质构分析（TPA）和削力测试,得出样品弹性、硬度、凝聚力等相关数据,添加发现蛋清等辅料可以提高牛肉馅饼的凝胶形成能力、持水量、乳化性和营养特性。张科等人利用猪肉和鸭肉制作重组肉,研究了卡拉胶、魔芋胶、黄原胶以及添加方法对重组肉类a_w和保水性的影响,结果表明重组肉的保水性随食用胶的添加量和添加方式不同而情况不同,这可能与食用胶中多糖结构及与蛋白质的相互作用有关。添加卡拉胶、魔芋胶和黄原胶可使混合凝胶体系更加柔软有弹性。孙健等人利用旋转实验设计,研究了黄原胶、大豆分离蛋白和亚麻籽胶对肉制品产量和质地性能的影响。Su等人研究发现,在低脂法兰克福香肠中添加大豆分离蛋白和酪蛋白,可以促进体系中蛋白质凝胶三维网络结构的形成,提高其产品的热稳定性。Ensor等人发现在香肠中添加大豆分离蛋白可增加其产品的硬度。Eegbert等人研究发现,添加在牛肉制品中的卡拉胶以凝胶粒子来模拟脂肪的存在状态。

3. 肉制品保鲜进展

肉制品是易腐败食品,处理不当就会造成微生物繁殖,使货架期缩短,影响产品的整体品质。除了传统的保鲜手段外,较新的保鲜技术主要有冰鲜技术、生物防腐剂、天然防腐剂、超高压处理技术、活性包装（抗菌包装）。目前,冰鲜技术被逐渐提出且研究应用,由于冰晶可以缓冲温度波动对产品的不利影响,将细胞损伤降到最低、低酶活性和蛋白质变性,提高出品率,但是挑战点主要是计算冰鲜技术所需的冻结时间,需要具备设计并控制能量和热力学方面的能力,以及对信息科学和物流的控制。肉制品在贮藏期间因氧化变色、变味而使其货架期缩短是肉制品加工中比较棘手的问题,抗氧化剂能控制脂类食物的氧化,改善食物贮藏稳定性,因此,高效、廉价、方便、安全的抗氧化剂亟待开发。天然防腐剂不仅能保证安全,而且能满足消费者对于健康的需求,食品防腐剂主要是用于防止微生物在贮藏或销售中引起的食物变质。通过添加抗氧化剂清除自由基、络合金属离子等手段防止食品腐败,并延长保质期。

乳酸链球菌素（Nisin）,亦称乳链菌肽或尼辛,是一种细菌素,Nisin可抑制肉毒杆菌的萌发,它在肉制品中应用广泛主要是因为它针对的细菌都是食品中主要的腐败微生物,Nisin 是一种肽类物质,使用后被胃蛋白酶消化分解为氨基酸,无毒副作用。其主要作用是引起细胞裂解,进而杀死细胞,在畜产品、罐装食品、植物蛋白食品的防腐保鲜中应用较多。

肉桂是一类值得开发的天然保鲜剂和抗氧化剂,它除了具有良好香辛料味,还具有药用价值。肉桂中的抗氧化物质的分子甚至可以破坏细胞膜,裂解微生物,它还可以通过捕获链转移阶段产生的过氧化物自由基,控制自动氧化链反应的传递速度,实现监控链式反应的作用,达到抑制脂肪氧化的效果。肉桂一般是先破坏菌体表面结构,抑制某些代谢途径的关键酶,同时使其表面组织失去对外界物质选择性、通透性的吸收和转运,抑制了生长过程主要的反应路径,最终通过减少生长繁殖过程中的能量和元素,抑制细菌孢子的正常萌发。

丁香富含挥发香精油,具有较特殊的浓烈香味,而且有一些桂皮的香味。丁香对于提高制品的风味具有较好的作用,同时它对亚硝酸盐具有一定的分解作用。Smith - Palmer 等人发现了丁香有较强的抑菌作用。丁香可以结合某些物质酶的活性集团,破坏其正常的新陈代谢,达到影响菌体生长繁殖的功能。丁香中大部分的抗氧化活性物质主要存在于弱极性的乙酸乙酯部位,丁香中活性成分的抗菌机制可能是氨基糖苷类的竞争性抑制蛋白的合成。

Djenane 等人发现迷迭香具有抗氧化效用,迷迭香中的活性成分主要有卡诺醇、迷迭香二酚、迷迭香酸、苯酚、鼠尾草酸等化学成分。其中,迷迭香酸可阻断大肠杆菌的代谢合成;鼠尾草酸的活性最强,可以作为链式反应自由基的终止剂,螯合金属离子。Djenane 等人发现迷迭香酸对结缔组织黏多糖 - 透明质酸的活性具有抑制功能,能防止有害物质的侵袭或在表皮中扩散,起到防腐作用,抑制食品贮藏期菌落总数的增长。

香辛料可延缓控制多种革兰氏阳性菌和阴性菌的繁殖生长,由于其在大自然中存在且安全、高效、无毒害,用于调节食品风味、促进肠道消化吸收、保鲜。在肉制品保鲜方面,香辛料表现较好的抗菌活性,能够减少肉中有害的微生物含量。Aruna、Albert - Puleo 等人发现香辛料除了对食品具有抗氧化抗菌外,也有益身体健康,如抗血小板聚集、抗动脉粥样硬化、降血脂。

在国外相关研究中,关于香辛料在肉制品护色方面的研究较多,香辛料具有抗氧化活性,特别是一些还原物质成分,这些成分包括生物碱、多糖、类黄酮类,在肉类制品护色方面有着独特的效果。而相关研究发现,金针菇能够减缓广式腊肠的氧化速度。Karin 等人研究将香辛料作为抗氧化剂应用于肉制品中,结果发现香辛料可以有效延缓肉制品颜色的劣变,并指出它们对肉制品护色作用非常明显。天然抗氧化剂 Nisin 在食用后容易被消化道中蛋白酶分解为氨基酸,因此其食用安全性较高,与亚硝酸盐结合使用具有较好的效果。迷迭香具有淬灭单线态氧、切断类脂物自动氧化连锁反应等多抗氧化作用机理,并且目前丁香和肉桂中存在较强的抗氧化活性,使其在肉制品防腐保鲜中应用较多。Sharma 等人研究在鸡肉香肠中添加不同浓度的丁香、肉桂以及它们的精油对冻藏后其产品感官及贮藏稳定性的影响,发现丁香精油可显著降低产品的硫代巴比妥酸反应物(thriobarbituric acid reactive substances,TBARS)值($p < 0.05$),肉桂精油具有较好的抑菌特性。在相同条件的下,添加 Nisin 微生物增加缓慢,嗜冷细菌、厌氧细菌、蜡样芽孢杆菌被发现有相同的变化趋势。研究发现在牛肉馅饼中使用迷迭香酸在添加丁香油酚处理贮藏 6 d 后,其 TBARS 值比

对照组低,在抗氧化性方面,迷迭香酸能够保持牛肉馅饼在贮藏14 d后各项指标在正常水平之上。Zhang等人研究鼠尾草添加量(0.05%、0.1%、0.15%),观察对4 ℃条件贮藏21 d下中式香肠氧化稳定性的影响,结果发现,加入鼠尾草会使中式香肠具有较低的L^*值和较高的a^*值。冷藏期间,添加有鼠尾草的香肠其TBARS值增加迟缓,并在形成蛋白质羰基时也显示出相类似的现象,但是巯基的损失现象明显,当鼠尾草在0.1%和0.15%的水平时可减少香肠在冷藏期间品质的劣变,添加鼠尾草的香肠不会使感官特性产生负面影响。

二、肉制品安全控制研究进展

1. 蛋白质和脂肪

蛋白质大约占肌肉的20%,分为肌原纤维蛋白(myofibrillar protein)、肌浆蛋白(myogen)、结缔组织蛋白(connective tissue protein)。在蛋白氧化过程中,过渡金属离子参加的氨基酸反应一般可致使羰基类衍生物的合成,这种变化会导致肌原纤维蛋白交联结构的生成,氨基酸氧化在侧链上形成羰基化合物,是金属离子催化蛋白反应最显著的结果。经研究发现,火腿粗肽液具有较高的抗氧化能力。Requena等人研究发现动物肌肉中γ-谷氨酸半醛(AAS)和α-氨基乙二酸(GGS)的含量大约占蛋白质羰基总量的70%。巯基在氧化过程中损失导致亚磺酸(RSOOH)、二硫交联物(RSSR)等氧化产物的形成。蛋白质氧化中一般包括羰基衍生物的形成、硫醇基的损失、蛋白质交联的形成。

脂肪是肌肉中另一个重要的组织,肌肉中脂肪的多少影响肉的嫩度和多汁性。Park等人研究发现脂肪氧化在初期形成的过氧化物会分解形成如丙二醛、乙醛,以及一些特殊的挥发性和非挥发性等低分子量的次级氧化产物。脂肪氧化过程中不饱和脂肪酸含量较高的食品因受光、高温、酶的影响,易自动氧化生成一系列的氢过氧化物,脂肪氧化产生的醛、羰基化合物对食品的质量具有双刃剑的作用。许多肉制品中的功能性质都受到蛋白质交联的影响,肉蛋白的聚合和聚集靠氧化过程所推进,这些物质的变化对于肉制品加工具有重要意义。

Shahidi等人发现肌红蛋白质变性后,血红素中的铁会被释放出来协同脂肪氧化。Frank等研究发现,脂肪氧化所消耗的溶解氧是促进氧合肌红蛋白氧化的首要原因。Zakrys等人研究发现氧合肌红蛋白的变化与TBARS值有明显的相关性。Baron等人发现肌肉蛋白中肌红蛋白的氧化活性变化与肉制品的颜色变化有直接相关性,鲜红色的氧合肌红蛋白氧化成褐色的高铁肌红蛋白后致使肉制品颜色发生转换。研究发现,牛腰大肌在-18 ℃条件下贮藏20周,其蛋白质和脂肪氧化对牛肉持水性、红度值、硬度、脂肪氧化(TBARS值、乙醛)、蛋白质氧化(氨基己二酸、谷氨酸半醛、席夫碱)的变化情况,肉制品加工后出现了明显的蒸煮损失,亚铁血红素、内源性氧化酶均呈现较低的水平,蛋白质变性后会改变肉的持水性。Limbo等人研究发现,高氧气调包装的新鲜切碎的牛肉在低温下可延长贮藏期,这其中可能是因为气调包装改变了体系中的氧化情况。Farouk等人对牛肉进行9个月的冻藏处理,结果表明,在实验过程中随着冻藏时间的延长,牛肉的保水性会呈现显著降低的趋势,但是此过程中冻藏温度对牛肉的保水性无显著影响。在不同的冻藏温度(-8 ℃、-18 ℃、-80 ℃)下,研究其牛肉馅饼蛋白氧化和脂肪氧化,持水性、色差、质构,色氨酸的荧光损失、赖氨酸的氧化产物(氨基己二酸、氨基己二酸半醛、席夫碱类),脂肪氧化以乙醛、TBARS值含量变化为指标,发现肉制品中脂肪氧化和蛋白氧化协同相伴,氧化的直接结果是相关理化指标的变化。Berardo 等人研究亚硝酸钠和抗坏血酸钠对干制发酵香肠成熟过程中蛋白氧化和脂肪氧化的影响,分析样品在第 0 d、2 d、8 d、14 d、21 d 和 28 d 时脂肪(丙二醛)和蛋白质(羰基和巯基)氧化变化情况,抗坏血酸钠和亚硝酸盐可分别减少丙二醛的生成,亚硝酸钠可控制谷氨酸半醛的形成,亚硝酸钠和抗坏血酸盐影响蛋白质和脂质氧化变化情况,脂肪氧化的变化情况也会影响产品的理化指标和感官性状。Souza 等人在兔肉的传统腌制工艺中加入了西式的盐水注射及滚揉腌制工艺,并发现两者相结合在很大程度上缩短了腌制时间,保证腌制效果的同时还降低了兔肉蛋白的水解程度及脂肪氧化程度。Kang 等人评估在用氯化钠浓度为 6% 的盐水腌制过程中,观察超声强度、超声时间对牛肉蛋白质的氧化和结构的影响,由 TBARS 值可以看出,新鲜屠宰后 48 h 的牛肉经过超声处理后,脂肪氧化的程度比静态盐水浸泡增加显著,蛋白氧化、羰基含量都呈现明显的增加,由傅里叶变换红外光谱分析,β-折叠蛋白质二级结构增加,α-螺旋含量减少,结果表明,超声强度影响肉蛋白质结构和氧化的改变,而这种改变是由空化作用引起的自由基造成的。Jakosen 等人研究气调包装中氧气浓度对牛肉脂肪的影响效果,研究结果表明,当氧气浓度从 80% 降到 55% 时,牛肉脂肪氧化现象不明显,当氧气浓度进一步减少到 55% 以下时,牛肉脂肪氧化程度呈明显下降趋势。Cheng 等人研究连续的非真空滚揉与真空滚揉对同一个位置采取注射之后,烤牛肉质量的变化情况,结果发现滚揉与未滚揉的烤牛肉在质量上有显著性($p<0.05$),但是与未滚揉相比滚揉后的烤牛肉并未展现更好的品质,在处理后的第 0 d TBARS 值有显著的变化,第 2 d 的时候,与真空滚揉和非真空滚揉组相比,对照组 TBARS 值有显著的增加,在冻藏期间这种现象会持续增加,添加三种抗氧化剂对于这种脂肪氧化现象具有很好的控制。

2. 菌落总数

肉制品的营养物质丰富,是微生物的良好培养基。Petrou 等人认为微生物污染是引起食品腐败的重要因素。温度是肉制品中微生物生长的重要外在因素,当肉制品在低温条件下贮藏时,大部分微生物尤其是致病微生物和嗜温菌的生长繁殖受到抑制,但体系中仍存在一些嗜冷菌能继续存活,在低温条件下逐渐发展成体系中优势菌群,使肉制品发生腐败。CO 气调包装的牛排比高氧气调包装拥有更复杂的群落演替过程。在腌制和熏制中存在的微生物一般包括链球菌、乳酸菌、明串珠菌、乳杆菌、部分酵母和霉菌。

孙彦雨等人确定冰鲜鸡肉中乳酸菌、热杀索丝菌为主要腐败优势菌。张隐等人通过加热和超高压 400 MPa 处理 5 min,泡椒凤爪菌落总数从 21 000 CFU/g 分别降到 12 CFU/g 和 23 CFU/g。姚艳玲等人发现高氧包装条件的低阻隔包装,菌落变化最大,13 d 时产品达到 6.46(lg(CFU/g)),肉制品的颜色差,整体可接受性也较差。Shahbazi 等人用 Nisin 处理牛肉后,牛肉在贮藏期间微生物含量呈现下降的趋势,并且发现 Nisin 是食品中潜在的防腐剂和抑菌剂。康怀彬等人对真空包装的酱牛肉产品进行低温水浴杀菌和微波杀菌,发现低温水浴杀菌与微波杀菌相比能显著降低产品贮藏过程中菌落总数、硫代巴比妥酸值、挥发性盐基氮值,并且能减缓牛肉产品的腐败变质。董飒爽等人研究了冷却鸡肉加工生产中,实际生产线和不同贮藏温度(0 ℃、4 ℃、7 ℃、10 ℃、15 ℃、20 ℃、25 ℃)工艺对冷却分割鸡胸肉菌落总数的变化情况。杜荣茂等人研究了不同的山梨酸钾、亚硝酸钠、柠檬酸、乳链菌肽组合对常温贮藏的酱牛肉的保鲜效果,适合的配比结合真空包装会降低菌落总数的繁殖,并且可以保持产品的组织状态及肉样表面色泽,延长产品的货架期。An 等人研究不同的辐射剂量对熏鸭肉贮藏中 pH 值、TVB - N 值、TBARS 值、菌落数等影响,发现低辐射剂量(4.5 kGy)和真空包装对贮藏熏鸭肉的质量具有协同保护作用,如消除大肠杆菌群。

3. 亚硝酸盐与致癌物亚硝胺

为了避免腌制时颜色劣变,常在腌制时添加亚硝酸盐,肌肉中的色素蛋白和亚硝酸盐会反应生成亚硝基肌红蛋白和亚硝基血红蛋白,在热工艺处理过后会变成稳定的粉红色。亚硝酸盐还具有防腐、腌制、螯合、稳定以及抗氧化作用。亚硝酸盐还可以用作色素和防腐剂,但一些黑心的商家为了追求食品的感官品质,过量地使用亚硝酸盐,这样做会对人体造成危害,其被人体吸收后会和体内血红蛋白直接结合、转化,导致高铁血红蛋白症的形成。Honikel 等人研究发现亚硝酸盐和一些氮氧化合物还可以与胺类发生亚硝化反应,生成强致癌物亚硝胺。在肉制品加工过程中,亚硝酸盐在微酸体系下会被转变为亚硝酸,亚硝酸不稳定分解成的 N_2O_3 可被用作亚硝化试剂。Yurchenko 等人研究发现亚硝化反应也受加工、贮藏条件、催化剂或抑制剂等影响。N - 亚硝基化合物(N - nitroso compound)广泛存在于环境中,许多研究都表明其是引起人类肿瘤的危险因素,其基本结构为 $R_1(R_2)=N-N=O$,N - 亚硝酸胺的性质极其活泼,故环境中存在的 N - 亚硝基化合物主要是亚硝胺类。李玲等人认为自然界中存在的一些天然保鲜剂都能够起到阻断亚硝胺合成以及清除亚硝酸盐的作用。如何减少亚硝酸盐及亚硝胺的摄入来避免人体健康受到威胁,已成为科学界研究的重要课题之一。

相关研究发现,脂肪可以促进鱼豆腐中亚硝胺的合成。Campillo 等人研究发现采用微波辅助液萃取 GC - MS,肉制品中主要检测到 N - 亚硝基吡咯烷、N - 亚硝基哌啶、N - 二甲基亚硝胺。马俪珍、杨华等人研究腌制时间、煮制时间、煮制温度对盐水火腿最终产品中亚硝酸盐和生成的亚硝胺含量的影响发现,合理控制工艺参数可以较好地控制有害物质的生成。Li 等人研究热处理工艺对中式香肠中亚硝胺含量的改变情况,水浴和微波工艺也能抑制亚硝胺的生成。

三、肉制品品质评价

肉制品在加工过程中会发生很多的变化,包括肉品品质和食用品质。在肉制品评价过程中,我们常常以肉制品的色、香、味和嫩度来评价肉制品的质量。颜色是产品呈现在人们眼前的第一个感官,是肉制品的物理性质之一。肉制品颜色主要由肌红蛋白的含量和变化引起,温度、氧气、细菌和 pH 值等因素都会影响肉制品在贮藏过程中颜色的变化。在酱卤产品中,酱油是使产品呈现酱红色的因素之一。我们现在使用色差仪来检测产品的颜色,色差仪的要求是采用合适的光源,色彩标准为 L^* 值、a^* 值、b^* 值。在感官评价中以色泽的评分判断产品颜色的优劣程度。

嫩度是用于评价肉制品食用口感的指标,消费者可以根据这一指标评价肉制品食用过程中的口感。影响因素大致有两个:一是宰前因素,其中动物品种、年龄、性别和肉的部位等都会影响肉制品的嫩度;二是宰后因素,其中温度和肉制品的成熟度,以及烹调加热,加热过程中变性,胶原蛋白纤维降解转化成的明胶等都会影响肉制品的嫩度。可以借助质构仪来判断肉制品的嫩度,其中最常用的就是剪切力,在一定程度上剪切力可以表示肉的嫩度。

系水力也是肉制品质量评价指标之一,系水力可以改变肉制品的食用品质。在生产过程中系水力和产品出品率有着密不可分的关系,肉制品的系水力可以以保水性衡量。肉制品中的水分可以用水分含量表示,但是水分含量所体现的是肉制品中总体的水分。肉制品中的水分大致以三种状态存在:自由水、不易流动水和结合水,其中以不易流动水为主。我们现在以核磁共振分析肉制品中水分分布的大致情况。

风味是指肉制品中的滋味和气味,风味物质对肉制品品质的影响较大。经过加工后的肉制品会产生芳香性,经过检测,大部分的芳香物质来源于脂质反应,还有一小部分是美拉德反应和硫胺素降解产生的。远古时期人们就发现经过火烤过的肉比生肉味道好,在后续的研究中研究人员通过实验发现了这些使肉产生香气的物质来源,在加热过程中氨基酸和一些还原糖消失,随之产生一些风味物质,这就是美拉德反应。脂质氧化是肉制品风味产生的另一重要因素,与芳香有关的风味物质有很多,可以列出上千种。可以分析肉制品芳香成分的方法有很多,例如电子鼻、电子舌、气质连用仪、嗅闻仪等。虽然我们不能用直接的感官判断与芳香有关的风味物质有哪些,但是在评价的过程中可以把香气作为感官评分的重要指标。

加速破坏性实验(accelerated shelflife test,ASLT)模型主要依据是化学动力学原理,样品存放在较高温度下,样品中的微生物会更加快速地繁殖,以此来预测食品在正常情况下的保质期。闵维等人应用ASLT对预测燕麦片货架期进行预测。黄梅香等人对低钠盐火腿肠的保质期进行预测,实验得出对火腿肠储存稳定性效果最好的低钠盐和TC组合。

四、肉制品微观结构研究进展

1. 肉制品中肌纤维

肉的基本结构是肌纤维。在肌肉块的两端由内外肌膜聚集成的束叫作腱,分布在肌肉中间的结缔组织起着支撑和保护的作用。热休克蛋白27(HSP27)可以与细胞凋亡蛋白酶或钙激活酶作用,影响肌原纤维蛋白的代谢,进而影响肉制品嫩度。肌原纤维蛋白的氧化可导致肌肉制品的氧化变质,而相关研究发现低浓度的臭氧处理可以对肉制品进行保鲜。加热会导致肌原纤维蛋白和胶原蛋白的收缩,肌原纤维有可能发生断裂,从而影响肌纤维的整体排列方式。加热温度、时间等加工工艺会对肉制品的整体嫩度和风味等产生极大影响。Vasanthi等人发现肌肉在热处理时会发生相应的收缩,肌原纤维蛋白的变性会导致肌肉结构的损伤。热处理时肌浆蛋白的改变和凝集结构的形成,以及胶原蛋白质的溶解凝结,会使产品的蒸煮损失增加,此过程中肌动蛋白丝发生溶解,形成无定型的凝胶状态,导致肌纤维结构中直径的减小。肉制品在蒸煮或其他热处理工艺后,肌细胞破裂、肌节收缩,导致肌原纤维发生断裂或者溶解以及变性,肌纤维和肌束之间的空隙越来越大,同时导致肌肉蛋白发生变性,形成许多颗粒状的物质。

2. 肌肉的结缔组织

肌肉的结缔组织主要有肌外膜、肌束膜以及肌内膜。结缔组织经过热处理工艺后被弱化,肌束膜厚度会发生下降,牛肉经加热后胶原蛋白变性、凝胶化、溶化,维持结缔组织蛋白的肌间蛋白多糖溶解,肌束膜厚度也会随之发生下降。Nakamura 等人实验研究中发现在肌内膜中,胶原纤维以网状结构的形式缠绕在肌原纤维上,而在筋膜中,胶原纤维形成一个圆形或倾斜的、较大空间网络围绕着肌束。

肌肉的结缔组织的机械强度以及稳定性不仅与胶原蛋白分子间的交联有关,还与胶原纤维的大小和排列方式相关。胶原蛋白分为纤维状、非纤维状、丝状三种。胶原蛋白可以形成胶原纤维,而胶原纤维构成结缔组织。Torrescano 等人发现随着热处理工艺的进行,胶原蛋白发生溶解形成凝胶,对肉制品的嫩化起到重要作用,其胶原蛋白的含量与肉制品的嫩度密切相关,Powell 等人发现胶原蛋白还影响着肌纤维的收缩程度。当肉制品的加热温度超过 90 ℃时,胶原蛋白发生凝胶化,致使胶原纤维溶解度上升,在肌纤维里起到润滑作用,能够提高肉制品的嫩度。

3. 研究进展

Strydom 等人发现肉制品的肌原纤维和结缔组织变化情况是肉制品嫩度的主要影响因素。蛋白质的磷酸化影响肌红蛋白的二级结构,进而可以影响肉制品颜色的稳定性。李博文等人观察超声波辅助处理腌制酱牛肉的效果,研究牛肉中氯化钠含量、亚硝酸盐渗透深度、嫩度值、蒸煮损失、感官评价得分,并结合透射电镜观察微观结构,得出超声波处理能有效地促进酱牛肉的腌制速度和改善酱牛肉嫩度,其中超声波处理 160 min 时牛肉可提前达到腌制平衡,微观结构观察肌肉纤维结构,可以显示超声波能有效破坏肌肉组织,从而促进腌制,最终简化酱牛肉腌制工艺,提高产品质量。Hanne 等人研究滚揉 6 h 的火腿的相关特性,通过共焦激光扫描显微镜观察,滚揉可使肉制品结构组织松散,通过核磁共振揭示了肉制品中水分的状态及分布情况,实验分析三个腌制剂水平,在较低盐浓度的压力作用下,肉制品多汁性增加,盐腌火腿的组织结构和生物物理特性被改变。Chang 等人通过水浴加热和微波加热研究牛肉剪切力的情况,结果发现随着水浴或微波加热的进行,肌原纤维的微观结构受到了破坏,水浴加热后的剪切力随着肉制品中心温度的增加而呈明显增强的趋势,微波处理的肉制品剪切力则呈无规律性变化,在肉中心温度达到 50 ℃及 90 ℃时,两种处理方式对样品剪切力的影响差异显著($p<0.05$)。孙红霞等人为探究不同炖煮工艺条件对牛肉嫩度及保水性的变化机理,实验测定了牛肉在不同蒸煮温度和蒸煮时间条件下的蒸煮损失值、嫩度值、肌原纤维小片化指数和肌节长度值,进行差示扫描量热测试。苏伟等人为研究预煮工艺对黄焖三穗鸭肉品质特性的影响,对黄焖三穗鸭肉进行预煮炒制工艺并设置对照组分析,观察处理后黄焖三穗鸭肉的颜色、质构和肌肉微观结构的变化情况,结果发现预煮处理能够在一定程度上改善鸭肉产品质量,大大缩短后序熟制处理时间。卢桂松等人以秦川公牛花纹肉为实验材料,通过对花纹肉剪切力值与胶原蛋白吡啶交联含量的对比,研究脂肪沉积改善牛肉嫩度的内在原因,年龄和等级不同的样品在嫩度、结缔组织蛋白热溶解性以及吡啶交联情况的变化规律,在脂肪沉积过程中,结缔组织蛋白中羟赖氨酰吡

啶嘧（HP）交联受抑，未能形成丰富的成熟交联结构，热处理时更容易形成明胶，使牛肉嫩度得到改善。在研究肉品质变化的时候结合微观结构分析，可使肉制品内部结构改变程度与外部品质变化相关联。

五、肉制品贮藏期安全研究进展

随着人们安全意识的提高，肉类行业的安全问题日益受到人们的重视，现在消费者所关注的肉类安全问题主要是微生物、亚硝基化合物、药物残留、添加剂和转基因等方面。如何延长肉制品的货架期，保证贮藏期间肉制品的质量安全，是中国肉制品加工行业面临的关键问题。影响肉制品安全的因素有很多种，需要考虑屠宰、加工、包装以及销售各个环节，每个环节都有可能影响肉制品的安全。总结归纳，大致有三方面原因可以影响肉制品安全。其中生物性因素主要包括微生物的污染和寄生虫；化学性因素主要包括兽药残留和激素残留；物理性因素可能是原材料的影响，不合适的加工工艺以及设备等。

现在食品行业多采用传统与现代保藏技术相结合的方式，达到延长货架期的目的。现在市场上比较常见的保鲜技术多是通过包装形式的改变来延长产品的货架期，或者改变温度来延长产品的货架期，以及添加防腐保鲜剂的方式，而且这三种延长贮藏期的方式占据了国内食品贮藏的主要市场。另外，还有涂膜保鲜、微波杀菌等保鲜方式，但这些方式由于受到其价格和工艺的限制，应用并不广泛。由于消费者对"天然"食品的追求日益增加，因此食品行业采用"天然"方法延长产品保质期和提高安全性的研究引起了人们的持续关注。

茶多酚（tea polyphenols，TP）是食品工业中常用的天然保鲜剂。Balentine 等人在 1997 年就发现多酚中可能存在许多抗氧化机制，包括电子转移、氢原子转移和催化金属的螯合。Bravo 等人在 1998 年得出结论，酚类化合物的主要抗氧化机制之一涉及将氢原子快速捐赠给活性自由基（例如，ROO%），留下苯氧基（PP%），其本身相对稳定且不起反应，PP% 中间体也与其他自由基反应，从而终止传播。Shizuo Toda 研究了草药茶中多酚含量和清除自由基能力，实验表明草药茶中的高总多酚含量提供了清除自由基能力。Shimamura 等人在 1989 年就对绿茶和红茶中提取物进行抗菌实验，实验结果表明茶提取物和多酚成分对许多细菌具有抗菌性。李柯欣对 TP 的抑菌性做了研究，实验结果表明 TP 在较少的情况下可以对细菌产生良好抑菌效果。茶多酚在各种肉类制品的防腐保鲜中可以发挥有效作用，可以很好地延长各种肉类制品的贮藏期。Shahidi 等人研究了绿茶中提取的多酚物质对猪肉脂肪氧化的影响，发现猪肉中添加 200 mg/kg 的茶多酚可显著降低其冷藏 14 d 时的 TBARS 值。Tang 等人对比了茶多酚和 α 生育酚在生鲜肉馅冷藏过程中的作用，实验结果发现茶多酚可以有效地降低多种生鲜肉馅的 TBARS 值，且相同添加量下茶多酚的抗氧化活性是 α 生育酚的 2~3 倍；在熟肉酱中添加茶多酚也可以抑制脂肪氧化，起到较好的保鲜作用。

Nisin 是一种由革兰氏阳性乳酸菌产生的细菌素。它表现出对许多食源性病原体的广谱抗菌活性。Nisin 最早在 1982 年被发现，中国是在 20 世纪 80 年代末开始对 Nisin 进行研究的。Nisin 应用广泛。刘琨毅等人进行了 Nisin 对腊肠的减菌实验，得到最佳减菌配方。郭利芳等人将 Nisin 添加到乳清蛋白中制成一种可以使用的膜，并将这种膜应用到火腿肠的保鲜实验中，实验得到一种卫生、安全可推广的包装膜。

溶菌酶(lysozyme,LZ)又称胞壁酸酶(muramidase)或 N-乙酰胞壁酸(N-acetylmuramic acid),是存在于乳汁、唾液、眼泪、鸡蛋清和鱼卵中的天然碱性酶,可以发挥抗菌、消炎、抗病毒的效力。Mastromatteo等人在空气和真空中包装的鸵鸟肉饼中添加溶菌酶,结果清楚地证明了使用溶菌酶、乳链菌肽和EDTA的混合物对测试的革兰氏阳性生物体是有益处的。付星等人以天然大蒜素和溶菌酶为原料,制备了一种可食性早餐蛋涂膜保鲜剂,在低温条件下对微生物的生长有显著抑制效果,可以延长早餐蛋的货架期,具有良好的保鲜效果。王当丰等人研究了茶多酚-溶菌酶复合保鲜剂对鲢鱼鱼丸储存过程中发挥的作用,实验结果表明,茶多酚-溶菌酶对鱼丸贮藏期品质变化有较好的影响,具有延长其货架期效果。

丁香提取物色泽浅淡香气纯正,对霉菌有较好的抑制效果。El-Maati等人对丁香提取物的清除自由基能力和抗菌活性进行实验,实验结果表明在食品或药品中丁香及其提取物具有较好地清除自由基和抗菌效果。弋顺超等人进行丁香提取物对苹果采后生理代谢和贮藏效果的影响研究,实验结果表明丁香提取物对苹果腐烂和质量损失等都有较好效果。曾志红等人以壳梭孢菌、青霉菌及枝孢霉菌为靶标菌,检测丁香提取物的抑菌效果,结果表明,丁香提取物对3种真菌都有抑制效果。

六、肌肉蛋白氧化及其控制技术研究进展

蛋白质是肌肉组织中最重要的成分之一,它在肌肉食品加工中起到至关重要的作用,如加工特性、营养特性和感官特性等。肌肉蛋白很容易受到外界氧化条件的影响而生成羰基化合物。利用活性氧(reactive oxygen species,ROS)引发肌肉蛋白羰基化的体外研究发现,引起蛋白氧化的途径主要有金属催化氧化、肌红蛋白氧化和脂质氧化体系引发的氧化(表1-1)。另外,光照、辐照、环境的pH值、温度、水分活度和一些促氧化或抑制氧化因素的存在,也会引起蛋白质和氨基酸氧化。肌肉蛋白发生氧化会使其天然结构和完整性发生变化,这些变化会影响肉的品质及功能性,包括肉的质构、颜色、风味、保水性和生物功能性等。蛋白氧化会使肌原纤维蛋白(MP)发生许多物理、化学变化,包括氨基酸的破坏、蛋白消化性的丧失、酶活性的丧失和由于蛋白的聚合而产生的溶解度下降等。鉴于这些剧烈的变化,可以设想肌肉蛋白的氧化将会引起肉制品品质的变化。

表1-1 能够引发肌肉蛋白氧化的体系

仪器名称模型体系	氧化诱发剂	氧化条件	参考文献
SSP (6 mg/mL)	25μmol/L $FeCl_3$ + (0~25 mmol/L) A	0.12 mol/L KCl, pH 6, 23 ℃, 6 h	Decker 等(1993)
SSP (6 mg/mL)	25μmol/L $CuCl_2$ + (0~25 mmol/L) A	0.12 mol/L KCl, pH 6, 23 ℃, 6 h	Decker 等(1993)

表 1-1(续)

MPI (5 mg/mL)	2.5 mmol/L $FeSO_4$ + 2.5 mmol/L H_2O_2	50 mol/L KCl, pH 7.4, 37 ℃, 5 h	Martinaud 等(1997)
MPI (5 mg/mL)	0.1 mmol/L $FeCl_3$ + 2.5 mmol/L H_2O_2	50 mol/L KCl, pH 7.4, 37 ℃, 5 h	Martinaud 等(1997)
火鸡肌肉提取物 (0.1 g/mL)	0.11 mmol/L $FeSO_4$ + 2.19 mmol/L NADPH + 2.63 mmol/L ADP	pH 7.4, 20 ℃, 5 h	Gatellier 等(2000)
火鸡肉微粒体 (1 mg/mL)	0.1 mmol/L $FeCl_3$ + 0.5 mmol/L A	pH 7.4, 37 ℃, 5 h	Mercier, Gatellier, Vincent 和 Renerre (2001)
火鸡肉微粒体 (2 mg/mL)	50 mmol/L MetMb + 50 mmol/L H_2O_2	pH 7, 37 ℃, 24 h	Batifoulier 等(2002)
猪肉匀浆物 (0.1 g/mL)	2.5 mmol/L $FeSO_4$ + 1 mmol/L H_2O_2	pH 7, 37 ℃, 5 h	Mercier 等(2004)
MPI (40 mg/mL)	(0.01 mmol/L 和 0.1 mmol/L) $FeCl_3$ + (0.00~10 mmol/L) H_2O_2	0.6 mol/L NaCl, pH 6, 4 ℃, 24 h	Park 等(2006a)
MPI (30 mg/mL)	10 μmol/L $FeCl_3$ + 0.1 mmol/L AA + (0.05~5.0 mmol/L) H_2O_2	0.6 mol/L NaCl, pH 6, 4 ℃, 24 h	Park 等(2006b)
MPI (30 mg/mL)	(0.05~5.0 mmol/L) LA + 3750U 脂肪氧化酶/mL	0.6 mol/L NaCl, pH 6, 4 ℃, 24 h	Park 等(2006b)
MPI (30 mg/mL)	(0.05-0.5 mmol/L) MetMb	0.6 mol/L NaCl, pH 6, 4 ℃, 24 h	Park 等(2006b)
MPI (20 mg/mL)	10 μmol/L $FeCl_3$ + 0.1 mmol/L AA + 1 mmol/L H_2O_2	0.6 mol/L NaCl, pH 6, 37 ℃, 14 d	Estévez 等(2009)
MPI (25 mg/mL)	10 μmol/L $FeCl_3$ + 0.1 mmol/L AA + 1 mmol/L H_2O_2	0.1 mol/L NaCl, pH 6.2, 4 ℃, 6 h	Liu 等(2009)
MPI (20 mg/mL)	10 μmol/L $FeCl_3$ + 1 mmol/L H_2O_2	0.6 mol/L NaCl, pH 6, 37 ℃, 20 d	Estévez 和 Heinonen(2010)
MPI (20 mg/mL)	10 μmol/L Copper acetate + 1 mmol/L H_2O_2	0.6 mol/L NaCl, pH 6, 37 ℃, 20 d	Estévez 和 Heinonen(2010)
MPI (20 mg/mL)	10 μmol/L MetMb + 1 mmol/L H_2O_2	0.6 mol/L NaCl, pH 6, 37 ℃, 20 d	Estévez 和 Heinonen(2010)
猪腰肉片	10 μmol/L $FeCl_3$ + 0.1 mmol/L AA + (1~20 mmol/L) H_2O_2	0.1 mol/L NaCl, pH 6.2, 4 ℃, 40 min	Liu 等(2010)

注:盐溶蛋白(salt soluble proteins, SSP);肌原纤维分离蛋白(myofibrillar protein isolate, MPI);抗坏血酸盐(ascorbate, A);抗坏血酸(ascorbic acid, AA);亚油酸(linoleic acid, LA);高铁肌红蛋白(metmyoglobin, MetMb)。

1. 蛋白氧化的机制

肌肉组织中含有高浓度的易被氧化的脂类、亚铁血红素、过渡态的金属离子和各种氧化酶,这些物质既可以作为产生活性氧(ROS)和非氧自由基的前体物质,又可以作为它们的催化剂。通常情况下,ROS自由基包括·OH,O_2·-,RS·和ROO·,非自由基物质有H_2O_2和ROOH,还有其他一些活性的醛基和酮基。因此,在肉制品中,蛋白氧化能与任何一种氧化促进因素相联系。已经证实,脂类氧化和蛋白氧化都是由自由基链式反应引起的,这与脂肪氧化是相似的,同样包括起始、传递、终止3个阶段。图1-1列出了蛋白质自由基、聚合物和蛋白质-脂类复合物出现的一些可能的氧化作用机制。自由基对蛋白质进攻的位置既包括氨基酸侧链,也包括肽链骨架,这种攻击通常会导致蛋白质发生聚合和肽链断裂。

引发	L→L·
传递	L·+O_2→LOO·
抽氢	LOO·+P→LOOH+P·(-H)
延伸	LOO·+P→·LOOP
复合	·LOOP+P+O_2→·POOLOOP
聚合	P·+P→P-P·→P-P-P·

图1-1 脂类催化蛋白氧化的可能作用机制(脂质lipid=L;蛋白质protein=P)

(1)氨基酸残基侧链的改变

从理论上讲,所有氨基酸侧链都易遭受自由基和非自由基ROS的攻击。事实上,不同的氨基酸对ROS都有不同的敏感性。表1-2列出了一些蛋白质中可氧化的氨基酸残基和它们相应的氧化产物。半胱氨酸可能是最易受影响的氨基酸残基,通常它是最先被氧化的。肌球蛋白含有40个游离的巯基,在冷藏或冻藏过程中,处于氧化条件下的牛肉心肌肉糜(一种肌原纤维蛋白浓缩物)将失去多达1/3的巯基。其他含硫氨基酸,如蛋氨酸也易被氧化形成蛋氨酸亚砜衍生物。有活性侧链的氨基酸(如巯基、硫醚、氨基、咪唑环、吲哚环)尤其易受一些氧化的脂类和其衍生物的氧化而引发。因此,半胱氨酸、蛋氨酸、赖氨酸、精氨酸、组氨酸和色氨酸等残基,通常是经脂氧化产生的ROS攻击的目标。

表1-2 氨基酸残基侧链的氧化及其产物

氨基酸	氧化产物
精氨酸	谷氨酸半醛
半胱氨酸	-S-S-;-SOH;-SOOH
组氨酸	2-氧-组氨酸;4-OH-谷氨酸;天冬氨酸;天冬酰胺
组氨酸	3-,4-和5-OH亮氨酸
蛋氨酸	蛋氨酸亚砜;蛋氨酸砜
苯丙氨酸	2-,3-和4-羟基苯丙氨酸;2,3-二羟基苯丙氨酸

表 1-2(续)

氨基酸	氧化产物
酪氨酸	3,4-二羟基苯丙氨酸;酪氨酸-酪氨酸交联;3-硝基酪氨酸
色氨酸	2-,4-,5-,6-和7-羟基色氨酸;甲酰犬尿氨酸;3-犬尿氨酸,硝基色氨酸
苏氨酸	2-氨基-3-酮基丁酸
脯氨酸	谷氨酰半醛;2-比咯烷;4-和5-OH 脯氨酸;焦谷氨酸
谷氨酸	草酸;丙酮酸络合物
赖氨酸	α-氨基己二酰基半醛

其他易受影响的氨基酸包括缬氨酸、丝氨酸和脯氨酸。目前,常用电子旋转共振(ESR)检测蛋白质和氨基酸自由基,作为蛋白氧化的直接证据。

除脂肪氧化引发的情况外,特定位置金属催化的蛋白氧化也经常发生,这种氧化通常是通过羟基自由基(·OH)发生的,·OH 通常是由 H_2O_2 在蛋白质上特定的铁离子结合位置产生的,见式(1-1)。

$$H_2O_2 + Fe(II)/Cu(I) \rightarrow \cdot OH + OH^- + Fe(III)/Cu(II) \quad (1-1)$$

据报道,金属催化的氨基酸氧化是一个动态的过程。一些天然蛋白质中的氨基酸残基(如脯氨酸、精氨酸),通过多步的氧化过程也可能被转化为其他的氨基酸。

(2)羰基衍生物的产生

羰基的形成(醛基和酮基)是蛋白氧化中的一个显著变化。因为羰基基团的浓度是蛋白质被氧化的明显标记,且相对较容易测量,因此,在不同的氧化胁迫下,蛋白质被氧化破坏的程度,一般采用羰基含量来表示。

蛋白质的羰基能够通过以下四种途径产生:氨基酸侧链的直接氧化;肽骨架的断裂;与还原糖反应;结合非蛋白羰基化合物(图 1-2)。见表 1-2:精氨酸、赖氨酸、脯氨酸和苏氨酸等残基的侧链氧化能够产生羰基衍生物。尤其是脱氨反应,可能是产生蛋白质羰基的主要反应。在 Fe(II)/抗坏血酸氧化火鸡肌肉蛋白体系中,羰基的含量与未氧化的对照组相比明显增加,这与被氧化蛋白质中 $\varepsilon-NH_2$ 含量的减少(达到 24%)是一致的。这些数据与 Levine 等人的研究结果一致,他们经研究发现,在一个独立的金属催化氧化体系中,由于羟基自由基的形成,加速了一些氨基向羰基衍生物的转化。当被暴露在自由基时,如·OH,能在碳中心形成蛋白自由基,蛋白自由基很容易与 O_2 发生反应产生过氧自由基加合物,再通过一系列的中间步骤,也可能与金属离子或 ROS 作用,然后形成羰基基团。

除了直接攻击蛋白质侧链或者肽键外,外源的羰基靠 4-OH-2 壬烯的 Michael 添加反应也能被引进蛋白质中,HNE 作为脂肪氧化的一个主要产物,通常与赖氨酸的 $\varepsilon-$氨基、组氨酸的咪唑部分,或者是半胱氨酸的巯基发生作用来引进羰基。蛋白质也能与还原糖反应生成希夫碱衍生物,这些中间的糖基化产物可能经历 Amadori 重排,形成酮氨衍生物,它对金属催化的氧化是非常敏感的,能够产生二羰基化合物。其他可能产生蛋白质结合羰基的途径还包括蛋白质(赖氨酸)与被氧化的抗坏血酸(脱氢抗坏血酸)以及脂肪的降解产物丙二醛之间的反应。

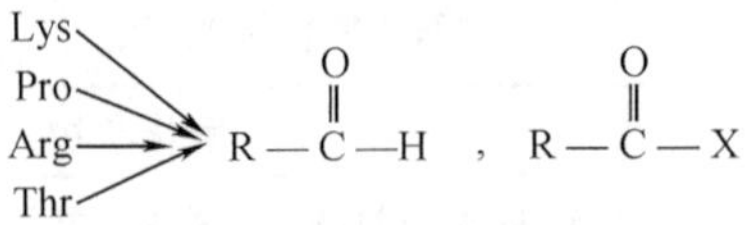

(a) 氨基酸侧链的直接氧化

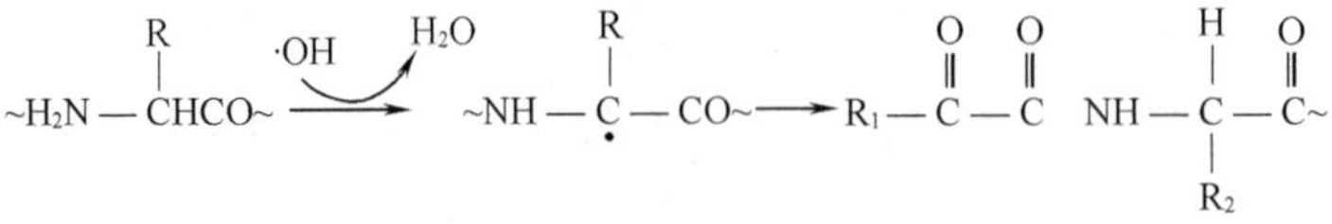

(b) 肽的断开

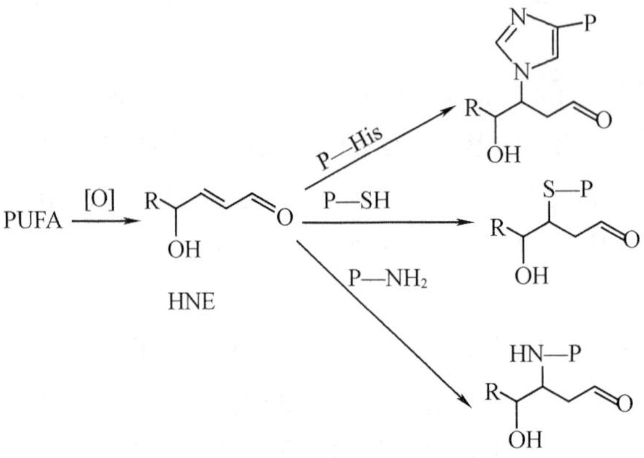

(c) 脂肪的过氧化

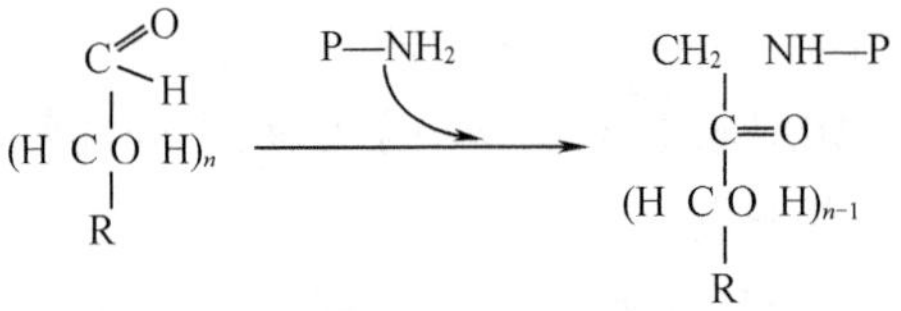

(d) 还原糖

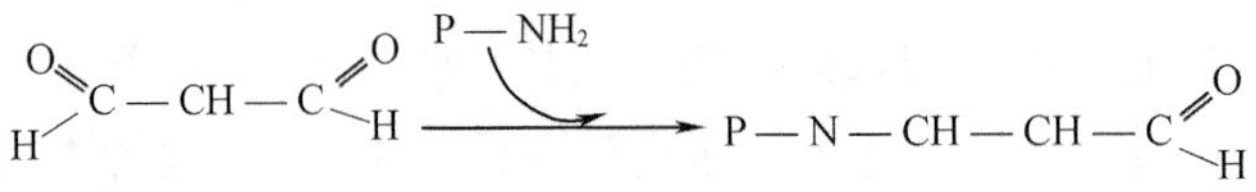

(e) 丙二醛

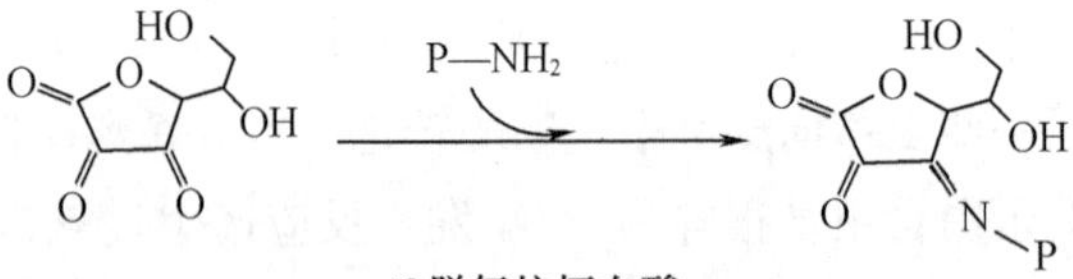

(f) 脱氢抗坏血酸

图 1-2 肉制品中肌肉蛋白结合羰基的产生机制

(3) 金属催化氧化引起的蛋白羰基化

大量研究已经表明，过渡金属与 H_2O_2 结合能够有效地促进肌肉蛋白的氧化，这与医学领域的研究结论相一致。Decker 等人发现，金属离子（Fe^{3+}/Cu^{2+}）与抗坏血酸结合能够有效地引发肌原纤维蛋白的体外氧化并产生羰基，且发现当有氧（气）或 H_2O_2 存在时，过渡金属催化产生活性自由基不需要额外添加 H_2O_2。自由基的产生是由于抗坏血酸能够将金属离子从氧化态还原至还原态,从而产生一个氧化-还原循环,这样就维持了 ROS 的不断形成。另外,在促蛋白羰基化方面 Fe^{3+} 比 Cu^{2+} 更有效。Xiong 等人发现,在 Fe^{2+}/抗坏血酸盐中,肌肉蛋白羰基的显著增加与 ε-氨基的大量损失同时发生,从而推断氨基酸侧链的氧化脱氨作用是肌肉蛋白羰基形成的一个主要途径。Uchida 等人也发现了在胶原蛋白体外氧化过程中碱性氨基酸会减少,还发现 Cu^{2+}/H_2O_2 比 Fe^{2+}/H_2O_2 的促氧化作用强。Park 等人也证实了 Fe^{3+} 和 Fe^{2+} 与 H_2O_2 结合,可以促进肌肉蛋白羰基的形成。

Estévez 等人利用金属催化氧化体系发现,在食品蛋白氧化过程中,α-氨基己二醛(α-aminoadipic,AAS)和 γ-谷氨酸半醛(γ-glutamic semialdehydes,GGS)是最主要的蛋白羰基。最近的一项研究也表明,在适度氧化的肉制品中 AAS 和 GGS 占总蛋白羰基量的 70%。Estévez 等人通过对这些特定羰基的分析发现,在促肌原纤维蛋白氧化形成 AAS 和 GGS 方面 Cu^{2+} 比 Fe^{3+} 更有效。Hawkins 等人也得出了同样的结论,并发现在胶原蛋白氧化过程中,由于铜能够和精氨酸侧链上的特定位点相结合,从而锁住了促氧化剂,因此,铜比铁具有更高、更专一的促氧化作用。Letelier 等人也利用这个机制来解释铜离子对不同动物蛋白促氧化作用的原因。但是 Letelier 等人认为铜与大分子作用的位点结合机制,可能并不是唯一的机制。因为铜是酶的辅因子,如赖氨酰氧化酶等,能够催化胶原蛋白和弹性蛋白中赖氨酸残基形成羰基。

(4) 肌红蛋白引起的蛋白羰基化

除过渡金属外,肌肉中另一个天然的成分——肌红蛋白,也具有促氧化作用,尤其是促进蛋白的羰基化。Estévez 等人发现,H_2O_2 活化的肌红蛋白比 Cu^{2+}/H_2O_2 和 Fe^{3+}/H_2O_2 更能促进 MP 中 AAS 和 GGS 的形成。同样,Park 等人也阐述了高铁肌红蛋白促进 MP 形成羰基的能力强于金属催化氧化体系(Fe^{3+}/抗坏血酸/H_2O_2)。Park 等人发现,在氧化降解赖氨酸等氨基酸时,高铁肌红蛋白氧化体系比金属催化氧化体系更有效。

在有 H_2O_2 存在的条件下,高铁肌红蛋白就会转化成可以引发脂质氧化和蛋白氧化的高价形式,H_2O_2 能够使铁从血红素分子中释放出来,然后铁就会催化氧化反应发生。另外,氧合肌红蛋白被氧化生成高铁肌红蛋白时可形成超氧自由基,再通过歧化反应生成过氧化氢加速氧化。Promeyrat 等人应用蛋白质组学的方法发现,肌红蛋白可以作为肌肉中预测羰基形成的重要指标。尽管每种形式的铁对肉和肉制品蛋白氧化的促进程度还没有确切的报道,但在肌肉体系中,血红素、非血红素铁和铜能够促进蛋白的羰基化,已经得到证实。

$$M^{n+} + O_2 \longrightarrow M^{(n+1)+} + O_2^{\cdot -} \quad (1-2)$$

$$2O_2^{\cdot -} + 2H^+ \longrightarrow H_2O_2 + O_2 \quad (1-3)$$

$$O_2^{\cdot -} + H_2O_2 \longrightarrow O_2 + HO^- + HO^{\cdot} \quad (1-4)$$

(5) 脂质氧化引起的蛋白羰基化

除过氧化物自由基(ROO)等脂质衍生的自由基,MP 也是蛋白羰基化潜在的引发剂。Park 等人研究发现,MP 在亚油酸和脂质氧化酶中发生的生物化学变化就包括羰基复合物的形成,其他学者也发现,MP 在体外用金属和脂质氧化体系催化时,脂质氧化与蛋白质氧化的过程是偶联的,但在没有脂质的条件下,蛋白的羰基化仍然能够发生,在肉制品中,脂质和蛋白质氧化的偶联,表明两个现象之间会相互影响,这些影响主要是脂质与蛋白质之间的活性和非活性基团的相互转化。根据 Davies 报道的速率常数,OH 自由基和某些蛋白,如白蛋白(8×10^{10} $dm^3 \cdot mol^{-1} \cdot s^{-1}$)或胶原蛋白($4 \times 10^{11}$ $dm^3 \cdot mol^{-1} \cdot s^{-1}$)的反应速度快,且优先于不饱和脂类,如亚油酸($9 \times 10^9$ $dm^3 \cdot mol^{-1} \cdot s^{-1}$)。

另外,有研究发现 MP 氧化中,易氧化的含硫基团的分解,能够作为一种抵御 ROS 的保护剂,在这种抗氧化防御方面,对蛋白质和脂质可能是有利的。Estévez 等人发现,在水包油乳浊液中,MP 对脂质氧化具有保护作用,当氧化作用强于蛋白的抗氧化能力时,脂质和蛋白都会通过自由基链式反应遭受氧化破坏。对氧化过程的研究还发现,一旦氧化反应开始,脂质氧化的进程往往要快于 MP 的氧化分解,所以,不饱和脂质形成的自由基和氢过氧化物,将攻击敏感的氨基酸侧链,从而产生羰基。

(6)其他因素引起的蛋白羰基化

首先,除了过渡金属、血红蛋白和脂质氧化之外,许多环境因素,如 pH 值、温度、水分活度和其他的促氧化或抑制氧化因素的存在都会影响蛋白质和氨基酸的氧化。另外,光照和辐照也能引发蛋白的氧化,但目前就物理因素对肉蛋白氧化影响的研究还很少。其次,蛋白对于氧化反应表现出一种内在的敏感性,也会产生羰基化合物,如在 Fe^{3+}/H_2O_2 的引发下,MP 和牛血清蛋白(BSA)、乳清蛋白等动物蛋白比大豆蛋白更易发生羰基化。最后,蛋白质的三级结构、蛋白分子的大小、氨基酸的组成和顺序,以及氨基酸在蛋白结构中的分布等,都能影响蛋白羰基化的过程。

无论这些羰基基团是来自蛋白质还是非蛋白质物质,它们都是高度活泼的基团。当来自氧化蛋白的羰基被引进到来自其他蛋白的(如来自赖氨酸残基的自由氨基)电子密度紧密靠近的基团时,它能与亲核物质反应发生共价交联,通过羰基 – 氨基反应生成希夫碱。蛋白质分子之间的交联促进了蛋白质的聚合作用、聚集作用、溶解性下降和其他一些剧烈的变化,这些变化尤其在浓缩的(低水分活度)肉制品中更为明显。

(7)蛋白质聚合物的形成

如前所述,由 ROS 或其他氧化试剂引起的蛋白氧化中一个主要结果就是通过共价和非共价作用,形成蛋白聚合物。氧化诱导的蛋白质分子的展开,使非极性残基不断曝露,导致蛋白质的疏水性受到影响。另外,在氧化体系中,和蛋白质 – 脂肪的复合物一样,氢键也有助于蛋白质聚合物的形成。另一方面,通过自由基链式反应形成的蛋白质聚合物,可能被共价结合。这可能是因为氨基酸残基侧链易遭受自由基攻击,和邻近的来自其他蛋白的活性氨基酸残基发生共价交联。因此,在肉制品中 ROS – 调节的蛋白质 – 蛋白质交联衍生物的形成,通常遵循以下机制:(1)依靠半胱氨酸的巯基氧化,形成二硫键连接;(2)依靠两个氧化的酪氨酸残基的络合作用;(3)依靠一个蛋白质的醛基和另一个蛋白质赖氨酸残基的 $\varepsilon - NH_2$ 相互作用;(4)依靠二醛(一种双功能试剂,例如丙二醛和脱氢抗坏血酸)的形成,在两个蛋白质中两个 $\varepsilon - NH_2$(赖氨酸残基的)交联的产生;(5)依靠蛋白质自由基的浓缩,形成蛋白交联。许多研究都支持以上几种可能产生交联的途径。肌肉蛋白的许多功能性质都依赖于个体蛋白之间的相互作用,蛋白的聚合和聚集依靠氧化过程促进,这对肉制品加工具有很重要的意义。

(8) 肽的分裂

许多由 ROS 体系引发蛋白氧化的研究已经显示,聚合物形成的同时,也能发生肽键的断裂。一些由氧化诱导的肽键断裂机制已经被提出,根据 Garrison 的阐述,依靠羟自由基(·OH)对谷氨酸和天门冬氨酸残基的攻击,能够引发肽键的断裂,从上面两个氨基酸残基的侧链碳原子中提取氢,最终导致肽片断的形成。在·OH 诱导的脯氨酸残基向 2-吡咯烷酮转换过程中,也能发生蛋白质的断裂。Stadtman 等人提出了,ROS 引发肽键断裂的一个大致途径。在这个复杂的模型中,羟自由基可能由水的辐照分解产生,也可能由金属催化 H_2O_2 断裂产生,它们能从多肽骨架上的 α-碳原子中提取氢原子(图 1-2(b))。因此形成的烷基自由基,接着可能与氧反应形成烷基过氧自由基,然后与过氧自由基反应,或者与 Fe^{2+} 反应,也可能从其他来源获得氢原子,依次被转化为烷基过氧化物。依靠歧化反应、过氧自由基反应、或者与 Fe^{2+} 反应,最终烷基过氧化物能被进一步转化为烷氧基蛋白质衍生物。烷氧自由基随后被转化为羟基衍生物,这些衍生物可以依靠 α-酰胺化途径,或者依靠二酰胺途径发生肽键的断裂。

2. 蛋白氧化对肉制品品质和功能性的影响

自提出蛋白氧化以来,对肉类体系中蛋白氧化的认识一直深受学者们的关注。肌肉蛋白的氧化,最初研究的是蛋白功能性的丧失,包括溶解度、黏度、凝胶性、乳化性和保水性的变化。Lund 等人概括了肌肉食品发生蛋白氧化后带来的问题,并且概括了其对质构特性和营养价值的消极影响。Xiong 等人阐述了氧化对肌肉蛋白功能性的影响,以及对肉品质的影响,并指出蛋白分子之间和分子内部会发生的一些物理和化学反应。

(1) 对蛋白构象和功能性的影响

MP 是肌肉中最丰富的蛋白质,是肌纤维的重要组成部分,在肌肉收缩中起着重要的作用,占肌细胞体积的 82%~87%,大约 85% 的水分保持在 MP 结构中。保水性是肌肉重要的功能特性之一,它决定了鲜肉的品质,并决定肉制品加工中许多工艺过程的合理性。MP 中特定的氨基酸构成和顺序,会影响它们的二级和三级结构,由于蛋白的结构决定功能性,所以,功能特性与氨基酸侧链的分布有很高的相关性。当肌肉食品周围的环境为水相时,极性残基就会曝露于水相,而非极性基团被闭合于分子内部,如赖氨酸和精氨酸,这些侧链上的碱性氨基酸,极性残基就会朝向外面的自由水,这些极性氨基酸侧链也更易曝露,并接近金属离子等氧化引发剂,从而对氧化反应更加敏感。因此,MP 中极性基团与水之间的化学作用,就会影响和水相关的功能特性,主要包括凝胶性、乳化性和保水性。

目前已经在牛血清蛋白和其他动物蛋白中发现,在有金属离子存在的条件下,赖氨酸、精氨酸等氨基酸就会产生氧化应激作用,蛋白羰基将通过氧化脱氨途径,使可质子化的氨基损失掉,最终使电荷分布发生变化。在剧烈氧化的条件下,AAS 会发生另一个氧化分解反应,产生一个羧基,这种进一步的变化会加剧肉蛋白电子分布的进一步恶化,导致等电点的偏移。Stadtman 等人研究氧化引起蛋白质等电点改变时发现,这种偏移主要归因于碱性氨基酸的氧化修饰,使蛋白分子内相互作用和蛋白-水相互作用之间发生平衡转变,导致蛋白溶解度下降,这有助于蛋白-蛋白相互作用,并最终发生蛋白变性。蛋白氧化引起的三级结构的变化会导致蛋白结构展开、表面疏水性增加,并形成聚集体,最后导致不可逆的变性。另外,氧化的蛋白与未氧化的蛋白相比更易发生热变性且溶解度较差,可见蛋白羰基在结构和生化变化中起着相当重要的作用。因此,蛋白的氧化修饰,显著地影响其理化特性,从而改变了肌肉食品的凝胶性、乳化性、黏性和水合性。

蛋白氧化产生的羰基也能通过交联的方式加速蛋白功能性的丧失。氧化蛋白质的分子内和分子间的交联也会导致结构变化,进而使其功能性丧失。交联有助于蛋白聚集体的形成和稳定,并可使肌纤维收缩。另外,MP 的一些功能特性依赖于蛋白之间的联系,氧化导致的聚合和大量聚集体的产生,可对肌肉食品产生明显的消极作用。对肌肉食品的研究发现,二硫键和二酪氨酸的形成是肌肉食品中蛋白交联的主要形式。Lund 等人认为,相邻氨基酸中带有氨基和蛋白羰基的聚集,是交联发生的另一个机制,但关于这类反应的确切机制还不清楚。Estévez 等概括了 AAS 和 GGS 两种醛在肉类体系中发生的交联和可能对肉类功能性带来的消极影响。研究表明,猪肉冷藏初期就会产生 AAS 和 GGS,在冷藏过程中 AAS 和 GGS 逐渐增加,随着两类醛的增加,肉的保水性明显下降。另外,蛋白氧化对持水性的消极影响也可能影响具体的加工过程,如盐水注射、腌肉、烹调过程,以及多汁性等具体的食用品质(图 1 - 3)。

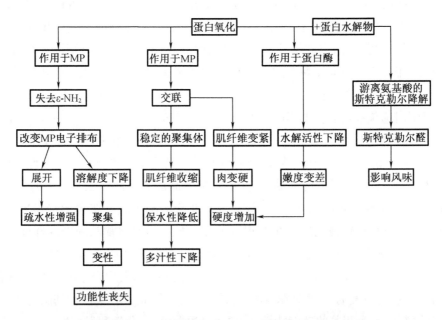

图 1 - 3 蛋白氧化对肉与肉制品品质和感官特性的影响

但是,有一些研究发现,在肉制品加工中,温和氧化和特定蛋白羰基的产生,可能对 MP 的凝胶性和乳化活性有改善作用,这一结论已经被成功地应用在改进肉糜类产品的组织特性上。Xiong 指出,MP 缓慢地或者温和地氧化,能够通过羰氨缩合形成交联,从而改善凝胶的稳定性和流变学特性,相反,剧烈的氧化产生大量的、混乱的聚合现象,这将导致功能特性的劣变。

(2)对蛋白溶解性的影响

肉及肉制品中水分含量很高(高水分活度),肌原纤维蛋白氧化,会引起蛋白质之间的交联,进而形成低聚物、多聚物,最终形成肉眼可见的聚集体。因此,经常将蛋白质溶解性的降低,作为肌肉蛋白遭受氧化破坏的标记。从热力学角度上看,蛋白溶解性的降低是化学平衡移动的结果,即蛋白分子内相互作用和蛋白－水相互作用平衡的移动,蛋白氧化促进了蛋白分子间相互作用,而减弱了蛋白－水的相互作用,从而使蛋白质有序的三级结构受到破坏。在自由基攻击下,蛋白质间的交联,除了造成表面疏水性增加外,也是蛋白溶解性降低的主要原因,也就是说氧化引起的蛋白质交联,既有共价交联也有非共价交联。目前已经发现蛋白质－蛋白质之间,通过与丙二醛相互作用,导致的蛋白溶解性降低,是肉和肉制品中的主要反应。

肌球蛋白是肌原纤维结构中最为丰富的蛋白质,对氧化非常敏感,尤其是对 ROS 更为敏感。在鸡肉中,肌球蛋白极易被脂自由基氧化,形成大量的、不溶的聚合物,尤其是肌球蛋白的两个重链和轻链的消失,要比肌动蛋白和原肌球蛋白更加显著。Björntorp 等人利用脂的氢过氧化物体系,研究鱼肌原纤维蛋白氧化,得出了类似的结论,并发现亚油酸氢过氧化物能够对肌原纤维结构产生高度的破坏作用,能够引起肌球蛋白 A 带的变性和沉淀,从而降低了提取率。每克肉中 1.5 μmol/L 氢过氧化物,氧化 2.5 h,蛋白质的溶解性下降 90%。火鸡肌原纤维蛋白在铁离子/抗坏血酸,或铜/抗坏血酸的氧化体系中,氧化 6 h,溶解性降低 32% ~ 36%。在冷藏条件下贮藏 5 d 后,用氧化脂肪催化牛心肌蛋白氧化,会使溶解性降低 20%。许多研究还发现,蛋白质的不溶性和沉淀直接与游离脂肪酸的不饱和度有关(双键的数量)。

另外,与肌原纤维蛋白类似,肌浆蛋白对氧化也是高度敏感的,尤其是肌红蛋白容易受脂自由基攻击而变性,导致溶解性下降。Nakhost 等人从冻干的牛肉肌红蛋白－甲基亚油酸乳化体系中,分离出许多共价结合的聚合物和一些蛋白质片断(分子断裂形成),发现蛋白质溶解性的降低与蛋白质结构发生氧化的程度紧密相关。

(3) 对蛋白营养价值的影响

近年来,蛋白氧化对营养和健康的潜在危害,已经逐渐被重视起来,但目前对该领域的研究仍然很有限。前人曾研究了乳蛋白必需的氨基酸的氧化变化,以及氧化衍生物的生物利用率,发现蛋白氧化后必需的氨基酸受到破坏,且氧化蛋白的生物利用率降低(图 1 － 4)。

肉类蛋白质能够提供大量的、优质的,且生物利用率很高的氨基酸,但肉蛋白质的氧化致使一些氨基酸损失,并使大量的氨基酸侧链结构发生变化。由于蛋白氧化引起了不可逆的必需氨基酸(赖氨酸、精氨酸和苏氨酸)的氧化修饰,所以精氨酸损失是蛋白氧化对其营养破坏的一个直接结果。但是,肉蛋白氧化到什么程度才会对食用肉产生显著的影响还尚待研究。

除了必需氨基酸的损失之外,氧化对蛋白质消化率的影响,也会降低其营养价值。据 Grune 等人报道,温和的氧化引起蛋白结构的变化较小,并有助于蛋白酶对蛋白质的识别,从而增加蛋白对水解的敏感性,但剧烈的氧化会引起蛋白聚集体的形成和某些氨基酸侧链的氧化分解,这会改变酶的识别位点,从而使蛋白水解敏感性下降,这两种现象已经在肉类模拟体系中得到证实。最近的研究还证实,MP 剧烈的氧化修饰会导致蛋白质对蛋白酶敏感性下降,从而降低蛋白的消化率。例如,木瓜蛋白酶水解的化学键包括精氨酸和赖氨酸,氧化会引起精氨酸和赖氨酸的羰基化,从而使 MP 对木瓜蛋白酶敏感性降低。因此,与木瓜蛋白酶具有相同水解模式的胰蛋白酶活性也会受 MP 氧化的影响。另外,通过羰氨缩合促使交联和聚集体形成也会影响 MP 的消化率,而蛋白聚合导致的氨基酸消化率降低,会对人体产生不良影响。据研究,未水解蛋白会被结肠的菌群发酵产生苯酚和甲酚,这些物质是致突变物质,会增加患结肠癌的风险,但吸收氧化蛋白对人体健康的确切影响,目前还不清楚。

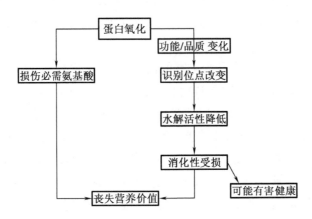

图 1-4 蛋白氧化对肉与肉制品营养价值的影响

(4) 对肉与肉制品感官特性的影响

①对组织结构的影响

近年来,有许多关于蛋白氧化对鲜肉和肉制品多汁性、嫩度和硬度等组织特性影响的文献。早期的研究多集中在肌肉蛋白氧化对蛋白酶敏感性的影响上,这会影响成熟期间牛肉的嫩度。Rowe 等人发现总蛋白羰基与牛肉的剪切力值显著相关。大量研究也已经证明,蛋白氧化降低了牛肉的嫩度,但蛋白羰基和肉嫩度之间的确切机制还不清楚。目前来看,蛋白氧化对肉嫩度的影响,主要包括两个方面。一是,降低了成熟期间肉蛋白水解能力,主要体现在:(1) MP 的氧化降低了蛋白水解的敏感性;(2) 由于 μ-calpain 和 m-calpain 酶的活性部位包含组氨酸和半胱氨酸残基,这些基团的氧化分解可能致使酶失活。由第二个机制可知,蛋白质交联将加强肌原纤维蛋白的结构,致使肌肉组织变硬。二是,通过二硫键引发蛋白交联,蛋白氧化可产生大量的蛋白交联,进而使嫩度下降。但具体的影响程度目前还不清楚。

在肉制品中,蛋白氧化与产品组织状态改变之间的关系也已有报道,例如,法兰克福香肠和乳化肉饼等产品的硬度与蛋白氧化程度之间存在显著的相关性。Fuentes 等人在研究高静水压力对干腌肉嫩度和多汁性的影响时,得到了相同的结果,并发现氧化的影响是由于引起了蛋白的交联而造成的。

②对风味的影响

氨基酸的斯特克勒尔降解是美拉德反应中产生风味最重要的反应之一,包括氧化脱氨和游离氨基酸的脱羧。某些二烯烃和烯酮等来源于脂质过氧化作用的醛类,能够促进氨基酸的氧化分解,并且通过斯特克勒尔反应产生相应的斯特克勒尔醛。Estévez 等人认为,

AAS 和 GGS 这类羰基,能够影响亮氨酸和异亮氨酸斯特克勒尔醛的形成。发现 AAS 和 GGS 的醛基部分,能与亮氨酸和异亮氨酸等游离氨基酸发生反应,形成 Schiff 碱结构,并且最终产生相应的斯特克勒尔醛。研究还发现 AAS 比 GGS 反应活性更强,并且半醛促进斯特克勒尔醛形成的活性,受羰基基团和介质 pH 值的影响,所以,蛋白降解产生的游离氨基酸和游离氧化的氨基酸,将成为肉类体系中斯特克勒尔醛的来源,因而会影响风味(图 1 – 3)。

尽管在食品体系中 AAS 和 GGS 对游离氨基酸斯特克勒尔降解的影响还尚不明确,但作为风味物质的来源,这些蛋白半醛会起到相当重要的作用,尤其像干腌肉制品等需要成熟的产品。Armenteros 等人阐述了干腌肉制品中 AAS 和 GGS 的含量显著高于其他肌肉食品。斯特克勒尔醛是干腌肉的常见成分,是产品风味产生的主要物质,在肉制品成熟期间,高比例的蛋白分解、蛋白氧化反应和斯特克勒尔醛的形成是同时发生的,说明蛋白半醛会受其相邻氨基酸反应形成斯特克勒尔醛的影响。

3. 控制蛋白氧化常用的方法

(1)化学抗氧化剂对蛋白氧化的调控作用

从逻辑上推测,抗氧化剂应该能够减少蛋白功能性的劣变或者提高其功能性。事实上,在肌肉蛋白中添加 0.02% 没食子酸丙酯(propyl gallate, PG)、0.2% 抗坏血酸钠和 0.2% 三聚磷酸钠复合抗氧化剂,对蛋白质功能性劣变的控制作用已经得到证实。与用清水漂洗的对照组相比,抗氧化剂漂洗过的牛心肌碎肉的悬浮物表现出更高的剪切力值。在贮藏过程中,尽管抗氧化剂不能完全阻止剪切、稀释等对蛋白流变学性质产生的负面作用,但经抗氧化剂漂洗过的蛋白,要比水漂洗过的蛋白保持着明显高的黏性。值得一提的是,对于抗氧化剂漂洗过的碎肉,在整个贮藏过程中的脂肪氧化程度,都能保持最低的水平。恰恰相反,水漂洗过碎肉的 TBARS 值从第 0 d 的 0.20 μg/g 增加到第 7 d 的 0.50 μg/g。

与对照组相比,PG/抗坏血酸/三聚磷酸盐处理的肌原纤维蛋白,能产生更具黏弹性的凝胶网络结构,因为该凝胶在温度低于 60 ℃ 时有较高的 G′值(储能模量)。贮藏过程中蛋白功能性的损失程度依赖于脂肪氧化被抑制的程度,同时,抗氧化剂的效果也依赖于 pH 值,pH 值为 6.0 时,产生最大的凝胶强度。研究发现,抗氧化剂漂洗过的肌原纤维在 pH 值 > 5.8 时,比对照组的肌原纤维形成更强的凝胶,而在 pH 值 < 5.7 时,凝胶形成质量差。这一结果表明,一些带电荷的氨基酸可能被氧化所改变,可能与脂肪的降解产物,或者与脱氢抗坏血酸相互作用,导致多肽之间不同静电荷的相互作用,致使肌球蛋白等电点发生移动。

抗坏血酸是一个常见的还原剂,并且被认为能抑制脂肪和蛋白的氧化(如 SH→S – S 的转变),然而,将抗坏血酸加入牛心肌碎肉的洗液中漂洗后发现,它能够促进蛋白的氧化,并且有助于蛋白羰基或蛋白结合羰基物质的产生。这个发现可能解释了为什么具有一定抑制脂肪氧化的牛心肌碎肉和在氧化条件下发生一定程度脂肪氧化的碎肉,都可以显示出较好的功能性质,尤其是凝胶作用。如图 1 – 2 所示,蛋白结合的羰基可能有许多来源,包括被氧化的抗坏血酸(脱氢抗坏血酸)和丙二醛,因此,抗坏血酸容易使蛋白形成交联的凝胶网络。

包括构成肌原纤维蛋白的绝大多数肌肉蛋白,在水相中漂洗后,都会增加蛋白质对周围水溶性自由基的敏感性。为了研究肌肉蛋白氧化修饰的机制,在混合和漂洗之前将脂溶性和水溶性的抗氧化剂添加到牛肉心肌碎肉中,当 PG(0.02%),α – 生育酚(0.02%)或者单独使用三聚磷酸钠(0.02%)时,脂肪氧化(TBARS 是硫化巴比妥酸反应产物,和共轭二烯烃均是脂肪氧化指标)和蛋白氧化(羰基和二硫键)程度显著下降,甚至在 2 ℃贮藏 7 d 后,或者在 −15 ℃或 −29 ℃贮藏 1 个月都能明显抑制氧化。因此,脂肪和蛋白的氧化最可能发生在油−水界面或者是破裂的脂肪球膜,从而靠清除自由基和螯合金属离子能够抑制氧化作用。尽管用 PG 和 α−生育酚能够抑制氧化作用,但这两种抗氧化剂都不能提高洗涤过的肌原纤维蛋白的凝胶形成能力。

另一方面,在牛肉心肌碎肉中添加抗坏血酸,尽管在很大程度上抑制了脂肪氧化,但蛋白羰基的含量会明显增加。羰基化合物可能是来自被氧化的蛋白质分子,也可能是来自脱氢抗坏血酸。Wan 等人的阐述,进一步表明了结合抗氧化剂(PG/抗坏血酸/三聚磷酸盐)所产生的有益效果,因为在抗坏血酸出现时,一些蛋白多聚物被形成,并且不被一些还原化合物所分离(如二硫苏糖醇)。抗坏血酸漂洗的牛肉心肌碎肉贮藏 7 d 后,其凝胶强度要比用其他抗氧化剂漂洗过的更大,并且略低于水漂洗碎肉形成的凝胶强度。

肉中含有少量的 VE,它能够降低肉中脂肪氧化的程度。Grau 等研究用动物脂肪、葵花籽油、亚麻籽油、α−生育酚和 VC 喂鸡,以增加肉中脂肪的含量,然后,评价它们对真空包装贮藏在 −20 ℃、7 个月的生鸡肉和熟鸡肉中胆固醇氧化产物和 TBARS 值的效果,发现 VE 能有效地保护生鸡肉和熟鸡肉不受胆固醇和脂肪酸氧化。但是,α−生育酚是抗氧化还是助氧化,也与它的含量有关。Tume 等人研究,通过在饲料中添加 VE 以增加牛肉中 VE 的含量,得到的牛肉中 α−生育酚含量分别为 4.92 μg/g 和 7.30 μg/g,然后使用 200 MPa 或 800 MPa 温度在 60 ℃时处理 20 min,在暗处 4 ℃的环境下贮藏 6 d,测定 TBARS 值和脂肪过氧化物值,发现 α−生育酚高含量组(7.30 μg/g)更易于氧化,而低含量组(4.92 μg/g)则是在高压处理过程中具有抗氧化作用。

(2)植物提取物对蛋白氧化的调控作用

目前,最有效且实用的预防肉和肉制品氧化与品质劣变的方法,就是添加抗氧化剂。常用的抗氧化剂包括天然和合成的抗氧化剂,与合成抗氧化剂相比,天然抗氧化剂由于具有安全性和健康特性,而占有巨大的优势。从植物中提取的提取物,如水果、蔬菜、草药、香料和它们的组分都是很好的天然抗氧化剂来源,由于这些植物提取物能够作为还原剂、自由基终止剂、金属螯合剂和单线态氧猝灭剂,所以还可以终止氧化反应。

许多植物提取物,已经被成功地应用在控制肉制品的脂质氧化中,例如,茶叶、迷迭香、丁香、鼠尾草和牛至叶等,其抑制熟肉制品中脂质氧化能力与合成抗氧化剂一致。Formanek 等人研究迷迭香提取物对辐照碎牛肉抗氧化作用中发现,迷迭香提取物能够抑制脂质氧化,并能延缓颜色变化。Yoo 等人在检测 17 种中草药时发现,一些草药提取物具有较高的 DPPH 自由基清除能力,增强了细胞的生存能力,抑制了 H_2O_2 诱发的氧化应激,并且增强了超氧化物歧化酶和过氧化氢酶的活性。

植物提取物中含有的多酚类,具有很好的抑制脂肪氧化的作用,但在食品蛋白氧化中,对多酚作为抗氧化剂作用的研究还很少。已有的研究主要包括迷迭香提取物,橄榄叶提取物,油菜籽、松树皮的酚类化合物对肉类蛋白氧化的控制作用。Mercier 等人发现喂食维生素 E 火鸡的肌肉中,蛋白羰基的形成有所下降。Viljanen 等人发现在脂质体中,浆果多酚对脂质和蛋白质的氧化,均具有抑制作用。近年来,水果提取物也被添加到肌肉食品中,用于延缓脂质和蛋白氧化,并抑制产品褪色,这些提取物包括石榴汁多酚类、白葡萄提取物、草莓提取物、犬蔷薇、山楂、杨梅和黑莓。

(3)物提取物控制蛋白氧化的复杂性

最近的研究发现,作为氧化反应抑制剂的香辛料或植物提取物的应用具有一定的复杂性。Kähkönen 等人认为,植物多酚对食品体系氧化稳定性的影响是很难确定的,因为它受氧化条件、体系的脂质特性、生育酚类的存在和其他一些活性物质产生的抗氧化或促氧化作用的影响。Viljanen 等人在研究乳清蛋白－卵磷脂体系中发现,浆果多酚抑制了蛋白羰基的形成,并减少了色氨酸的损失。然而,在另一个以浆果为原料富含多酚和浆果碎片的研究中发现,浆果在一定程度上有促氧化作用,相反,浆果碎片却表现出抗氧化作用,这表明不同多酚化合物的混合可能产生促氧化作用。

Jongberg 等人在研究绿茶提取物和迷迭香提取物时,从波洛尼亚香肠肉蛋白氧化中发现,迷迭香提取物,尤其是绿茶提取物,在巯基氧化生成二硫键中有促氧化作用。酚类反应与氧还原成活性氧系列是偶联的,例如,过氧化氢和羟自由基均能引起脂质和蛋白质的氧化损伤。迷迭香提取物中的酚类物质,主要是二萜类的鼠尾草酸和鼠尾草酚。Fujimoto 等人在一个模型体系中,证实了鼠尾草酸能够保护巯基氧化,相反,鼠尾草酚则促进二硫键形成,有趣的是,他们也证实了儿茶素和它的异构体表儿茶素是绿茶提取物中主要的多酚化合物。如图 1－5 所示,在酚到醌的起始氧化后,便可与 N－苯甲酰美司坦结合,生成单、二和三巯基加成物。巯基－醌加成物的形成,可能解释添加绿茶提取物到波洛尼亚香肠中,发生性质不同的巯基损失的原因,见图 1－5(反应 1,儿茶素和蛋白巯基间的反应)。与儿茶素不同,鼠尾草酸和鼠尾草酚不能与巯基形成加合物,这解释了对照组香肠添加迷迭香提取物后,巯基并未发生变化的原因(图 1－6)。

如图 1－5 所示,儿茶素的邻苯二酚部分(B 环)可能在三个不同的位置被巯基取代(a,b,c),巯基的再生能够使邻苯二酚再被氧化一次,并参与第二个亲核攻击(图 1－5,反应 2),Fujimoto 等人用甲基二氢咖啡盐作为黄酮类化合物的模型,证实了巯基的加成最初发生在 5′位上,然后 2′位,最后在黄酮类化合物 B 环的 6′位。从这个意义上讲,二或三巯基加成物的形成,是由于酚类氧化介导而产生的蛋白聚合。这些机制解释了两种截然不同的蛋白巯基损失,也解释了添加绿茶提取物后,波洛尼亚香肠中肌球蛋白重链(myosin heavy chain,MHC)和肌动蛋白(actin)发生了显著聚合的原因。如图 1－6 所示,鼠尾草酸和鼠尾草酚只含有一个巯基结合位点,一旦发生结合就不能与其他的蛋白巯基相结合。因此,基于这些机理,添加了迷迭香的香肠蛋白就不会发生聚合。

Jongberg 等人发现这种蛋白与酚的共价结合,可被硼氢化合物还原,还原产物是蛋白结合丙氨酸残基和一个游离的硫代苯酚(图 1－5,反应 2),这解释了还原后的 MHC 和肌动蛋白可以完全恢复的原因。在现有的研究报道中,关于巯基损失和蛋白聚合的增加,是由于酚添加的促氧化作用,还是由于巯基醌加合物的形成,目前还不能确定。

1

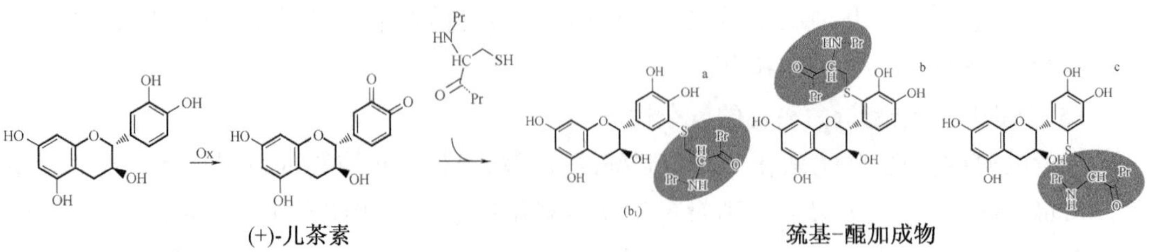

2

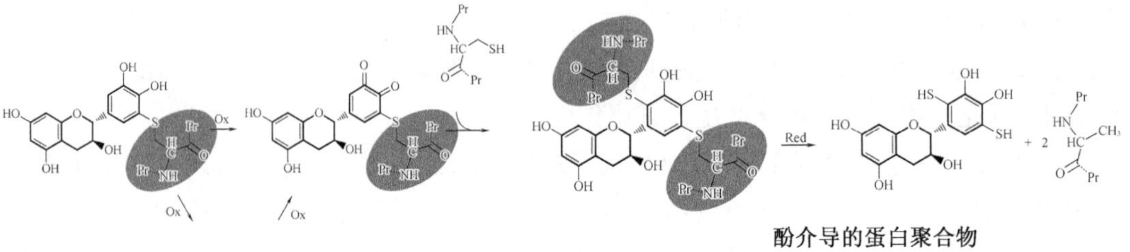

2a

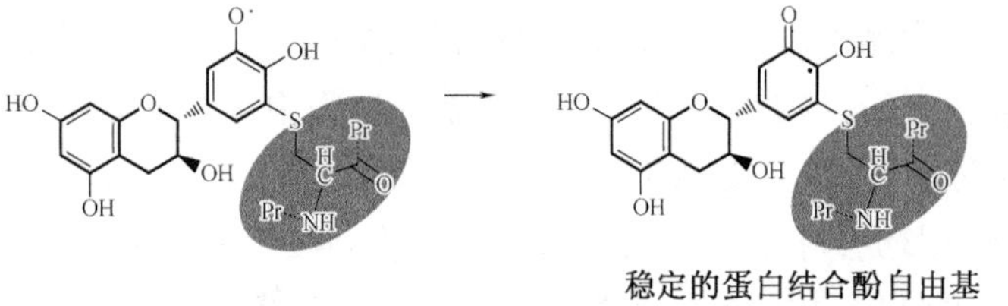

图1-5 植物提取物中酚介导的蛋白聚合机理

注:1.(a)(+)-儿茶素被氧化成醌,随后与蛋白巯基的5′位发生取代反应生成巯基-醌加合物;(b)2′位取代生成巯基-醌加合物;(c)6′位取代生成巯基-醌加合物。2.蛋白与儿茶素结合物氧化生成相应的醌,而后与另一个蛋白巯基加成,生成一个二巯基加成物,它能够促进蛋白的聚合,随后的还原可能在蛋白上生成丙氨酸残基和一个游离的2′,5′-二硫代儿茶素。2a中间反应步骤产生与蛋白结合的半醌基团,再被夺走一个氢原子,生成蛋白结合的苯氧自由基。灰色区域表示酚结合的蛋白。

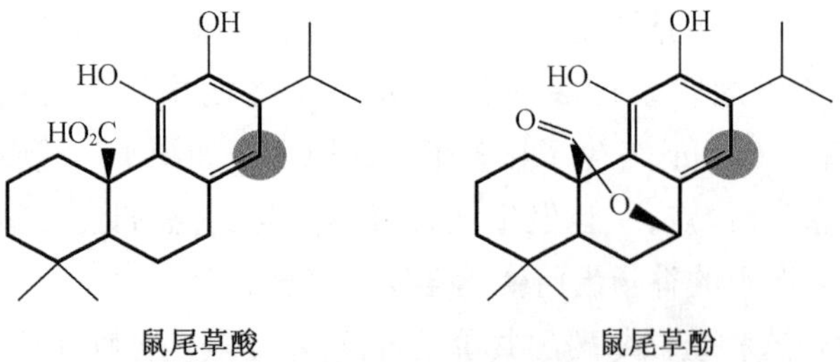

图1-6 鼠尾草酸和鼠尾草酚的化学结构

综上所述,酱卤制品是一种含有丰富营养价值、深受我国人民喜爱的、具有独特风味的传统肉制品。但是传统酱卤制品在加工过程中存在很多问题,例如加工程度低、连续化生产工艺落后、工艺参数模糊、产品档次低、添加剂乱用、出品率低、品质指标难以控制等。传统酱卤制品的质量问题以及国外新产品西式肉制品的冲击力,使中国部分传统酱卤制品在市场环境下的生存和发展举步维艰,整个行业亟待将传统工艺与新式西式技术结合起来,实现酱卤制品现代化的转型升级,开发符合我国特色的、针对不同部位肉块的酱卤加工制品,用以促进酱卤制品的变化。随着人们消费和饮食习惯的发展,人们对高品质、高营养、易食用的产品的追求率逐步上升。传统酱卤制品应该向安全、卫生、营养和方便化的方向发展,并且进一步实现工业化、现代化和标准化。我国应改善产品的加工工艺,提高安全性,改善酱卤制品的品质,有效地改变酱卤产品风味,使酱卤产品成为方便携带和食用的休闲即食肉制品,以满足消费者的需求。

本章参考文献

[1] 曾弢,章建浩,甄宗圆,等. 干腌火腿现代滚揉腌制工艺研究[J]. 食品科学,2007,28(2):88-91.

[2] 罗章,马美湖,孙术国,等. 不同加热处理对牦牛肉风味组成和质构特性的影响[J]. 食品科学,2012,33(15):148-154.

[3] 钟赛意,姜梅,王善荣,等. 超声波与氯化钙结合处理对牛肉品质的影响[J]. 食品科学,2007(11):142-145.

[4] 陈金伟,潘见,张慧娟,等. 超高压处理对卤制猪手筋皮同步熟而不烂的工艺研究[J]. 安徽农业科学,2017,45(12):79-80,109.

[5] 谢小雷,李侠,张春晖,等. 牛肉干中红外-热风组合干燥工艺中水分迁移规律[J]. 农业工程学报,2014,30(14):322-327.

[6] 陈海华,许时婴,王璋,等. 亚麻籽胶与盐溶肉蛋白的作用机理的研究[J]. 食品科学,2007,28(4):95-98.

[7] 陈旭华. 酱卤肉制品定量与卤制工艺研究[D]. 北京:中国农业科学院,2014.

[8] 张科,杜金平,吴艳,等. 食品胶对重组肉持水力和水分活度的影响[J]. 湖南农业大学学报,2011(3):17-20.

[9] 孙健,冯美琴,王鹏,等. 亚麻籽胶、黄原胶与大豆分离蛋白对肉制品出品率和质构特性的影响[J]. 食品科学,2012,33(21):1-2.

[10] 孙永杰,马井喜,尚鑫茹,等. 酱卤风味鹿肉酱的配方研制[J]. 黑龙江畜牧兽医,2016(11):238-240.

[11] 李儒仁,余群力,韩玲,等. 牦牛肝酱卤制品配方筛选及其品质分析[J]. 肉类研究,2012(1):18-21.

[12] 王宇,臧明伍,杨君娜,等. 一种酱牛肉工艺配方的筛选[J]. 肉类研究,2008(6):15-17.

[13] 谢美娟,何向丽,李可,等. 卤煮时间对酱卤鸡腿品质的影响[J]. 食品工业科技,2017(21):33-37.

[14] 王秀娟. 超声波辅助酱卤鸡蛋加工工艺研究[J]. 农产品加工(下半月),2017(6):

34-35.

[15] 刘杨铭,侯然,赵伟,等. 超高压对酱卤羊肚感官品质、微观结构及其肌浆蛋白特性的影响[J]. 食品科学,2019,40(9):76-82.

[16] 刘洋,王卫,庄蓉,等. 酱卤肉制品猪拱嘴加工工艺优化研究[J]. 中国调味品,2014,39(12):63-66.

[17] 孙彦雨,周光宏,徐幸莲. 冰鲜鸡肉贮藏过程中微生物菌相变化分析[J]. 食品科学,2011,32(11):146-150.

[18] 张隐,赵靓,王永涛,等. 超高压处理对泡椒凤爪微生物与品质的影响[J]. 食品科学,2015,36(3):46-502.

[19] 姚艳玲,贺稚非,李洪军,等. 包装材料对高氧气调包装冷鲜肉品质变化的影响[J]. 食品科学,2012,33(8):313-317.

[20] 康怀彬,赵丽娜,肖讽,等. 二次杀菌对真空包装酱牛肉货架期影响的研究[J]. 食品科学,2008,29(8):617-620.

[21] 董飒爽,李传令,赵改名. 工厂实测冷却分割鸡胸肉生产过程中菌落总数的变化及货架期预测模型的建立[J]. 现代食品科技,2016,32(8):183-190.

[22] 杜荣茂,杨虎清,应铁进,等. 常温下酱牛肉的防腐保鲜技术研究[J]. 食品科技,2002(10):60-62.

[23] 李玲,夏天兰,徐幸莲,等. 肉制品和胃酸条件下亚硝胺合成阻断作用的研究进展[J]. 食品科学,2013,34(5):284-287.

[24] 李玲,徐幸莲,周光宏. 气质联用检测传统中式香肠中的9种挥发性亚硝胺[J]. 食品科学,2013,34(14):241-243.

[25] 马俪珍,杨华,阎旭,等. 盐水火腿加工中影响亚硝基化合物生成因素的研究[J]. 食品科学,2007,28(1):82-85.

[26] 曾志红,陈玲苗,黄秋蓉. 丁香提取物对枝孢霉菌的抑菌效果及抑菌机理[J]. 森林与环境学报,2019,39(1):77-81.

[27] 闵维,李巨秀,胡新中,等. 应用ASLT法预测燕麦片货架期[J]. 食品科学,2014,35(22):356-360.

[28] 黄梅香,王海滨,李睿,等. 低钠盐火腿肠保质期预测及产品致病菌的聚合酶链式反应检测[J]. 食品科学,2012,33(12):276-280.

[29] 李博文,孔保华,杨振,等. 超声波处理辅助腌制对酱牛肉品质影响的研究[J]. 包装与食品机械,2012,30(1):1-4.

[30] 孙红霞,黄峰,丁振江,等. 不同加热条件下牛肉嫩度和保水性的变化及机理[J]. 食品科学,2017,39(1):84-90.

[31] 苏伟,王瑜,易重任,等. 预煮工艺对黄焖三穗鸭肉质的影响[J]. 食品工业科技,2013,69(22):204-208.

[32] 卢桂松,王复龙,朱易,等. 秦川牛花纹肉剪切力值与胶原蛋白吡啶交联和热溶解性的关系[J]. 中国农业科学,2013,46(1):130-135.

[33] 李柯欣. 茶多酚的提取、抑菌作用与抑菌机理研究[D]. 成都:西华大学,2017.

[34] 刘琨毅,王琪,郑佳,等. 乳酸链球菌素在中式腊肠防腐保鲜中的应用[J]. 中国食品添加剂,2018(2):144-149.

[35] 郭利芳,马玲,赵勇. 含Nisin的乳清蛋白涂膜在火腿肠包装中的应用[J]. 食品工业科技,2017(22):210-214,219.

[36] 付星,赵艳,马美湖,等. 可食性涂膜保鲜剂的制备及在早餐蛋中的应用[J]. 中国食品学报,2018,18(1):193-201.

[37] 王当丰,李婷婷,国竞文,等. 茶多酚-溶菌酶复合保鲜剂对白鲢鱼丸保鲜效果[J]. 食品科学,2017,38(7):224-229.

[38] 弋顺超,任小林,祝庆刚,等. 丁香提取物对苹果采后生理及保鲜效果的影响[J]. 西北农业学报,2011,20(4):148-152.

[39] 陈海华,许时婴,王璋. 亚麻籽胶与盐溶肉蛋白的作用机理的研究[J]. 食品科学,2007,28(4):95-98.

[40] JOSE A. MESTRE P. Fernando J S, et al. Contribution of major structural changes in myofibrils to rabbit meat tenderisation during ageing[J]. Meat Science, 2002, 61(1):103-113.

[41] PIETRASIK Z, SHAND P J. Effects of mechanical treatments and moisture enhancement on the processing characteristics and tenderness of beef semimembranosus roasts[J]. Meat Science, 2005(71): 498-505.

[42] SZERMAN N, GONZALEZ C B, SANCHO A M, et al. Effect of whey protein concentrate and sodium chloride addition plus tumbling procedures on technological parameters, physical properties and visual appearance of sous vide cooked beef[J]. Meat Science, 2007, 76(3):463-473.

[43] KU S K, KIM H J, YU S C, et al. Effects of injection and tumbling methods on the meat properties of marinated beef[J]. Korean Journal for Food Science of Animal Resources, 2013, 33(2): 244-250.

[44] KARL M, DA W S. The formation of pores and their effects in a cooked beef product on the efficiency of vacuum cooling[J]. Journal of Food Engineering, 2001(47): 175-183.

[45] MARKUS Z, JAMES G L, DENIS A C, et al. Ohmic cooking of whole beef muscle - Optimisation of meat preparation[J]. Meat Science, 2009, 81(4): 693-698.

[46] VERGARA H, GALLEGO L, GARCA A, et al. Conservation of cervus elaphus meat in modified atmospheres[J]. Meat Science, 2003, 65(2): 779-783.

[47] PIETRASIK Z, JARMOLUK A, SHAND P J. Effect of non-meat proteins on hydration and textural properties of pork meat gels enhanced with microbial transglutaminase[J]. Food Science and Technology, 2007, 40(5): 915-920.

[48] GARCÍA-GARCÍA E, TOTOSAUS A. Low-fat sodium-reduced sausages: Effect of the interaction between locust bean gum, potato starch and k-carrageenan by a mixture

design approach[J]. Meat Science, 2008, 78 (4) :406 -413.

[49] DEFREITAS Z, SEBRANEK J G, OLSON D G, et al. Carrageenan effects on thermal stability of meat proteins[J]. Journal of Food Science, 1997, 62(3): 544 -547.

[50] PIETRASIKA Z, SHANDB P J. Effect of blade tenderization and tumbling time on the processing characteristics and tenderness of injected cooked roast beef [J]. Meat Science, 2004,66(4) :871 -876.

[51] KOOHMARAIE M, GEESINK G H. Contribution of postmortem muscle biochemistry to the delivery of consistent meat quality with particular focus on the calpain system [J]. Meat Science, 2006, 74(1): 34 -43.

[52] KEENAN D F, DESMOND E M, HAYES J E, et al. The effect of hot - boning and reduced added phosphate on the processing and sensory properties of cured beef prepared from two forequarter muscles[J]. Meat Science, 2010,84(4) :691 -698.

[53] PARLAK O, ZORBA O, KURT S. Modelling with response surface methodology of the effects of egg yolk, egg white and sodium carbonate on some textural properties of beef patties[J]. Journal of Food Science and Technology, 2014, 51(4): 780 -784.

[54] SU Y K, BOWERS J A, ZAYAS J F. Physical characteristics and microstructure of reduced - fat frankfurters as affected by salt and emulsified fats stabilized with nonmeat proteins[J]. Journal of Food Science, 2000, 65(1): 123 -128.

[55] ENSOR S A, MANDINGO R W, CALKIN C R, et al. Comparative evaluation of whey protein concentrate, soy protein lsolate and calcium reduced nonfat dry milk as binders in an emulsion - type sausage[J]. Journal of Food Science, 1987, 52(5): 1155 -1158.

[56] EEGBERT W R, HHUFFMAN D L, CHEN C, et al. Development of low - fat ground beef[J]. Food Technology, 1991, 45(6): 66 -68.

[57] SMITH - PALMER A, STEWART J, FYFE I. The potential application of plant essential oils as natural food preservatives in soft cheese[J]. Food Microbiology, 2001, 18(4): 463 -470.

[58] DJENANE. D, SANCHEZ - ESCALANTE A, BBELTRAN J A, et al. Extension of the shelf life of beef steaks packaged in a modified atmosphere by treatment with rosemary and displayed under UV - free lighting[J]. Meat Science, 2003, 64(4): 417 -426.

[59] DJENANE D, AMIDA S, JOS B A, et al. Extension of the shelf life of beef steaks packaged in a modified amosphere with rosemary and displayed under UV - free lighting [J]. Meat Science, 2003, 64(4) :416 -427.

[60] ARUNA G, BASKARAN V. Comparative study on the levels of carotenoids lutein, zeaxanthin and β - carotene in Indian spices of nutritioids and medicinal importance[J]. Food Chemistry, 2010(123) :405 -410.

[61] ALBERT - PULEO M. Fennel and anise as estrogen agents[J]. Ethnopharmacol, 1980 (2) :336 -345.

[62] KARIN A, DAREN C. Comparison of spice – derived antioxidants and metal chelators on fresh beef color stability[J]. Meat Science, 2010, 85(4): 613 – 619.

[63] FRESH C S, ESSENTIAL O, STORAGE S, et al. Evaluation of anti – oxidant and anti – microbial activity of various essential oils in fresh chicken sausages[J]. Journal of Food Science and Technology, 2017, 54(2): 279 – 292.

[64] BALENTINE C W, CRANDALL P G, BRYAN C A O, et al. The pre – and post – grinding application of rosemary and its effects on lipid oxidation and color during storage of ground beef[J]. Meat Science, 2006, 73(3): 413 – 421.

[65] ZHANG L, LIN Y H, LENG X J, et al. Effect of sage (Salvia officinalis) on the oxidative stability of Chinese – style sausage during refrigerated storage[J]. Meat Science, 2013, 95(2): 145 – 150.

[66] REQUENA J R, LEVINE R L, STADTMAN E R. Recent advances in the analysis of oxidized proteins[J]. Amino Acids, 2003, 25(3): 221 – 226.

[67] PARK S Y, KIM Y J, LEE H C, et al. Effects of pork meat cut and packaging type on lipid oxidation and products during refrigerated storaged(8degress C)[J]. Journal of Food Science, 2008, 73(3): 126 – 134.

[68] MONAHAN F J, SKIBSTED L H, ANDERSEN M L. Mechanism of oxymyoglobin oxidation in the presence of oxidizing lipids in bovine muscle[J]. Journal of Agricultural and Food Chemistry, 2005, 53(14): 5734 – 5738.

[69] ZAKRYSP I, HOGAN S A, KERRY J P, et al. Effects of oxygen concentration on the sensory evaluation and quality indicators of beef muscle packed under modified atmosphere[J]. Meat Science, 2008, 79(4): 648 – 655.

[70] BARON C P, ANDERSEN H J. Myoglobin – induced lipid oxidation. A review[J]. Journal of Agricultural and Food Chemistry, 2002, 50(14): 3888 – 3896.

[71] LIMBO S, TORRI L, SINELLI N, et al. Evaluation and predictive modeling of shelf life of minced beef stored in high – oxygen modified atmosphere packaging at different temperatures[J]. Meat Science, 2010, 84(1): 129 – 136.

[72] FAROUK M M, WIELICZKO K J, MERTS I, et al. Ultra – fast freezing and low storage temperatures are not necessary to maintain the functional properties of manufacturing beef[J]. Meat Science, 2004, 66(1): 171 – 179.

[73] BERARDO A, MAERE H D, STAVROPOULOU D A, et al. Effect of sodium assorbate and sodium nitrite on protein and lipid oxidation in dry fermented sausages[J]. Meat Science, 2016(121): 359 – 364.

[74] SOUZA C M, BOLER D D, CLARK D L, et al. The effects of high pressure processing on pork quality, palatability, and further processed products[J]. Meat Science, 2011, 87(4): 419 – 427.

[75] KANG D C, ZOU Y H, CHENG Y P, et al. Effects of power ultrasound on oxidation and

structure of beef proteins during curing processing[J]. Ultrasonics Sonochemistry, 2016 (33): 47 -53.

[76] JAKOBSEN M, BERTELSEN G. The use of CO_2 in packaging of fresh red meats and its effect on chemical quality changes in the meat: a review[J]. Journal of Muscle Foods 2002, 13(2): 143 -168.

[77] CHENG J H, WANG S T, SUN Y M, et al. Ockerman d. Effect of phosphate, ascorbic acid and α- tocopherol injected at one - location with tumbling on quality of roast beef [J]. Meat Science, 2011(87): 223 -228.

[78] PETROU S, TSIRAKI M, GIATRAKOU IN, et al. Chitosan dipping or oregano oil treatments, singly or combined on modified atmosphere packaged chicken breast meat [J]. International Journal of Food Microbiology, 2012, 156(3): 264 -271.

[79] SHAHBAZI Y, SHAVISI N, MOHEBI E. Effects of ziziphora clinopodioides essential oil and nisin, Both separately and in combination, to extend shelf life and control e scherichia coli O157: H7 and staphylococcus aureus in raw beef patty[J]. Journal of Food Safety, 2016,36(2): 227 -236.

[80] AN K A, ARSHAD M S, JO Y, et al. E - Beam irradiation for improving the microbiological quality of smoked duck meat with minimum effects on physicochemical properties during storage[J]. Journal of Food Science, 2017, 82(4): 865 -872.

[81] HONIKEL K O. The use and control of nitrate and nitrite for the processing of meat products[J]. Meat Science, 2008, 78(1): 68 -76.

[82] YURCKENKO S, MOLDER U. The occurrence of volatile N - nitrosamines in Estonian meat products[J]. Food Chemistry, 2007, 100(4): 1713 -1721.

[83] CAMPILLO N, VINAS P, MARTINEZ - CASTILLO N, et al. Determination of volatile nitrosamines in meat products by microwave - assisted extraction and dispersive liquid - liquid microextractioncoupled to gas chromatography - mass spectrometry[J]. Journal of Chromatography, A:Including electrophoresis and other separation methods, 2011, 1218 (14): 1815 -1821.

[84] LI L, WANG P, XU X L, et al. Influence of various cooking methods on the concentrations of volatile N - nitrosamines and biogenic amines in dry - cured sausages [J]. Journal of Food Science, 2012, 77(5): 360 -365.

[85] VASANTHI C, VENKATARAMANUJAM V, Dushyanthan K, et al. Effect of cooking temperature and time on the physico - chemical, histological and sensory properties of female carabeef (buffalo) meat[J]. Meat Science, 2007,76(2): 274 -280.

[86] NAKAMURA Y N, IWAMOTO H, ONO Y, et al. Relationship among collagen amount, distribution and architecture in the M, longissimus thoracis and M, pectoralis profundus from pigs[J]. Meat Science, 2003, 64(1): 43 -50.

[87] TORRESCANO G, SANCHEZ - ESCALANTE A, GIMENEZ B, et al. Shear values of

raw samples of 14 bovine muscles and their relation to muscle collagen characteristics [J]. Meat Science, 2003, 64(1): 85-91.

[88] POWELL T H, HUNT M C, DIKEMAN M E, et al. Enzymatic assay to determine collagen thermal denaturation and solubilization[J]. Meat Science, 2000, 54(4): 307-310.

[89] STRYDOM P, LUHL J, KAHL C, et al. Comparison of shear force tenderness, drip and cooking loss, and ultimate muscle pH of the loin muscle among grass-fed steers of four major beef crosses slaughtered in Namibia[J]. South African Journal of Animal Science, 2016, 46(4): 348-359.

[90] HANNE C B, ZHIYUN W U, MICHAEL A, et al. Effects of pressurization on Structure, water distribution, and sensory attributes of cured ham: Can pressurization reduce the crucial sodium content? [J]. Journal of Agricultural and Food Chemistry, 2006, 54(26): 9912-9917.

[91] CHANG H J, Wang Q, XU X, et al. Effect of heat-induced changes of connectiwe tissue and collagen on meat Texture properties of beef semitendinosus muscle[J]. International Journal of Food Properties, 2010, 33(11): 42-44.

[92] SHIZUO TODA. Polyphenol content and antioxidant effects in herb teas[J]. Chinese Medicine. 2011, 2(1):29-31.

[93] TANG S, SHEEHAN D, BUCKLEY D J, et al. Anti-oxidant activity of added tea catechins on lipid oxidation of raw minced red meat, poultry and fish muscle [J]. International Journal of Food Science & Technology, 2001, 36(6):685-692.

[94] MASTROMATTEO M, LUCERA A, SINIGAGLIA M, et al. Synergic antimicrobial activity of lysozyme, nisin, and EDTA against listeria monocytogenes in ostrich meat patties[J]. Journal of Food Science, 2010, 75(7):M422-M429.

[95] EL-MAATI M F A, MAHGOUB S A, LABIB S M, et al. Phenolic extracts of clove (Syzygium aromaticum) with novel antioxidant and antibacterial activities[J]. European Journal of Integrative Medicine, 2016, 8(4):494-504.

[96] LEVINE R L, GARLAND D, OLIVER C N, et al. Determination of carbonyl content in oxidatively modified proteins [J]. Methods in Enzymology, 1990(186):464.

[97] DECKER E A, XIONG Y L, CALVERT J T, et al. Chemical, physical, and functional properties of oxidized turkey white muscle myofibrillar proteins [J]. Journal of Agricultural and Food Chemistry, 1993, 41(2): 186-189.

[98] XIONG Y L, DECKER E. Alterations of muscle protein functionality by oxidative and antioxidative processes [J]. Journal of Muscle Foods, 1995, 6(2): 139-160.

[99] UCHIDA K, KATO Y, KAWAKISHI S. Metalion-catalyzed oxidative degradation of collagen [J]. Journal of Agricultural and Food Chemistry, 1992, 40(1): 9-12.

[100] PARK D, XIONG Y L, ALDERTON A L, et al. Biochemical changes in myofibrillar

protein isolates exposed to three oxidizing systems [J]. Journal of agricultural and food chemistry, 2006, 54(12): 4445-4451.

[101] ESTÉVEZ M, OLLILAINEN V, HEINONEN M. Analysis of protein oxidation markers alpha-aminoadipic and gamma-clutamic semialdehydes in food proteins using liquid chromatography (LC)-Electrospray ionization (ESI)-Multistage Tandem mass spectrometry (MS) [J]. Journal of Agricultural and Food Chemistry, 2009, 57(9): 3901-3910.

[102] ESTÉVEZ M, HEINONEN M. Effect of phenolic compounds on the formation of alpha-aminoadipic and gamma-glutamic semialdehydes from myofibrillar proteins oxidized by copper, iron, and myoglobin [J]. Journal of Agricultural & Food Chemistry, 2010, 58(7): 4448-4455.

[103] LETELIER M E, SANCHEZ-J S, PEREDO S L, et al. Mechanisms underlying iron and copper ions toxicity in biological systems: Pro-oxidant activity and protein-binding effects [J]. Chemico-Biological Interactions, 2010, 188(1): 220-227.

[104] PARK D, XIONG Y L. Oxidative modification of amino acids in porcine myofibrillar protein isolates exposed to three oxidizing systems [J]. Food Chemistry, 2007, 103(2): 607-616.

[105] SAYD T, CHAMBONC L E, et al. Early post-mortem sarcoplasmic proteome of porcine muscle related to lipid oxidation in aged and cooked meat [J]. Food Chemistry, 2011, 127(3): 1097-1104.

[106] STADTMAN E R, OLIVER C N. Metal-catalyzed oxidation of proteins. Physiological consequences [J]. Food Chemistry, 2012, 135(4): 2238-2244.

[107] ESTÉVEZ M, KYLLI P, PUOLANNE E, et al. Fluorescence spectroscopy as a novel approach for the assessment of myofibrillar protein oxidation in oil-in-water emulsions [J]. Meat Science, 2008, 80(4): 1290-1296.

[108] DAVIES M J. The oxidative environment and protein damage [J]. Biochimica et Biophysica Acta, 2005, 1703(2): 93-109.

[109] GARRISON W M. ChemInform Abstract: Reaction mechanisms in the radiolysis of peptides polypeptides and proteins [J]. Chemical Reviews, 1987, 18(49): 381-398.

[110] STADTMAN E R, BERLETT B S. Reactive oxygen-mediated protein oxidation in aging and disease [J]. Drup Metabolism Reviews, 1997, 30(5): 225-243.

[111] LUNDI M N, HEINONEN M, BARON C P, et al. Protein oxidation in muscle foods: A review [J]. Molecular Nutrition and Food Research, 2011, 55(1): 83-95.

[112] WAN L, XIONG Y L, DECKER E A. Inhibition of oxidation during washing improves the functionality of bovine cardiac myofibrillar protein [J]. Journal of Agricultural and Food Chemistry, 1993, 41(12): 2267-2271.

[113] NAKHOST Z, KAREL M, KRUKONIS V J. Non-conventional approaches to food

processing in CELSS. I – Algal proteins: characterization and process optimization [J]. Advances in Space Research: the Official Journal of the Committee on Space Research, 1987, 7(4): 29 – 38.

[114] GRUNE T, JUNG T, MERKER K, et al. Decreased proteolysis caused by protein aggregates, inclusion bodies, plaques, lipofuscin, ceroid, and aggresomes´ during oxidative stress, aging, and disease [J]. The International Journal of Biochemistry and Cell Biology, 2004, 36(12): 2519 – 2530.

[115] FUENTES V, VENTANAS J, MORCUENDE D, et al. Lipid and protein oxidation and sensory properties of vacuum – packaged dry – cured ham subjected to high hydrostatic pressure [J]. Meat Science, 2010, 85(3): 506 – 514.

[116] ARMENTEROS M, HEINONEN M, OLLILAINEN V, et al. Analysis of protein carbonyls in meat products by using the DNPH – method, fluorescence spectroscopy and liquid chromatography – electrospray ionisation – mass spectrometry (LC – ESI – MS) [J]. Meat Science, 2009, 83(1): 104 – 112.

[117] XIONG Y L, DAWSON K A, WAN L. Thermal aggregation of β – lactoglobulin: effect of pH, ionic environment, and thiol reagent [J]. Journal of Dairy Science, 1993, 76(1): 70 – 77.

[118] GRAU A, CODONY R, GRIMPA S, et al. Cholesterol oxidation in frozen dark chicken meat: influence of dietary fat source, and α – tocopherol and ascorbic acid supplementation [J]. Meat Science, 2001, 57(2): 197 – 208.

[119] TUME R K, SIKES A L, SMITH S B. Enriching M. sternomandibularis with alpha – tocopherol by dietary means does not protect against the lipid oxidation caused by high – pressure processing [J]. Meat Science, 2010, 84(1): 66 – 70.

[120] ESTÉVEZ M, CAVA R. Lipid and protein oxidation, release of iron from heme molecule and colour deterioration during refrigerated storage of liver pate [J]. Meat Science, 2004, 68(4): 551 – 558.

[121] FORMANEK Z, LYNCH A, GALVIN K, et al. Combined effects of irradiation and the use of natural antioxidants on the shelf – life stability of overwrapped minced beef [J]. Meat Science, 2003, 63(4): 433 – 440.

[122] YOO K M, LEE C H, LEE H, et al. Relative antioxidant and cytoprotective activities of common herbs [J]. Food Chemistry, 2008, 106(3): 929 – 936.

[123] LUND M N, HVIID M S, SKIBSTED L H. The combined effect of antioxidants and modified atmosphere packaging on protein and lipid oxidation in beef patties during chill storage [J]. Meat Science, 2007, 76(2): 226 – 233.

[124] JONGBERG S, SKOV S H, TØRNGREN M A, et al. Effect of white grape extract and modified atmosphere packaging on lipid and protein oxidation in chill stored beef patties [J]. Food Chemistry, 2011, 128(2): 276 – 283.

第二章　香辛料对肌肉蛋白氧化的控制技术

　　肌肉蛋白很容易受到外界条件的影响而发生氧化,肌肉蛋白氧化会使其天然的结构和完整性发生变化,这些变化会影响肉制品的品质及功能性,包括质构、颜色、风味、保水性和生物功能性等。蛋白氧化会使其发生许多物理和化学变化,包括氨基酸的破坏、蛋白消化性的丧失、酶活性的丧失和由于蛋白的聚合而产生的溶解度下降等。在肉类工业中,通常使用天然的或合成的抗氧化剂来控制肉制品中氧化反应的进程,人工合成的抗氧化剂由于存在食品安全方面的问题而受到一定的限制。香辛料自古以来就作为天然的风味改良剂添加到肉制品中,我们前期已经对 14 种香辛料提取物的抗氧化效果进行了筛选,本节选择 4 种抗氧化效果最好的提取物,即丁香、迷迭香、桂皮和甘草。首先以猪背最长肌中的肌原纤维蛋白(MP)为研究对象,采用羟自由基氧化发生体系($FeCl_3$/抗坏血酸/H_2O_2,pH 值为 6.25),研究 4 种提取物对蛋白氧化理化指标的影响,通过分析这些理化指标的结果,从中筛选出对 MP 氧化抑制效果最佳的香辛料提取物和相应的浓度,再采用光谱学、DSC 热稳定性分析和流变学等手段研究最优提取物对氧化 MP 结构和功能性的影响,并结合双向电泳法分析氧化和最优提取物的添加,对差异蛋白的影响,最后将最优提取物应用于肉糜制品中,研究其在贮藏期间对肉糜制品品质和肉糜蛋白特性的影响。这对于肉制品在贮藏、加工和流通中,通过抑制或适当控制蛋白氧化来提高蛋白质的功能性,具有非常重要的意义,也为 MP 与香辛料提取物的互作机理提供理论支持。

第一节　香辛料提取物对肌原纤维蛋白氧化理化特性的影响

　　本节主要检测香辛料提取物的添加对氧化 MP 的羰基含量、巯基、二聚酪氨酸、表面疏水性等指标的影响,通过分析理化指标结果筛选出能够有效抑制蛋白氧化的香辛料提取物,进而研究其结构、凝胶性、热稳定性和流变学特性等功能性。

一、试验材料

1. 主要试验材料

氯化钠、氯化铁、盐酸、氢氧化钠、尿素、乙酸乙酯、氯化钙、磷酸钾、磷酸氢二钠、乙二胺四乙酸(EDTA)、过氧化氢、抗坏血酸、浓硫酸、盐酸胍、磷酸二氢钠、碳酸钠、氯仿、2-硫代巴比妥酸、硫酸铜、甲醇、酒石酸钾钠等其他化学试剂均为国产分析纯。

其他主要原料与试剂见表 2-1。

表2-1 其他主要原料与试剂

原料与试剂名称	生产单位或购买单位
猪背最长肌	购自大庆市新玛特超市
猪背部脂肪	购自大庆市新玛特超市
丁香等香辛料	购自大庆市新玛特超市
丙烯酰胺	美国 Sigma-Aldrich
十二烷基磺酸钠(SDS)	美国 Sigma-Aldrich
N,N′-甲叉双丙烯酰胺	美国 Sigma-Aldrich
甘氨酸	北京索莱宝科技有限公司
牛血清白蛋白(BSA)	美国 Sigma-Aldrich
Tris 碱	美国 Sigma-Aldrich
四甲基乙二胺(TEMED)	美国 Sigma-Aldrich
过硫酸铵(APS)	美国 Sigma-Aldrich
2,4-二硝基苯肼(DNPH)	美国 Sigma-Aldrich
5,5′-二硫代双(2-硝基苯甲酸)(DTNB)	美国 Sigma-Aldrich
丁基羟基茴香醚(BHA)	美国 Sigma-Aldrich
没食子酸丙酯(PG)	美国 Sigma-Aldrich
1,4-哌嗪二乙磺酸(PIPES)	美国 Sigma-Aldrich
8-苯氨基-奈酚-磺酸(ANS)	美国 Sigma-Aldrich
乙腈	美国 Sigma-Aldrich
考马斯亮蓝 R-250	美国 Sigma-Aldrich
β-巯基乙醇	美国 Amersco 试剂公司
SDS-PAGE 标准蛋白	宝生物工程(大连)有限公司
Trolox(维生素 E 衍生物)	美国 Sigma-Aldrich
三氯乙酸	天津化学试剂一厂
溴酚蓝	天津化学试剂一厂
冰乙酸	天津化学试剂一厂

2. 主要试验仪器和设备(表2-2)

表2-2 主要试验仪器和设备

仪器和设备	生产厂家
DELTA 320 pH 计	美国 Mettler Toledo 公司
AL104 精密电子天平	梅特勒-托利多仪器上海有限公司
DHP-9272 电热恒温培养箱	上海一恒科技有限公司
摇床培养箱	哈尔滨市东联电子技术开发有限公司

表2-2(续)

仪器和设备	生产厂家
冷藏陈列柜	江苏小天鹅集团有限公司
超声波清洗器	宁波新芝生物科技股份有限公司
WH-90A 微型混合器	上海亚荣生化仪器厂
台式高速冷冻离心机 Allegra 64R	贝克曼库尔特有限公司
GL-21M 高速冷冻离心机	湖南湘仪实验室仪器开发有限公司
DK-S24 型电热恒温水浴锅	上海森信实验仪器有限公司
N-1000 型真空旋转蒸发仪	上海爱朗仪器有限公司
ZHJH-1109 超净工作台	上海智城分析仪器制造有限公司
RS-6000 流变仪	HAAKE-上海连航机电科技有限公司
S-3400N 扫描电镜	日本日立公司
PE Pyris 6 差示量热仪 DSC	珀金埃默股份有限公司
凝胶成像仪	上海天能科技有限公司
T18 basic 型高速匀浆机	德国 IKA 公司
Mq-20 低场核磁共振分析仪	布鲁克(北京)科技有限公司
ZE6000 色差计	日本色电工业株式会社
真空抽滤系统	上海亚荣生化仪器厂
酶标仪	伯乐(Bio-Rad)公司
气相色谱-质谱联用仪	美国 Agilent 安捷伦
AquaLab 智能水分活度仪	美国 Decagon Devices 公司
754PC 紫外可见分光光度计	上海光谱仪器有限公司
混匀型干式恒温器	深圳拓能达科技有限公司
AVATAR360 傅里叶变换红外光谱仪	美国尼高力仪器公司
F4500 荧光分光光度计	日本日立公司
J-810 光谱仪	日本 Jasco 公司
低温冰箱(-80 ℃)	Revco 公司
5800 MALDI-TOF/TOF/质谱仪	AB SCIEX 公司
Agilent1100 高效液相色谱仪	美国 Agilent 安捷伦
Nano ZS 动态光散射仪	英国马尔文仪器有限公司
TA-XT plus 型质构分析仪	英国 Stable Micro System 公司
ES-2030(HITACH)型真空冷冻干燥机	北京博医康实验仪器有限公司
FW12 型绞肉机	韶关市食品机械厂有限公司
J-715 光谱仪	日本 Jasco 公司

二、试验设计

1. 香辛料提取物的制备

参照 Zhang 等人的提取过程,首先将购买的香辛料置于鼓风干燥箱中 45 ℃ 烘干,然后经超微细粉碎机粉碎,准确称取 50 g 干粉置于 500 mL 烧瓶中,加 400 mL 95% 食用酒精与其充分混合,然后经 55 ℃ 恒温摇床(100 r/min)振荡提取 12 h,用 Whatman No.2 滤纸过滤,取下残渣加入 200 mL 食用酒精再次提取,12 h 后再过滤。合并所有滤液后,在旋转蒸发仪中经 50 ℃ 浓缩,取出 40 ℃ 浓缩液在 0.07 M_P 条件下进行真空干燥 24 h,最后将 4 种香辛料提取物冷冻干燥,得到终产物为胶黏状半固体,再保存于 -20 ℃ 冰箱中备用。

2. 猪肌肉蛋白质的提取

猪背最长肌(longissimus dorsi)需要在屠宰 12 h 内从胴体上取下。猪品种为三元猪,购于大庆市新玛特超市,垂直于肌纤维方向切成 50~100 g 的肉片,根据 Park 等人的方法提取 MP 并稍做修改,提取液由 10 mmol/L 磷酸盐、0.1 mol/L NaCl、2 mmol/L $MgCl_2$ 和 1 mmol/L EGTA 组成,pH 值为 7.0,配制后需冷却至 4 ℃ 后使用,洗液用 0.1 mol/L NaCl,同样需要冷却至 4 ℃ 后使用。在 4 ℃ 条件下完成 MP 的提取,具体流程如图 2-1 所示。

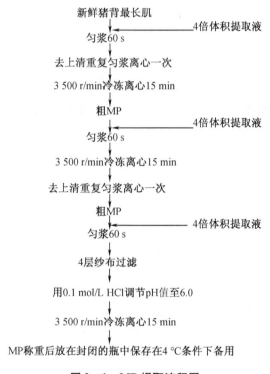

图 2-1 MP 提取流程图

3. 香辛料提取物的添加与 MP 的氧化

Fe/H_2O_2/抗坏血酸为羟基自由基(·OH)产生氧化系统(hydroxyl radical - generating system,HRGS),可以产生活性氧自由基 ROS,由 $FeCl_3$、抗坏血酸和 H_2O_2 通过铁的氧化还原反应产生。本试验采用 10 μmol/L $FeCl_3$/100 μmol/L 抗坏血酸/10 mmol/L H_2O_2 作为肌原纤维蛋白的氧化体系。用含 0.6 mol/L NaCl 的 15 mmol/L PIPES 缓冲液(pH 值为 6.25)将提取的 MP 稀释为 20 mg/mL。4 种香辛料提取物的添加量分别为 0 mg/mL、0.1 mg/mL、0.5 mg/mL 和 1.0 mg/mL,然后使用氧化体系(10 μmol/L $FeCl_3$/100 μmol/L 抗坏血酸/

10 mmol/L H_2O_2)于 4 ℃ 条件下分别氧化 0 h、1 h、3 h、5 h。最后通过添加 PG/Trolox/EDTA2Na(1 mmol/L)终止氧化反应。对照采用未加氧化剂,但含有 PG/Trolox/EDTA2Na 的蛋白溶液。

A 表示丁香提取物(clove extract,CE);B 表示迷迭香提取物(rosmary extract,RE);C 表示桂皮提取物(cinnamon extract,CME);D 表示甘草提取物(lcorice extract,LE)。

4. 羰基含量的测定

羰基含量的测定根据 Oliver 等人的方法稍做修改,即取 1 mL 浓度为 2 mg/mL 的 MP 溶液置于塑料离心管中,每管中加入 1 mL 浓度为 10 mmol/L 的 2,4 - 二硝基苯肼(DNPH),室温下反应 1 h,其间每 5 min 旋涡振荡一次,然后添加 1 mL 20% 的三氯乙酸(TCA),10 000 r/min 离心 5 min,弃清液,用 1 mL 乙酸乙酯:乙醇(1:1)清洗沉淀 3 次除去未反应的试剂,加 3 mL 6mol/L 的盐酸胍溶液,置于 37 ℃水浴保温 15 min 溶解沉淀,在 10 000 r/min 下离心 3 min 后除去不溶物质,所得物在 370 nm 下测吸光值。用 22 000 $mol^{-1} \cdot cm^{-1}$ 作为摩尔消光系数计算羰基含量,羰基含量表示为 μmol/g MP;蛋白含量用双缩脲法测定,用牛血清蛋白做标准曲线。

5. 蛋白质 Ca - ATPase 活性的测定

根据 Wells 和 Katoh 等人的方法进行猪肉 MP 的 Ca - ATP 酶活性的测定,MP 浓度为 3.0 mg/mL,酶活性用 μmol Pi/mg 蛋白表示。一系列浓度的磷酸二氢钠(0.0 ~ 1.0 mmol/L)做标准曲线计算磷酸盐含量。

(1)标准曲线

磷酸盐的标准曲线如图 2 - 2 所示。

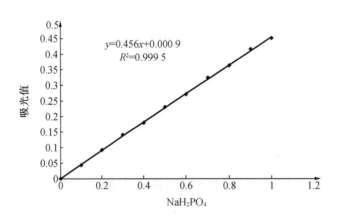

图 2 - 2 磷酸盐的标准曲线

(2)Ca - ATPase 活性的测定

取 0.2 mL 浓度为 3.0 mg/mL 的 MP 溶液,加入 2 mL Ca - ATPase 反应液(7.6 mmol/L ATP, 15 mmol/L $CaCl_2 \cdot 2H_2O$, 150 mmol/L KCl, 180 mmol/L Tris - HCl, pH 值为 7.4)中,在 25 ℃条件下反应 10 min(20 ℃需反应 25 min),然后加入 1.0 mL 10% 的三氯乙酸(TCA)终止反应,再于 7 500 r/min 离心 5 min,除去沉淀,取 1.0 mL 上清液加入 3.0 mL 0.66% 的

钼酸铵(溶解于0.75 N硫酸中),充分混合后加入0.5 mL新配制的10%的$FeSO_4$溶液,反应2 min后,于700 nm处测定吸光值。

6. 表面疏水性的测定

蛋白表面疏水性的测定按照Kato等人的方法并稍做改动。首先将制备好的MP样品分散在0.01 mol/L的磷酸盐缓冲溶液(pH值为7.0)中,配制成2 mg/mL的MP溶液;其次通过添加不同量的缓冲溶液,将每个样品分别稀释成0.1 mg/mL、0.5 mg/mL、1 mg/mL、5 mg/mL、10 mg/mL、15 mg/mL 6个浓度梯度;再次收取每个样品的不同浓度的稀释液4 mL与50 μL的8 mmol/L ANS溶液混合;最后以荧光强度为纵坐标,上述6个浓度梯度为横坐标,所得曲线的斜率即为表面疏水性。

7. 总巯基含量的测定

根据Disimplicio等人的Ellman试剂法,测定蛋白质的总巯基含量。具体方法如下:取1 mL浓度为2 mg/mL的MP溶液与8 mL Tris-甘氨酸溶液(每升溶液中含有10.4 g Tris、6.9 g甘氨酸、1.2 g EDTA和480 g尿素,pH值为8.0)混合,充分混匀后加入1 mL Ellman's试剂(含4 mg DTNB/mL),置于黑暗处反应30 min后,于412 nmol处测定吸光值,使用摩尔消光系数13 600 $mol^{-1} \cdot cm^{-1}$计算巯基含量。对照不加蛋白溶液,其他处理方法相同。

8. 二聚酪氨酸含量的测定

根据Davies等人的方法测定MP中二聚酪氨酸含量。用pH值为6.0的20 mmol/L磷酸盐缓冲液(含0.6 mol/L KCl)将MP样品稀释至1 mg/mL。再将溶液过滤后除去不溶性物质。用荧光分光光度计,设置发射波长420 nm,激发波长325 nm,狭缝宽度为10 nm。最终的二聚酪氨酸含量利用所测定的吸光值除以蛋白浓度获得,为相对荧光值,单位为A.U(arbitrary units)。

9. 蛋白溶解性的测定

依据Benjakul等人的方法并稍做改动。称取猪肉MP 1 g溶解于18 mL的0.6 mol/L KCl中,混合匀浆30 s,匀浆液在室温下搅拌溶解4 h,然后在4 ℃下8 500 r/min冷冻离心30 min。取10 mL上清液溶解于冷的50%(w/v)三氯乙酸(TCA)中,使最终浓度为10%。离心所得沉淀物用10%的三氯乙酸清洗后,溶解在0.5 mol/L NaOH溶液中。MP样品也直接溶解于0.5 mol/L NaOH中,作为总蛋白含量。最后用双缩脲法测定上清液中的蛋白含量。MP的溶解程度用溶解性(PS)表示,公式如式(2-1)所示。

$$PS(\%) = \frac{上清液中蛋白含量}{样品中总蛋白含量} \times 100\% \qquad (2-1)$$

10. 气质联用测定香辛料提取物中的成分

根据Krishnan等人的方法并稍做修改,具体如下:采用Agilent-7890A-HP5974型气相色谱-质谱联用仪(gas chromatography and mass spectrometry,GC-MS),色谱柱HP-5Ms(30.0 mol/L×0.25 mmol/L×0.25 μmol/L)。载气为氦气,载气流量1.0 mL/min,分流比为10∶1,进样器温度TJ250 ℃,检测器温度TD250 ℃,流速1.0 mL/min,升温程序:柱初温60 ℃(5 min),程序升温按3 ℃/min速度升至180 ℃,然后升温按10 ℃/min速度升至250 ℃,最高柱温280 ℃。电离方式E1,电离能70 eV;离子源温度250 ℃,扫描40~

450 amu。标准谱库为美国 NIST 和 LIBTX 谱库。相对含量的确定法为面积归一化法。

三、结果与分析

1. 香辛料提取物对氧化引起的 MP 理化特性变化的影响

前期曾对 14 种香辛料提取物的抗氧化活性进行测定,从中优选出 4 种效果较好的香辛料,即丁香、迷迭香、桂皮、甘草。该部分研究这 4 种香辛料对蛋白氧化的影响,主要检测香辛料提取物的添加对氧化 MP 的羰基含量、巯基、二聚酪氨酸、表面疏水性等指标的影响,通过分析理化指标结果筛选出能够有效抑制蛋白氧化的香辛料提取物,进而研究其结构、凝胶性、热稳定性和流变学特性等功能性。

(1) 4 种香辛料提取物对不同氧化时间 MP 羰基含量的影响

羰基的形成是蛋白质发生氧化的一项最显著的变化。一般来说,氧化程度越大羰基含量相对越高。图 2-3 列出了 4 种香辛料提取物对不同氧化时间 MP 羰基含量的影响。由图可知,所有样品的羰基含量均随氧化时间的延长而显著增加($p<0.05$)。4 种提取物的添加都不同程度地降低了羰基含量,说明它们对蛋白氧化具有一定的抑制作用。如图 2-3 所示,未氧化肌肉的羰基含量为 0.7 μmol/g,氧化 5 h 后羰基含量增加到 2.4 μmol/g。CE 的添加显著地抑制了羰基的形成($p<0.05$);且随 CE 浓度的增加,抗氧化作用明显增强。氧化 5 h 时,与对照组相比添加 0.1 mg/mL、0.5 mg/mL 和 1.0 mg/mL CE 组的羰基含量分别下降了 16.04%、21.39% 和 44.07%($p<0.05$),添加 RE 组的羰基含量分别下降了 8.28%、19.67% 和 23.80%($p<0.05$),添加 CME 组的羰基含量分别下降了 4.56%、15.35% 和 18.67%($p<0.05$),添加 LE 组的羰基含量下降不显著($p>0.05$)。首先,尽管其他 3 种香辛料提取物不同程度地抑制了羰基含量的增加,但丁香提取物(CE)的抑制效果最好,其次是迷迭香提取物(RE)和桂皮提取物(CME),甘草提取物(LE)对羰基增加的抑制作用不明显。对氧化引起羰基含量增加控制能力的顺序为丁香 > 迷迭香 > 桂皮,甘草提取物的作用不显著。

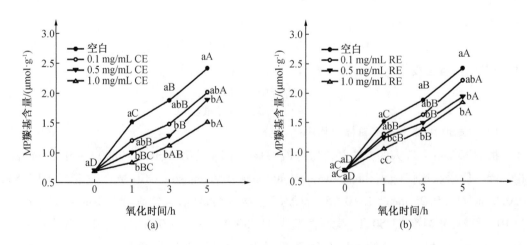

图 2-3 不同滚揉时间对酱卤猪手剪切力的影响

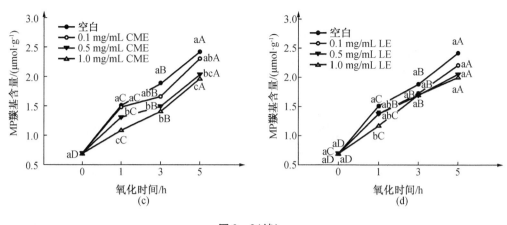

图 2-3（续）

注：(a)表示丁香提取物(clove extract,CE)，(b)表示迷迭香提取物(rosmary extract,RE)，(c)表示桂皮提取物(cinnamon extract,CME)，(d)表示甘草提取物(lcorice extract,LE)；字母 A~D 表示相同添加量时，不同氧化时间的差异显著($p<0.05$)；字母 a~d 表示在相同氧化时间下，不同添加量的差异显著($p<0.05$)。

(2)4 种香辛料提取物对不同氧化时间 MP 的 Ca-ATP 酶活性的影响

由图 2-4 可知，添加 4 种香辛料提取物 MP 样品的 Ca-ATP 酶活性，随氧化时间的增加均显著下降($p<0.05$)。未氧化 MP 的 Ca-ATP 酶活性为 0.95 mmol/g，随着氧化的进行这个值显著下降($p<0.05$)，分别下降了 40.35%（1 h）、58.63%（3 h）和 81.22%（5 h）。CE 和 RE 的添加显著地抑制了 Ca-ATP 酶活性的损失($p<0.05$)，氧化 1 h、3 h 和 5 h 后，与未氧化样品相比较，添加 1.0 mg/mL CE 组中 Ca-ATP 酶活性分别下降了 16.8%、19.0% 和 46.97%；添加 1.0 mg/mL RE 组分别下降了 16.75%、23.56% 和 56.02%。而添加 CME 和 LE 不但没有抑制 Ca-ATP 酶活性的损失，相反，CME 和 LE 的添加在一定程度上加速了 Ca-ATP 酶活性的损失。这可能是由于 CME 和 LE 提取物中的化学成分与 MP 样品中 Ca-ATP 酶活性部位的巯基相结合，改变了酶活性部位的结构，从而影响了酶的活性。对氧化引起的 Ca-ATP 酶活性损失控制能力的顺序为丁香>迷迭香>桂皮>甘草，提取物无积极作用。

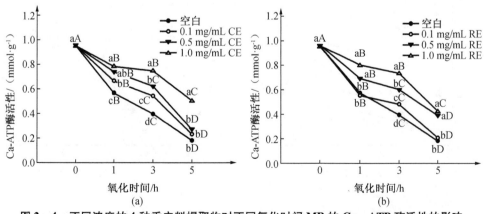

图 2-4　不同浓度的 4 种香辛料提取物对不同氧化时间 MP 的 Ca-ATP 酶活性的影响

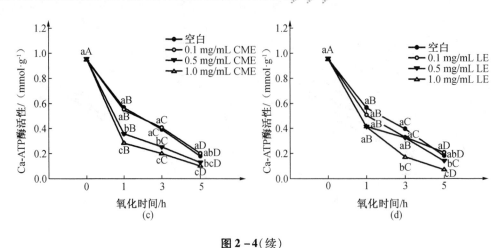

图 2-4(续)

注:(a)表示丁香提取物(clove extract,CE),(b)表示迷迭香提取物(rosmary extract,RE),(c)表示桂皮提取物(cinnamon extract,CME),(d)表示甘草提取物(lcorice extract,LE);字母 A~D 表示相同添加量时,不同氧化时间的差异显著($p<0.05$);字母 a~d 表示在相同氧化时间下,不同添加量的差异显著($p<0.05$)。

(3)4 种香辛料提取物对不同氧化时间 MP 表面疏水性的影响

通过对 4 种香辛料提取物不同氧化时间 MP 表面疏水性的研究结果得出,所有 MP 样品的表面疏水性均随氧化时间延长,而显著增加($p<0.05$),如图 2-5 所示。4 种香辛料提取物都具有抑制表面疏水性增加的作用,且均随提取物添加量的增加而增强。

与未添加香辛料提取物样品相比,氧化 5 h 时,添加 0.1 mg/mL、0.5 mg/mL、1.0 mg/mL CE 组的表面疏水性分别下降了 6.84%、26.32%、33.53%;添加 RE 组的表面疏水性分别下降了 2.78%、4.83%、12.74%;添加 CME 组的表面疏水性分别下降了 6.13%、8.05%、15.08%;添加 LE 组的表面疏水性分别下降了 6.88%、12.74%、15.08%。从上述数据可以得出,丁香提取物控制表面疏水性增加的效果最好,在较低的浓度(0.5 mg/mL)时就能发挥很好的作用,显著地抑制了表面疏水性的氧化增加($p<0.05$)。4 种香辛料提取物,控制表面疏水性增加效果的顺序为丁香 > 甘草 > 桂皮 > 迷迭香。

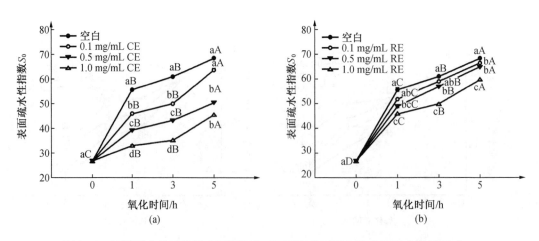

图 2-5 不同浓度的四种香辛料提取物对不同氧化时间 MP 表面疏水性的影响

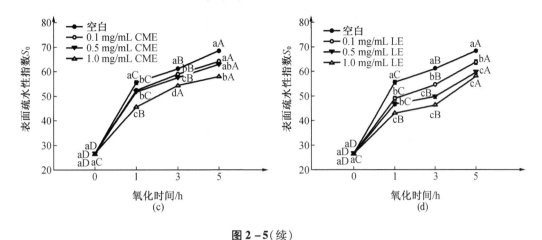

图 2-5（续）

注：(a) 表示丁香提取物 (clove extract, CE)，(b) 表示迷迭香提取物 (rosmary extract, RE)，(c) 表示桂皮提取物 (cinnamon extract, CME)，(d) 表示甘草提取物 (lcorice extract, LE)；字母 A~D 表示相同添加量时，不同氧化时间的差异显著 ($p<0.05$)；字母 a~d 表示在相同氧化时间下，不同添加量的差异显著 ($p<0.05$)。

(4) 4 种香辛料提取物对不同氧化时间 MP 总巯基含量的影响

巯基的损失是二硫键形成的一个直接的结果，也是一个描述肌肉蛋白氧化很好的指标。如图 2-6 所示，所有样品的巯基含量均随氧化时间的增加而显著降低 ($p<0.05$)，这说明氧化后的 MP 发生了二硫键的交联，使巯基含量下降，未氧化 MP 的巯基含量是 52.6 nmol/mg，蛋白氧化后，4 种提取物组样品的巯基含量均显著降低 ($p<0.05$)，且随提取物添加量的增加，巯基减少也越剧烈。Jongberg 等人将富含多酚的白葡萄提取物添加到生牛肉饼中，采用高氧气调包装冷却贮藏，也得到了同样的结果。与其相反，Vaithiyanathan 等人研究发现，与对照组相比较，鸡肉浸泡在甜石榴汁中，会产生较高的巯基含量。香蜂叶提取物在蒸煮的猪肉饼中也抑制了巯基的减少。Jia 等人发现了黑加仑提取物，显著地减少了巯基的氧化损失。然而，在添加黑加仑提取物的肉饼中，黑加仑提取物的添加浓度越高，导致巯基的损失也越多（尽管并不显著）。因此，本节这些巯基的损失可能是由于巯基和多酚化合物发生作用，形成了巯基-醌加成物的结果，而不是氧化导致的二硫键交联。

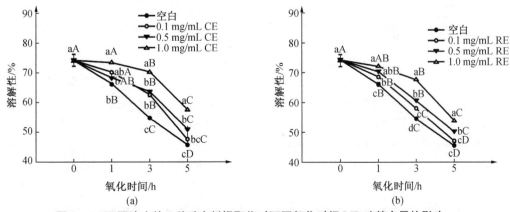

图 2-6 不同浓度的 4 种香辛料提取物对不同氧化时间 MP 巯基含量的影响

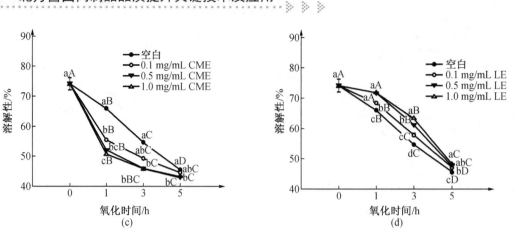

图 2-6（续）

注：(a)表示丁香提取物(clove extract,CE)，(b)表示迷迭香提取物(rosmary extract,RE)，(c)表示桂皮提取物(cinnamon extract,CME)，(d)表示甘草提取物(lcorice extract,LE)；字母 A~D 表示相同添加量时,不同氧化时间的差异显著($p<0.05$)；字母 a~d 表示在相同氧化时间下,不同添加量的差异显著($p<0.05$)。

（5）4 种香辛料提取物对不同氧化时间 MP 二聚酪氨酸含量的影响

蛋白质受到氧化后,通常会形成酪氨酸残基的交联,生成二聚酪氨酸,二聚酪氨酸的形成,也是蛋白质氧化程度的一个重要标记。如图 2-7 所示,所有 MP 样品的二聚酪氨酸含量均随氧化时间的增加而显著增加($p<0.05$)。CE、RE 和 CME 的添加具有很好的抗氧化作用,能够降低二聚酪氨酸的氧化增；随提取物的添加,控制效果也逐渐增强。与未添加香辛料提取物样品相比,氧化 5 h 时,添加 0.1 mg/mL、0.5 mg/mL、1.0 mg/mL CE 组的二聚酪氨酸含量分别下降了 3.21%、5.56%、7.24%；添加 RE 组的二聚酪氨酸含量分别下降了 2.56%、4.90%、6.04%；添加 CME 组的二聚酪氨酸含量分别下降了 0.37%、4.03%、5.38%；添加 LE,不但没有抑制二聚酪氨酸的增加,反而促进了二聚酪氨酸的形成,因此对蛋白氧化无控制作用。4 种香辛料提取物,控制二聚酪氨酸氧化增加的顺序为丁香 > 迷迭香 > 桂皮 > 甘草,无抑制二聚酪氨酸形成的作用。

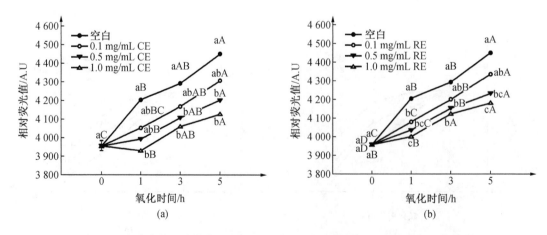

图 2-7 不同浓度的 4 种香辛料提取物对不同氧化时间 MP 二聚酪氨酸含量的影响

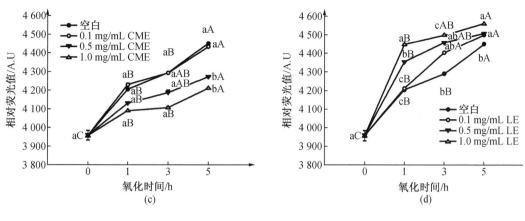

图 2-7（续）

注：(a)表示丁香提取物(clove extract,CE),(b)表示迷迭香提取物(rosmary extract,RE),(c)表示桂皮提取物(cinnamon extract,CME),(d)表示甘草提取物(lcorice extract,LE);字母 A~D 表示相同添加量时,不同氧化时间的差异显著($p<0.05$);字母 a~d 表示在相同氧化时间下,不同添加量的差异显著($p<0.05$)。

(6) 4 种香辛料提取物对不同氧化时间 MP 溶解性的影响

如图 2-8 所示,所有 MP 样品的溶解性,均随氧化时间的增加而显著下降($p<0.05$)。未氧化 MP 样品的溶解度为 74.06%,氧化 1 h、3 h 和 5 h 后分别下降到 66.07%、54.67% 和 45.57%($p<0.05$)。氧化 5 h 时,添加 0.1 mg/mL、0.5 mg/mL 和 1.0 mg/mL CE 组的溶解度分别为 47.42%、50.92% 和 57.55%($p<0.05$),RE 组的溶解度分别为 47.15%、50.30% 和 54.00%($p<0.05$),LE 组的溶解度分别为 46.99%、47.50% 和 48.10%($p<0.05$),表明 CE、RE 和 LE 的添加显著地抑制了氧化导致的 MP 溶解性降低,且 CE 的效果最好。相反,CME 的添加加速了蛋白溶解性的下降,可能是由于 CME 提取物成分与蛋白质结合,从而加速了蛋白质的聚集,削弱了蛋白与水的相互作用。对溶解性氧化下降控制能力的顺序为丁香>迷迭香>甘草>桂皮,桂皮提取物无积极作用。

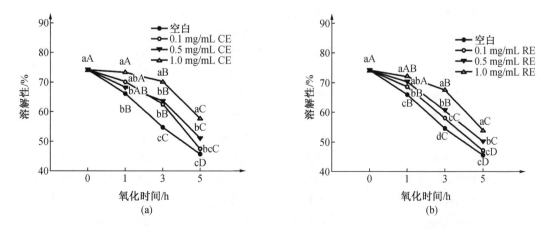

图 2-8 不同浓度的四种香辛料提取物对不同氧化时间 MP 溶解性的影响

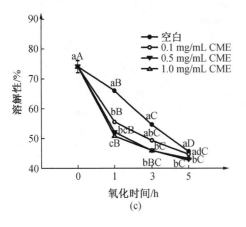
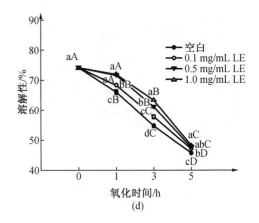

图 2-8（续）

注：(a)表示丁香提取物(clove extract,CE)，(b)表示迷迭香提取物(rosmary extract,RE)，(c)表示桂皮提取物(cinnamon extract,CME)，(d)表示甘草提取物(lcorice extract,LE)；字母 A~D 表示相同添加量时，不同氧化时间的差异显著($p<0.05$)；字母 a~d 表示在相同氧化时间下，不同添加量的差异显著($p<0.05$)。

2.4 种香辛料提取物化学成分分析

（1）丁香的醇提取物化学成分分析

表 2-3 列出了 GC-MS 检测的丁香的醇提取物中的化学成分，检测发现了 20 个峰，并将对应的化学成分做了鉴定和结构推测。已鉴定化合物包括酚、醛、酮、醇、酸、醚、酯、烷烃、烯烃及杂环等 10 类化合物。其主要组分有丁香酚(eugenol,58.40%)、丁香酚醋酸酯(eugenol acetate,16.31%)和石竹烯(caryophyllene,13.55%)，这些成分是其具有抗氧化活性的主要来源。

表 2-3 丁香的醇提取物化学成分分析

成分	保留时间/min	分子式	分子量/MW	组成/%
丁香酚	5.760	$C_{10}H_{12}O_2$	164	58.40
丁香酚醋酸酯	6.754	$C_{12}H_{14}O_3$	206	16.31
石竹烯	6.276	$C_{15}H_{24}$	204	13.55
甲基-β-D-葡糖苷	7.498	$C_7H_{14}O_6$	194	1.81
蛇麻烯	6.500	$C_{15}H_{24}$	204	1.77
β-谷甾醇	18.020	$C_{29}H_{50}O$	414	1.53
5-羟甲基糠醛	4.764	$C_6H_6O_3$	126	1.31
法尼烯	6.660	$C_{15}H_{24}$	204	1.14
黄葵内酯	10.059	$C_{16}H_{28}O_2$	252	0.69
香橙烯氧化物	7.626	$C_{15}H_{24}O$	220	0.50
十五烷酸	9.202	$C_{15}H_{30}O_2$	242	0.49
异喇叭烯	6.843	$C_{15}H_{24}$	204	0.40
荜澄茄油烯	5.946	$C_{15}H_{24}$	204	0.39
4(2-丙烯基)苯酚	4.948	$C_{11}H_{12}O_2$	176	0.38

表 2-3(续)

成分	保留时间/min	分子式	分子量/MW	组成/%
丁香烯氧化物	7.317	$C_{15}H_{24}O$	220	0.30
胡椒碱	14.048	$C_{17}H_{19}NO_3$	285	0.24
对丙烯基茴香醚	11.690	$C_{10}H_{12}O$	148	0.20
长叶醛	7.717	$C_{15}H_{24}O$	220	0.20
二乙酸丁香三环烷二醇酯	9.042	$C_{15}H_{26}O_2$	238	0.20
异龙脑	4.430	$C_{10}H_{18}O$	154	0.19

(2)迷迭香的醇提取物化学成分分析

表 2-4 列出了 GC-MS 检测的迷迭香的醇提取物中的化学成分,检测发现了 30 个峰,并将对应的化学成分做了鉴定和结构推测。已鉴定的化合物包括酚、醇、醛、酮、酸、醚、酯、烷烃、烯烃及杂环等 10 类化合物。其主要组分有异鼠尾草酚(isocarnosol,17.21%)、2,2-二(4'-甲氧基苯基丙酮)-2-乙氧基乙烷[2,2-Bis(4'-methoxyphenyl)-2-ethoxyethane,10.05%]、2-甲基-4-羟基苯甲醛(benzaldehyde, 2-hydroxy-4-methyl-,9.23%)、桉叶醇(eucalyptol,6.87%)和 α-树香素(α-amyrin,6.48%)等。

表 2-4 迷迭香的醇提取物化学成分分析

成分	保留时间/min	分子式	分子量/MW	组成/%
2,2-二(4'-甲氧基苯基丙酮)-2-乙氧基乙烷	11.577	$C_{18}H_{22}O$	286	10.05
2-甲基-4-羟基苯甲醛	6.213	$C_8H_8O_2$	136	9.23
桉叶醇	3.463	$C_{10}H_{18}O$	154	6.87
α-树香素	19.019	$C_{30}H_{50}O$	426	6.48
异鼠尾草酚	11.366	$C_{20}H_{26}O_3$	330	5.49
2-莰酮	4.316	$C_{10}H_{16}O$	152	5.4
异鼠尾草酚	11.444	$C_{20}H_{26}O_3$	330	4.69
β-香树素	18.332	$C_{30}H_{50}O$	426	4.22
龙脑	4.486	$C_{10}H_{18}O$	154	3.67
异鼠尾草酚	11.475	$C_{20}H_{26}O_3$	330	3.12
7,9-Diethylbenz[a]anthracene	12.244	$C_{22}H_{20}$	284	3.11
芥酸酰胺	13.025	$C_{22}H_{43}NO$	337	2.92
α-松油醇	4.615	$C_{10}H_{18}O$	154	2.89
石竹烯	6.267	$C_{15}H_{24}$	204	2.84
生育酚	15.64	$C_{29}H_{50}O_2$	430	2.42
5-羟甲基糠醛	4.733	$C_6H_6O_3$	126	2.37

表2-4（续）

成分	保留时间/min	分子式	分子量/MW	组成/%
异鼠尾草酚	11.8	$C_{20}H_{26}O_4$	330	2.26
L-抗坏血酸-2,6-二棕榈酸酯	9.2	$C_{38}H_{68}O_8$	652	2.17
弥罗松酚	11.089	$C_{20}H_{30}O$	286	2.08
1,6-脱水-β-D-吡喃葡萄糖	6.583	$C_6H_{10}O_5$	162	1.99
鲨烯	13.203	$C_{30}H_{50}$	410	1.96
菲	12.3	$C_{21}H_{32}O$	300	1.81
Phosphorin, 2,6-bis(1,1-dimethylethyl)-4-phenyl-	11.725	$C_{19}H_{25}P$	284	1.77
4H-1-Benzopyran-4-one, 5-hydroxy-7-methoxy-2-(4-methoxyphenyl)-	14.257	$C_{17}H_{14}O_5$	298	1.66
异鼠尾草酚	11.277	$C_{20}H_{26}O_4$	330	1.65
弥罗松酚	11.945	$C_{20}H_{30}O$	286	1.62
Androstan-17-one, 3-ethyl-3-hydroxy-, (5α)-	7.716	$C_{21}H_{34}O_2$	318	1.6
异喇叭烯	6.833	$C_{15}H_{24}$	204	1.58
叶绿醇,乙酸	8.584	$C_{22}H_{42}O_2$	338	1.18
4,6-Bis(1,1'-dimethylethyl)-2',5'-dimethoxy-1,1'-biphenyl-2-ol	10.592	$C_{22}H_{30}O_3$	342	0.9

（3）桂皮的醇提取物化学成分分析

表2-5列出了GC-MS检测的桂皮的醇提取物中的化学成分，检测发现了30个峰，并将对应的化学成分做了鉴定和结构推测。已鉴定的化合物包括酚、醛、醇、酮、酸、醚、酯、烷烃、烯烃及杂环等10类化合物。其主要组分有亚油酸甲酯（methyl linoleate, 16.35%）、9-十八烯酸甲酯（9-octadecenoic acid methyl ester, 16.48%）、十六酸甲酯（hexadecanoic acid methyl ester, 14.61%）、茴香丙酮[4-(4-methoxyphenyl)-2-butanone, 13.36%]。

表2-5 桂皮的醇提取物化学成分分析

成分	保留时间/min	分子式	分子量/MW	组成/%
亚油酸甲酯	13.96	$C_{19}H_{34}O_2$	294	16.35
9-十八烯酸甲酯	13.68	$C_{19}H_{36}O_2$	296	16.48
十六酸甲酯	12.33	$C_{17}H_{34}O_2$	270	14.61
茴香丙酮	10.36	$C_{11}H_{14}O_2$	178	13.36

表 2-5(续)

成分	保留时间/min	分子式	分子量/MW	组成/%
α-亚麻酸甲酯	14.33	$C_{19}H_{32}O_2$	292	5.95
Octadecenoic acid, methyl ester	13.55	$C_{19}H_{38}O_2$	298	5.64
杜松烯	9.26	$C_{15}H_{24}$	204	5.13
苯甲醛	7.51	$C_9H_{12}O_2$	152	1.78
α-荜澄茄烯	7.08	$C_{15}H_{24}$	204	1.76
α-衣兰烯	9.01	$C_{15}H_{24}$	204	1.80
木蜡酸甲酯	17.59	$C_{25}H_{50}O_2$	382	1.61
(E)-十八碳-9-烯酸	18.7	$C_{18}H_{34}O_2$	282	1.69
二十酸甲酯	14.67	$C_{21}H_{42}O_2$	326	1.52
十六烷酸	16.37	$C_{16}H_{32}O_2$	256	1.39
3-(2-methoxyphenyl)-2-Propenal	13.8	$C_{10}H_{10}O_2$	162	1.34
表-双环倍半水芹烯	8.62	$C_{15}H_{24}$	204	1.24
亚油酸	19.41	$C_{18}H_{32}O_2$	280	1.14
山嵛酸甲酯	15.91	$C_{23}H_{46}O_2$	354	0.95
异喇叭烯	8.91	$C_{15}H_{24}$	204	0.85
石竹烯	8.01	$C_{15}H_{24}$	204	0.74
十二烷	4.13	$C_{12}H_{26}$	170	0.76
十七酸甲酯	12.95	$C_{18}H_{36}O_2$	284	0.61
丁子香酚	12.09	$C_{10}H_{12}O_2$	164	0.61
1-甲氧基-4-(1-丙烯基)苯	9.82	$C_{10}H_{12}O$	148	0.53
肉豆蔻酸甲酯	11	$C_{15}H_{30}O_2$	242	0.47
二十三烷酸甲酯	16.67	$C_{24}H_{48}O_2$	368	0.46
桉叶脑	4.23	$C_{10}H_{18}O$	154	0.34
10-Octadecenoic acid methyl ester	13.72	$C_{19}H_{36}O_2$	296	0.33
十五烷酸甲酯	11.68	$C_{16}H_{32}O_2$	256	0.28
反式肉桂醛	11.36	C_9H_8O	132	0.28

(4)甘草的醇提取物化学成分分析

表2-6列出了GC-MS检测的甘草的醇提取物中的化学成分,检测发现了24个峰,并将对应的化学成分做了鉴定和结构推测。已鉴定的化合物包括酚、醛、酮、醇、酸、醚、酯、烷烃、烯烃及杂环等10类化合物。其主要组分有9,12-十八烷二烯酸甲酯(9,12-octadecadienoic acid methyl ester,28.01%)、棕榈酸甲酯(hexadecanoic acid methyl ester,18.9%)、二十二酸甲酯(docosanoic acid methyl ester,10.02%)、9-十八烯酸甲酯(9-octadecenoic acid methyl ester,8.11%)。

表2-6 甘草的醇提取物化学成分分析

成分	保留时间/min	分子式	分子量/MW	组成/%
9,12-十八烷二烯酸甲酯	13.96	$C_{19}H_{34}O_2$	294	28.01
棕榈酸甲酯	12.33	$C_{17}H_{34}O_2$	270	18.9
二十二酸甲酯	15.91	$C_{23}H_{46}O_2$	354	10.02
9-十八烯酸甲酯	13.67	$C_{19}H_{36}O_2$	296	8.11
9,12,15-十八碳三烯酸甲酯	14.33	$C_{19}H_{32}O_2$	292	4.36
1-十八烯	17.16	$C_{18}H_{36}$	252	4.21
反油酸甲酯	13.55	$C_{19}H_{38}O_2$	298	3.95
E-15-heptadecenal	15.6	$C_{17}H_{32}O$	252	3.89
亚油酸乙酯	19.41	$C_{18}H_{32}O_2$	280	3.85
棕榈酸	16.37	$C_{16}H_{32}O_2$	256	2.8
木蜡酸甲酯	17.59	$C_{25}H_{50}O_2$	382	2.05
十二烷	4.13	$C_{12}H_{26}$	170	1.79
1-甲氧基-4-(1-丙烯基)苯	9.82	$C_{10}H_{12}O$	148	1.1
二十烷酸甲酯	14.67	$C_{21}H_{42}O_2$	326	1.06
10-Octadecenoic acid methyl ester	13.72	$C_{19}H_{36}O_2$	296	1.04
桉叶脑	4.23	$C_{10}H_{18}O$	154	0.99
二十三烷酸甲酯	16.68	$C_{24}H_{48}O_2$	368	0.87
石竹烯	8.01	$C_{15}H_{24}$	204	0.76
十七酸甲酯	12.95	$C_{18}H_{36}O_2$	284	0.7
亚油酸乙酯	14.13	$C_{20}H_{36}O_2$	308	0.54
十五烷酸甲酯	11.68	$C_{16}H_{32}O_2$	256	0.33
丁子香酚	12.09	$C_{10}H_{12}O_2$	164	0.29
肉豆蔻酸甲酯	11	$C_{15}H_{30}O_2$	242	0.25
α-丁香烯	8.6	$C_{15}H_{24}$	204	0.13

四、讨论

1. 对羰基含量的影响

羰基的形成是肌肉蛋白曝露于氧化环境时,产生的一个重要的化学结果。蛋白质侧链中含有 NH_2- 或 $NH-$ 基团,这些基团对氧化十分敏感,而且这些基团很容易转化成羰基。另外,通过赖氨酸残基与氧化的抗坏血酸盐反应,生成赖氨酸-氨基基团、半胱氨酸巯基基团或者组氨酸-咪唑环,从而将外源羰基引入蛋白质中。肉制品加工中的蛋白氧化降低了产品的保水性、嫩度、多汁性和质构形成能力,氧化同时改变了蛋白质的表面疏水性、蛋白质构象和溶解性,也改变了蛋白底物对其水解酶的敏感性,从而使蛋白消化率下降。本节中，丁香、迷迭香和桂皮提取物的添加显著地抑制了蛋白羰基的形成（$p<0.05$）。这可能是由于植物提取物抑制了上述生成羰基的启动因子,从而控制了蛋白质的氧化。前期对14种香辛料提取物的总酚含量进行了分析,Kong等人研究的结果显示了丁香提取物的总酚含量最高。Estévez等人认为,植物中多酚化合物抑制蛋白质氧化,是通过金属螯合和自由基的清除作用来实现的。另外,植物提取物中多酚化合物有抑制蛋白氧化的作用,这与它们同蛋白质的非共价和共价相互作用有关,可以保护蛋白质免受自由基的攻击。然而,关于多酚化合物抑制蛋白氧化的确切机制还不是非常清楚,仍需进一步的研究来明晰这些机制。

2. 对 Ca – ATP 酶活性的影响

Ca – ATP 酶活性的变化模式,凸显了蛋白质氧化复杂的物理和化学本质,该指标经常用于指示蛋白质结构的变化。Ca – ATP 酶的活性,是与同肌球蛋白头部的活性巯基紧密相关的,且经常作为肌球蛋白完整性的指示器。其主要包括两个活性巯基基团,SH_1 和 SH_2,即 Cys707 和 Cys697,它们位于肌球蛋白头部催化域中一个较短的 α – 螺旋末端的对面。这些基团的氧化修饰,通常会导致肌球蛋白 S1 的构象发生变化,影响了 S1 和其底物的相互作用。Ca – ATP 酶活性的下降,可能是由于肌球蛋白球形头部构象发生了变化,以及蛋白质之间产生的聚集作用。由氧化诱发的蛋白 – 蛋白相互作用,使 MP 发生了重排,从而导致了 Ca – ATP 酶活性的损失。本研究的结果揭示了,CE 和 RE 的添加能够抑制 Ca – ATP 酶活性的降低,表明 CE 和 RE 对肌肉蛋白氧化具有保护作用。相反,CME 和 LE 的添加,在一定程度上促进了 Ca – ATP 酶活性的损失,这主要是由于 CME 和 LE 提取物中的化学成分与 MP 样品中 Ca – ATP 酶活性部位的巯基相结合,改变了酶活性部位的构象,从而影响了酶的活性。

3. 对表面疏水性的影响

一般来说,蛋白质的疏水基团包裹于蛋白质结构的内部,而亲水基团曝露于蛋白质的外表面,在外界条件的影响下,蛋白质的天然结构会受到破坏,从而使蛋白质的疏水性基团外露,通常认为表面疏水性增加得越多,蛋白质结构遭到破坏的程度就越大。蛋白质的氧化会改变其天然的二级结构和三级结构,蛋白结构的氧化展开,使得蛋白溶液中疏水性基团的比例明显增加,从而增加了表面疏水性。本节中,4 种香辛料提取物均能够不同程度地控制氧化导致的疏水性增加,说明 4 种香辛料提取物,均能起到抗氧化作用,控制氧化因子的攻击,这些作用可能是对自由基的清除作用,或对金属离子的螯合作用等。不同提取物中所含的成分相差较大,因而导致了对蛋白疏水性控制的不同。丁香控制表面疏水性增加的效果最好,这可能是由于丁香提取物的抗氧化能力更强,清除自由基的活性更高,使蛋白质更少地暴露于氧化环境中。

4. 对巯基的影响

巯基基团对于稳定 MP 的空间结构有着重要作用,通常认为巯基氧化形成二硫键是引起蛋白质分子间交联、联结、聚合,进而导致 MP 空间结构发生变化的主要原因。Buttkus 等人认为 MP 的聚合变性开始于二硫键的形成,然后蛋白质的疏水相互作用,亲水键在分子内和分子间发生重排形成稳定的结构。巯基形成二硫键是最早被发现的以自由基为媒介的蛋白质氧化反应,巯基含量的减少可能是多肽内部或多肽间形成二硫键的结果,也可能是由于蛋白质发生了聚集反应的结果。

Jongberg 等人提出,儿茶素或表儿茶素中存在邻酚结构,这种结构易于与亲核的巯基形成加成物。这种加成物已经在牛血清蛋白、乳清蛋白和溶酶体等蛋白中得到了证实,说明不同种类的多酚化合物和不同来源的植物提取物,对蛋白巯基的作用是不同的,具体的反应模式要通过进一步的研究来确定。甘草添加组的巯基结果与 Ca-ATP 酶活性的结果是一致的,可能是与 MP 活性部位的巯基相结合,导致了结构发生变化,从而影响了酶活性。但巯基与丁香和迷迭香提取物也发生了结合,这种结合没有影响 Ca-ATP 酶活性,可能是由于结合的部位没有影响酶的活性部位。

5. 对二聚酪氨酸的影响

在羟基自由基(·OH)氧化体系中,蛋白质的氨基酸侧链极易受到自由基的攻击,使其与相邻的活性氨基酸残基发生共价交联。从结构上看,酪氨酸、赖氨酸、组氨酸、色氨酸、脯氨酸、半胱氨酸和甲硫氨酸最容易被氧化,由于这些氨基酸残基侧链含有 -OH、-SH、-NH、-NH_2 等活性基团,它们中的氢很容易被抽去。氧化导致甲硫氨酸形成甲硫氨酸亚砜,色氨酸生成犬尿氨酸,酪氨酸就形成了二聚酪氨酸。羟基自由基(·OH)首先攻击蛋白质侧链的酪氨酸残基,生成酪氨酰自由基,再与酪氨酸交联形成二聚酪氨酸。在本研究中随着氧化时间和羟自由基与蛋白质作用时间的延长,使得生成酪氨酰自由基的量增加,所以导致了二聚酪氨酸的含量也相应增加。丁香、迷迭香和桂皮提取物的添加,不同程度地清除了诱发酪氨酸氧化的自由基,从而降低了酪氨酸的聚合作用。甘草提取物的作用恰好相反,可能是由于甘草中的化学成分能够促进酪氨酰自由基的形成,从而加速了二聚酪氨酸的生成。

6. 对溶解性的影响

溶解性是水和蛋白质通过离子-偶极和偶极-偶极力相互作用的结果。蛋白溶解性的下降,说明这种力被弱化,从而有利于蛋白质分子之间的聚集。羟自由基诱导的 MP 溶解度迅速下降,主要是蛋白结构发生变化的结果,丁香、迷迭香和甘草的添加显著地抑制了溶解性的下降,这可能是因为植物提取物能够清除羟自由基,从而抑制了蛋白质大量的聚合与聚集作用。桂皮提取物的添加加速了溶解性的下降,这可能是由于 CME 提取物中的特有成分与蛋白质相结合,从而加速了蛋白质的聚集,削弱了蛋白与水的相互作用,进而影响了蛋白质的溶解性。

五、结论

4 种香辛料提取物对 MP 氧化后的羰基含量和表面疏水性均有不同程度的抑制作用。对氧化引起羰基含量增加控制能力的顺序为丁香>迷迭香>桂皮>甘草,甘草提取物的作用不显著;CE 和迷迭香提取物(RE)的添加均能显著地抑制 Ca-ATP 酶活性、二聚酪氨酸和蛋白溶解性的下降,但 CE 的效果最好,同时 CE 抑制表面疏水性增加的效果也最好。采用 GC-MS 测定了 4 种香辛料提取物中的主要化学成分如下:丁香的醇提取物中主要组分有丁香酚(58.40%)、丁香酚醋酸酯(16.31%)和石竹烯(13.55%);迷迭香的醇提取物中主要组分有异鼠尾草酚(17.21%)、2,2-二(4′-甲氧基苯基丙酮)-2-乙氧基乙烷(10.05%)、2-甲基-4-羟基苯甲醛(9.23%)、桉叶醇(6.87%)和α-树香素(6.48%)等;桂皮的醇提取物中主要组分有亚油酸甲酯(16.35%)、9-十八烯酸甲酯(16.48%)、棕榈酸甲酯(14.61%)、茴香丙酮(13.36%);甘草的醇提取物中主要组分有9,12-十八烷二烯酸甲酯(28.01%)、棕榈酸甲酯(18.9%)、二十二酸甲酯(10.02%)和9-十八烯酸甲酯(8.11%)。

第二节 丁香提取物对肌原纤维蛋白结构和功能性的影响

通过分析前面4种香辛料提取物对MP氧化中理化指标影响的结果,发现丁香提取物(CE)抑制蛋白氧化的效果最好,且随添加浓度的增加而逐渐增强。因此,本节选择丁香提取物,添加量为1.0 mg/mL,进一步研究其对MP氧化结构和功能性的影响。

一、试验材料

1. 主要试验材料

氯化钠、氯化铁、盐酸、氢氧化钠、尿素、乙酸乙酯、氯化钙、磷酸钾、磷酸氢二钠、乙二胺四乙酸、过氧化氢、抗坏血酸、浓硫酸、盐酸胍、磷酸二氢钠、碳酸钠、氯仿、2-硫代巴比妥酸、硫酸铜、甲醇、酒石酸钾钠等其他化学试剂均为国产分析纯。

其他主要原料与试剂同表2-1。

2. 主要试验仪器和设备

同表2-2的主要试验仪器和设备。

二、试验设计

1. 紫外扫描光谱分析

先是将猪肌原纤维蛋白分散于15 mmol/L PIPES 缓冲液(含0.6 mol/L NaCl,pH 值为6.25)中,然后在室温下扫描200~400 nm 的紫外图谱,测定时以15 mmol/L PIPES 缓冲液(含0.6 mol/L NaCl,pH 值为6.25)作为空白对照进行基线校准,所得的曲线经过三次光滑处理。

2. 圆二色谱的测定

采用圆二色谱(circular dichroism,CD)分析氧化和未氧化的MP样品,具体过程根据李春强的方法稍做修改,用15 mmol/L PIPES 缓冲液(含0.6 mol/L NaCl,pH 值为6.25)将氧化和未氧化的各组MP样品浓度调整为50 μg/mL,然后用J-715光谱仪在25 ℃下测定190~250 nm 的远紫外图谱。以去离子水作为空白对照。扫描速率为100 nm/min、间隔时间为0.25 s、宽度为1.0 nm、最小间隔度为0.2 nm。最后结果以摩尔椭圆率[θ](deg·cm^2·dmol^{-1})表示。α-螺旋含量采用式(2-1)进行估算:

$$\alpha-\text{螺旋}(\%) = 100 \times \frac{[\theta]_{222}}{-36\,000} \qquad (2-1)$$

3. 红外光谱的测定

根据 Sun 等人的方法稍做修改,具体如下:将氧化和未氧化的各组 MP 样品同溴化钾混合,之后磨碎并压片,在 AVATAR360 傅里叶变换红外光谱仪(fourier transform infrared spectroscopy,FTIR)中进行全波段扫描 450~4 000 cm^{-1},采用操作软件 EZOMNIC E. S. P. 52 及 Peakfit 进行结果分析,在室温 20 ℃下进行检测,每个样品红外图为扫描多次的叠加图。

4. 蛋白粒径分布的测定

用 15 mmol/L PIPES 缓冲液(含 0.6 mol/L NaCl, pH 值为 6.25)将氧化和未氧化的各组 MP 样品浓度调整为 5 mg/mL 的蛋白溶液。采用 Nano ZS 动态光散射仪测定 MP 样品的粒径分布情况,测定温度为室温 25 ℃。为了更加直观地观察蛋白氧化后的聚合情况,试验将各组 MP 样品配制成 2 mg/mL 的蛋白溶液,用移液枪吸取 5 mL 蛋白液于平皿中,用数码相机拍照。

5. 蛋白浊度的测定

按照 Benjakul 等人的方法测定猪肉 MP 的浊度。吸取蛋白浓度为 1 mg/mL 的 MP 溶液 5 mL 于试管中,然后将试管分别置于 30 ℃、40 ℃、50 ℃、60 ℃、70 ℃、80 ℃的水浴锅中保温 30 min 后取出,冷却后以无蛋白的溶液为空白,于 600 nm 处测定吸光值。

6. 蛋白凝胶强度的测定

将猪肉 MP 配制成 40 mg/mL 的溶液,将蛋白溶液放入 25×40 mm(Dia.×L)密封的玻璃瓶中,置于 70 ℃的水浴中加热 20 min,然后从水浴中取出迅速置于冰屑中冷却,并将其放置 3 h 以上,待测。制备好的凝胶样品在每次测试前要放在室温下(20~25 ℃)平衡 30 min。测试时将样品置于测定平台上固定好,室温下利用 TA-XT plus 型质构分析仪进行测量。以 P/0.5(直径为 12 mm)圆柱体作为压缩探头,得到的穿透力即为蛋白的凝胶强度。

选用的物性仪测定参数如下:测试前速度为 2.0 mm/s;测试速度为 0.3 mm/s;测试后速度为 2.0 mm/s;穿刺距离为 10.0 mm。每个样品进行 3 次平行试验,取平均值。

7. 蛋白凝胶微观结构的观察

取待测 MP 凝胶样品,先用刀片将凝胶切成约 2×5 mm 的小条,置于浓度为 2.5%,pH 值 7.2 的戊二醛中浸泡过夜(4 ℃冰箱中),再用 0.1 mol/L 磷酸缓冲液(pH 值为 6.8)洗涤 3 次,每次洗 10 min。然后,分别用浓度为 50%、70%、80%、90%的乙醇进行脱水,每次脱水 10 min;再用 100%乙醇脱水 3 次,每次 10 min。然后,用三氯甲烷脱脂 1 h,再分别用 100% 乙醇叔丁醇=1:1 配制的混合液进行置换,接着用一次性吸管将样品瓶中的 100% 乙醇与叔丁醇混合液吸出,加入叔丁醇置换一次,每次置换时间为 15 min。用 ES-2030(HITACHI)型冷冻干燥机对样品进行冷冻干燥。观察时将 MP 凝胶样品观察面面向上粘贴在样品台上,用 E-1010(Giko)型离子溅射镀膜仪在样品表面镀上一层 15 nm 厚的金属膜(金或铂膜),将处理好的样品放入样品盒中待检,加速电压为 5 kV。在放大 200 倍条件下进行扫描结果观察。

8. 蛋白热稳定性的测定

氧化和添加 CE 会影响 MP 结构的稳定性,使用示差扫描热量计(差示量热仪 DSC)可以测定蛋白结构稳定性的变化。按照 Chen 等人的方法进行 DSC 的测定,精确称量 17 mg MP 放入样品池中,封好盖子,放入仪器的样品支撑器上,并调整好仪器,用空盒做对照。试验采用的测定温度为 40~85 ℃,加热速度为 10 ℃/min。采用 Pyris 6.0 软件进行数据记录和处理,得到 DSC 曲线,峰值点温度为变性温度,根据曲线与基线间的面积来确定总焓值。每个样品重复测定 3 次取平均值。

9. 凝胶流变性质的测定

动力流变学测试是通过测定储能模量(storage modulus)G' 和损失模量(loss modulus)G'',来阐明蛋白质受热时内部结构发生的变化和形成凝胶网状结构前后的蛋白特性。凝胶流变学测试按照 Xia 等人的方法并稍做改动。将提取的猪肉 MP 溶解在 15 mmol/L PIPES 缓冲液(含 0.6 mol/L NaCl, pH 值为 6.25)中,配制成 40 mg/mL 的溶液。在动态流变仪上使用直径为 35 mm 的平行板进行小振幅的剪切测试,平行板间的间隙选择 1 mm,加热速率为 1 ℃/min,温度为 20~80 ℃,并保持 10 min,振荡频率为 1 Hz,应力振幅为 0.1 Pa。

10. 电泳分析

采用 SDS - 聚丙烯酰胺凝胶电泳(SDS - polyacrylamide gel electrophoresis, SDS - PAGE)法对氧化和未氧化的 MP 进行分析,具体过程依据 Chen 等人的方法进行:分离胶浓度 10%,浓缩胶浓度 5%, pH 值为 8.3 的电极缓冲液含 0.05 mol/L Tris, 0.384 mol/L 甘氨酸和 0.1% SDS,电泳样品用样品溶解液(含 4% SDS, 10% 的 β - 巯基乙醇, 20% 甘油, 0.02% 溴酚蓝, 0.125 mol/L Tris - HCl 缓冲液, pH 值为 6.8)配制成终蛋白浓度为 1 mg/mL 的蛋白溶液,涡旋混合 1 min, 100 ℃ 水浴加热 3 min。电泳凝胶板为 1 mm;上样量为 12 μL;开始电泳时电压为 80 V,待样品进入分离胶后改为 120 V;取出胶片用考马斯亮蓝染色 0.5 h(染色液包括 50% 的甲醇, 6.8% 的冰醋酸和 1 mg/mL 的考马斯亮蓝),用甲醇/冰醋酸脱色液脱至透明(脱色液包括 5% 的甲醇和 7.5% 的冰醋酸)。最后利用凝胶成像仪将电泳胶片摄像,结合 Tanon 软件进行分析和处理。分离胶和浓缩胶的组成见表 2-7。

为了进一步确定 CE 影响蛋白氧化的具体部位,采用胰凝乳蛋白酶将氧化后的猪肌原纤维蛋白水解为肌球蛋白的头部(S1)和尾部(Rod),具体过程为经氧化和 CE 处理后的 MP 用含 0.1 mol/L 的 NaCl 和 1 mmol/L EDTA 的 20 mmol/L pH 值为 7.5 的 Tris - HCl 缓冲液稀释为 4 mg/mL,加入胰凝乳蛋白酶(E:S = 1:500)于 25 ℃ 水解 60 min,然后用 0.5 mmol/L 苯甲基磺酰氟终止反应,其他过程同 SDS - PAGE。SDS - PAGE 标准分子量蛋白购于中国科学院上海细胞生物学研究所。标准分子量蛋白如下:肌球蛋白(猪),分子量(MW)为 200 kDa; β - 半乳糖苷酶、大肠杆菌,分子量为 116 kDa;磷酸酶 b(兔子肌肉),分子量为 97.2 kDa;牛血清白蛋白,分子量为 66.4 kDa;卵清蛋白(鸡蛋白),分子量为 44.3 kDa;碳酸苷酶(牛),分子量为 29.0 kDa;胰蛋白酶抑制剂(大豆),分子量为 20.1 kDa;溶菌酶(鸡蛋白),分子量为 14.3 kDa。

表2-7 分离胶和浓缩胶的组成

试剂名称	10%分离胶	5%浓缩胶
30%丙烯酰胺/mL	6.247 5	0.9
1.5 mol Tris/mL	4.687 5	—
0.5 mol Tris/mL	—	1.34
10% SDS/mL	0.167 5	0.05
50%甘油/mL	3.75	—
蒸馏水/mL	0.375	3.075
10% APS/mL	0.13	0.13
TEMED/μL	35	35

三、结果与分析

1. 丁香提取物对不同氧化时间下MP的紫外扫描图谱的影响

如图2-9所示,各处理组蛋白样品的紫外扫描图谱(200~400 nm),同未氧化蛋白相比均发生了显著的变化。随着氧化时间的增加,各图谱的峰形和峰强度均发生了显著的改变,这说明氧化明显改变了蛋白中氨基酸的组成,至少是已经引起了含有苯环氨基酸的结构改变,或者导致了蛋白构象的改变,使其在溶液中的紫外吸收发生了显著下降。同时发现氧化后蛋白样品在270~280 nm的谱峰强度明显减弱,出峰位置也发生了显著的改变,未氧化样品的出峰位置为$\lambda_{max}=276$ nm,光吸收强度为OD=1.65,氧化5 h后,未添加和添加CE组样品的出峰位置和光吸收强度分别为$\lambda_{max}=278$ nm,OD=0.82和$\lambda_{max}=278$ nm,OD=1.03,说明氧化后光吸收强度显著下降,并且吸收峰发生了红移现象。但CE的添加明显地抑制了光吸收强度的下降。整体来看,添加CE组样品,在氧化1 h、3 h、5 h后的紫外吸收峰均显著高于未添加组,说明CE对样品中芳香族氨基酸结构的氧化破坏具有一定的保护作用。270~280 nm峰强度的氧化下降,可能是由于酪氨酸或色氨酸的含量发生了降低。由前面的研究可知,含巯基的酪氨酸氧化后会形成二聚酪氨酸,从而降低了酪氨酸单体的含量,但CE的添加能够抑制酪氨酸的氧化,从而保护了酪氨酸的结构,使其具有较强的紫外吸收能力。此外色氨酸吲哚结构中的NH基团,也易于被氧化而导致其含量下降。因此,这就充分说明了氧化改变了酪氨酸或色氨酸的结构,同时也解释了在紫外图谱中270~280 nm处峰强度降低的原因,该结论与前面的研究结果是一致的。此外,在200~220 nm中各样品也产生了一个较强的光吸收,此区间的紫外吸收可能是一些小肽分子产生的,在本节中,该区间各组样品的峰强度和峰形并没有检测到显著的变化。

由于谱峰信号的叠加较难分辨出峰的具体特征,目前也常对紫外吸收光谱进行求导得到其二阶导数光谱。图2-10表示正负吸收峰峰谷和峰顶距离的比例($r=a/b$),根据r值来判断色氨酸和酪氨酸的变化,对照组r值为1.36,氧化1 h、3 h和5 h后r值分别为1.62、1.71和1.71,CE的添加使r值分别下降了16.1%、19.3%和18.1%,r值的增加意味着蛋白的三级结构在一定程度上发生了展开,使较多的酪氨酸或色氨酸残基曝露出来,CE的添加明显控制了蛋白三级结构的氧化伸展,减少了芳香族氨基酸的暴露。紫外二阶导数提供的数据信息与前面的表面疏水性和二聚酪氨酸结果基本一致,进一步证实了CE对控制蛋白氧化的贡献。

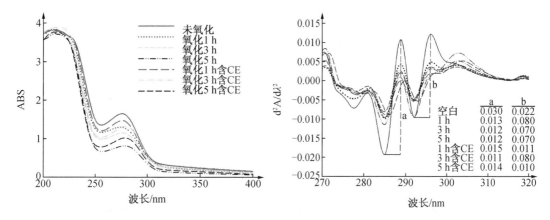

图2-9 丁香提取物对不同氧化时间下MP的紫外扫描图谱的影响

图2-10 丁香提取物对不同氧化时间下MP的紫外扫描图谱二阶导数的影响

2. 丁香提取物对不同氧化时间下MP的圆二色谱谱图的影响

图2-11表示的是利用圆二色谱测定CE对氧化引起MP结构变化影响的结果。由图可知,所有MP样品在210 nm和220 nm附近区域都产生了两个负峰,表示这一区间蛋白主要结构为α-螺旋结构,这主要是由于肌球蛋白尾部具有α-超螺旋结构。未氧化MP样品在210 nm和220 nm附近的两个峰强度最大,氧化后所有样品的两个负峰,均发生了显著的衰减($p<0.05$),尤其是未添加CE的氧化3 h和5 h处理组的样品衰减最强,这表明轻酶解肌球蛋白天然的二级结构受到破坏,即α-螺旋含量显著下降($p<0.05$)。在氧化3 h和5 h的图谱中,添加CE组样品在210 nm和220 nm区域的峰强度明显高于未添加组,说明CE对蛋白的α-螺旋结构具有一定的保护作用。但经1 h氧化后添加与未添加CE组的差异并不显著,这可能是由于CE中的抗氧化成分在短时间内不能达到蛋白质结构内部的相应部位,从而没有发挥其抗氧化作用所致。这一结果与前面的紫外扫描结果是一致的,同时也与李春强等人研究蛋白氧化得到的结果相一致。通过对α-螺旋含量计算,得到结果如图2-12所示,无论是在210 nm还是在220 nm附近,MP氧化后两组样品的α-螺旋含量均显著下降,但添加CE组样品氧化3 h和5 h后的α-螺旋含量显著高于未添加CE组,这说明CE对氧化引起的二级结构破坏,起到了很好的保护作用。

3. 丁香提取物对不同氧化时间下MP的红外光谱谱图的影响

蛋白质的二级结构是通过主链上的C=O和N—H间的氢键作用维持的,红外光谱能够灵敏地反映出肽链结构的变化。因此,可以利用傅里叶变换红外光谱测定各处理条件下猪肌原纤维蛋白的红外光谱变化。酰胺I带(1 600~1 700 cm^{-1})主要通过肽键上的C=O伸缩振动反映蛋白质主链的信息,可准确反映蛋白质二级结构的变化,如螺旋、解螺旋、折叠、转角、伸展和聚集等信息。当 C=O 的电子云密度降低时，吸收带将偏向 1 600 cm^{-1} 的波数方向，此时氢键作用较强，反之，偏向 1 700 cm^{-1} 的较高波数时，氢键作用较弱。从而可用于指认蛋白质的二级结构。

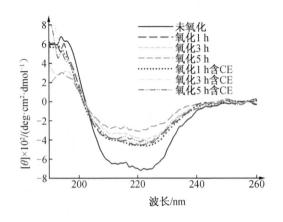

图 2-11 丁香提取物对不同氧化时间下 MP 的 CD 谱图的影响

注：[θ]为摩尔椭圆率

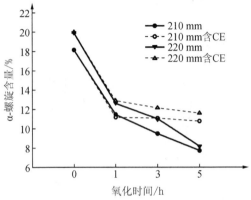

图 2-12 丁香提取物对不同氧化时间下 MP 的 α-螺旋含量的影响

如图 2-13 所示，MP 样品的酰胺 I 带 FTIR 图谱是经过平滑、去卷积、求二阶导、拟合等处理后得到的，主要有 8 个肉眼可见带：1 614.7 cm^{-1}、1 625.4 cm^{-1}、1 635.2 cm^{-1}、1 645.1 cm^{-1}、1 655.3 cm^{-1}、1 665.2 cm^{-1}、1 675.6 cm^{-1}、1 686.6 cm^{-1} 这与 Sun 等人的结论相似，1 655.3 cm^{-1} 带代表蛋白中的 α-螺旋结构。从图中可以看出，氧化后 1 655.3 cm^{-1} 带的位置发生了显著的变化，向较大波数方向移动，未添加 CE 组氧化 1 h、3 h 和 5 h 后分别为 1 656.9 cm^{-1}、1 656.5 cm^{-1} 和 1 658.7 cm^{-1}；添加 CE 组为 1 655.6 cm^{-1}、1 655.7 cm^{-1} 和 1 659.4 cm^{-1}，说明氧化后导致 C=O 的电子云密度增加，氢键作用力减弱，这与前面研究的羰基含量的增加是一致的，同时与崔旭海等人研究乳清蛋白氧化的结果相一致。由表 2-8 还可以发现，随着氧化时间的延长，MP 中 α-螺旋结构逐渐减少，添加 CE 明显地抑制了氢键作用力的减弱，也抑制了 α-螺旋含量的减少，但长时间的氧化（5 h）会使添加 CE 的作用不明显，这与 CD 检测的结果一致。β-结构由聚合的 β-股和 β-折叠构成，由于 β-结构中伴随着跃迁偶极矩，因此，代表反平行 β-结构的 C=O 带被分开，一个高于 α-螺旋带，一个低于 α-螺旋带。根据 Jackson 和 Sun 等人将本研究中的 1 635.2 cm^{-1}、1 675.6 cm^{-1} 和 1 686.6 cm^{-1} 带指认为反平行 β-折叠，将 1 625.4 cm^{-1} 带归于聚合的 β-折叠成分，1 665.2 cm^{-1} 带指认为 β-转角，1 645.1 cm^{-1} 带指认为无规则结构，1 614.7 cm^{-1} 带可能与芳香族氨基酸侧链的振动有关，指认为酪氨酸。本节中，随氧化程度的加深 β-折叠结构整体呈下降趋势，CE 的添加对该结构没有产生显著的影响，5 h 氧化后，两个处理组蛋白的二级结构均发生了显著的变化，未添加 CE 组蛋白的无规则结构显著地增加至 28.99%（$p<0.05$），而添加 CE 组的 β-转角含量显著增加至 25.61%，再一次说明添加 CE 改变了羟自由基对 MP 氧化的作用模式。另外，从图谱中可以很明显地看到，未添加 CE 组氧化 1 h

样品的峰形和峰位置,较未氧化样品发生了较明显的变化,这可能描述为蛋白样品对外来的羟自由基攻击非常敏感,当氧化应激到来时,MP 的二级结构立刻发生显著响应,α-螺旋含量下降,β-折叠和无规则卷曲含量增加,最典型的变化是 1 614.7 cm^{-1} 带的酪氨酸残基含量下降显著,继续氧化后,各二级结构成分逐渐趋于平衡,这说明氧化应激使蛋白质二级结构内部发生了"突变",这种"突变"可能在短时间内较大程度地影响蛋白质二级结构。CE 的添加明显地抑制了这种"突变"的发生,这可能是由于 CE 降低了羟自由基的含量,或者 CE 通过共价交联与 MP 相结合,阻碍了氧化剂的作用部位。

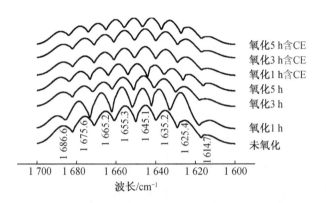

图 2-13　丁香提取物对不同氧化时间下 MP 的 FTIR 图谱的影响

表 2-8　丁香提取物对不同氧化时间下 MP 二级结构的影响

处理	氧化时间/h	α-螺旋/%	β-折叠/%	β-转角/%	无规则卷曲/%	酪氨酸残基的振动/%
未添加CE	对照	17.16±0.65^a	46.46±2.54^b	14.80±0.83^b	17.42±1.29^b	4.18±0.03^a
	1	16.20±1.23^b	47.90±2.44^a	14.81±0.50^b	17.66±1.45^b	3.43±0.04^b
	3	15.71±0.51^c	47.28±2.02^a	14.93±0.65^b	17.63±1.05^b	4.44±0.03^a
	5	14.72±0.73^d	39.36±2.22^c	12.69±0.51^c	28.99±0.41^a	4.25±0.04^a
添加CE	1	16.64±1.24^b	47.25±2.16^a	14.16±0.73^b	17.55±0.54^b	4.39±0.04^a
	3	16.64±0.33^b	47.25±2.44^a	14.16±0.76^b	17.55±0.57^b	4.39±0.03^a
	5	14.64±1.19^d	40.52±1.72^c	25.61±1.07^a	14.78±0.33^c	4.46±0.04^a

4. 丁香提取物对不同氧化时间 MP 粒径分布的影响

如图 2-14 和图 2-15 所示,所有 MP 样品粒径大小主要分布于 10~1 000 μm,经过氧化处理后,各峰都发生了明显的红移,即粒径都朝着增大的方向移动。未添加 CE 组氧化 5 h 样品的红移程度最大,添加 CE 后氧化 1 h、3 h、5 h 的峰虽然也发生了红移现象,但 3 个峰红移程度基本一致,且添加 CE 氧化 5 h 的体积分布百分数明显低于未添加组,说明 CE 抑制了大分子蛋白聚合体的形成。另外,未添加 CE 组经 5 h 氧化后,可以形成粒径大于 1 000 μm 的聚合体,这些聚合体可能是由二硫键或疏水相互作用而形成的,然而,添加 CE 组样品经5 h氧化后,没有生成大于1 000 μm的聚合体,这说明CE具有抑制蛋白发生氧化聚合的能力。由图2-14可以看出,未氧化样品还存在一部分粒径小于10 μm的蛋白分子,但经过氧化后这些小分子基本都发生了聚合反应,形成了大的聚合体,从而在图谱上几乎消失了。在CE处理组中,少部分的小颗粒蛋白分子被保留了下来,说明CE通过降低氧化应激,使小分子蛋白得到了保护。刘泽龙等人采用SDS-PAGE的方法证实了由氧化引起的这种聚合主要来自二硫键,聚合导致了大的聚集体的产生,表现为凝胶上部的条带增强,在粒径分布中表现为大颗粒物质明显增加,CE在这两个指标中发挥了一致的作用。

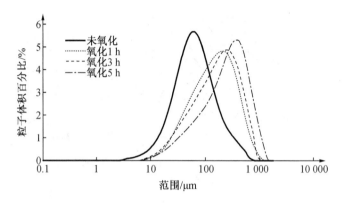

图2-14 不同氧化时间对MP粒径分布的影响

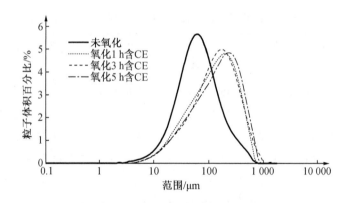

图2-15 丁香提取物对不同氧化时间下MP粒径分布的影响

图2-16是氧化后蛋白溶液的直观照片,从图2-16(a)~图2-16(d)中可以更直观地看到,蛋白氧化后形成了大的肉眼可见的聚合体,而添加CE后明显地抑制了大颗粒聚合体的形成,如图2-16(e)~图2-16(h)所示,这个直观的结果与粒径分布的结果相一致。

5. 丁香提取物对不同氧化时间MP浊度的影响

蛋白质随温度升高后浊度的变化能够反映蛋白氧化后热稳定性变化。如图2-17所示,所有样品的浊度均随温度的升高,而显著增加($p<0.05$);同时随着氧化时间的延长,浊度值也明显上升,表明温度增加和氧化时间延长,都能够增加蛋白的混乱程度。氧化程度的增加和浊度的增加,说明氧化降低了蛋白质的热稳定性,打破了蛋白质的溶解平衡,导致

了蛋白质发生变性和聚集。图2-17显示,在各个氧化时间下,对照组的浊度值均显著高于CE处理组($p<0.05$),加热到80℃时,添加CE组在氧化1 h、3 h、5 h后,与对照组相比,浊度值分别下降了8.67%、9.54%、14.44%($p<0.05$)。这说明添加CE能够有效地增强蛋白质的热稳定性,控制蛋白质的变性和聚集。

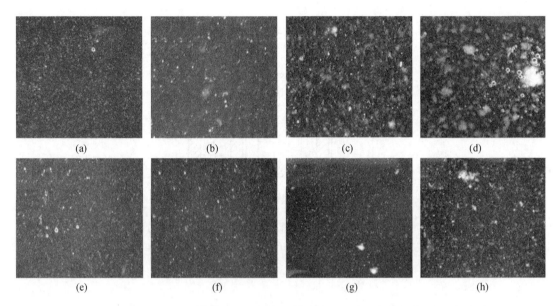

图2-16 丁香提取物对不同氧化时间下MP粒径的直观影响

注:(a)对照;(b)氧化1 h;(c)氧化3 h;(d)氧化5 h;(e)对照;(f)添加1.0 mg/mL CE 氧化1 h;(g)添加1.0 mg/mL CE 氧化3 h;(h)添加1.0 mg/mL CE 氧化5 h。

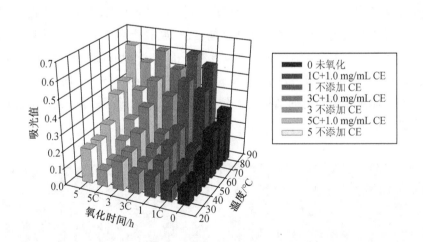

图2-17 丁香提取物对不同氧化时间下MP浊度的影响

注:氧化时间中,0表示未氧化,1和1C表示氧化1 h,3和3C表示氧化3 h,5和5C表示氧化5 h。

6. 丁香提取物对不同氧化时间下MP凝胶强度的影响

如图2-18所示,各组样品的凝胶强度均随氧化时间的增加而逐渐下降。氧化1 h样品与未氧化样品的凝胶强度差异不显著($p>0.05$),它们与氧化3 h和5 h的样品相比较,差异均显著($p<0.05$),说明短时间的氧化对凝胶强度的影响不明显,长时间的氧化则显著地破坏了凝胶的形成。氧化3 h和5 h时,添加CE组样品凝胶强度显著高于未添加组,使氧化3 h的凝胶强度提高9.79%,使氧化5 h的凝胶强度提高10.05%,说明添加丁香提取物能够明显地抑制蛋白质的氧化变化,使凝胶强度得以保持。

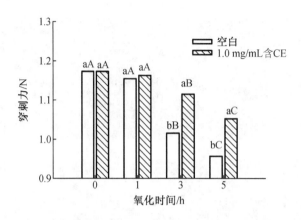

图2-18 丁香提取物对不同氧化时间下MP凝胶强度的影响

注:字母A~C表示相同处理后,不同氧化时间的差异显著($p<0.05$);字母a、b表示在相同氧化时间下,不同处理的差异显著($p<0.05$)。

7. 丁香提取物对不同氧化时间下MP凝胶微观结构的影响

图2-19表示的是添加CE和未添加CE组MP样品,在不同氧化时间后,对肌原纤维蛋白凝胶微观结构的影响。新鲜肌肉的蛋白凝胶表现出了均匀、结实的网络状结构,对应图2-19(a)。随着氧化时间的延长,凝胶出现空隙,并逐渐增大,由平滑的凝胶结构变得越来越粗糙。长时间的氧化使得凝胶网络状结构崩溃,凝胶产生了大的、不规则的裂缝,如图2-19(c)(d)所示。这些微观结构的变化也解释了前面氧化后凝胶强度变差的原因。添加CE明显地抑制了氧化导致的凝胶结构劣变。如图2-19(e)~图2-19(g)所示,这与凝胶强度的测定和下面流变学测定的结果是一致的,说明CE能够抑制蛋白氧化引起的结构变化和劣质凝胶的形成。

图2-19 丁香提取物对不同氧化时间MP凝胶微观结构的影响(放大200倍)

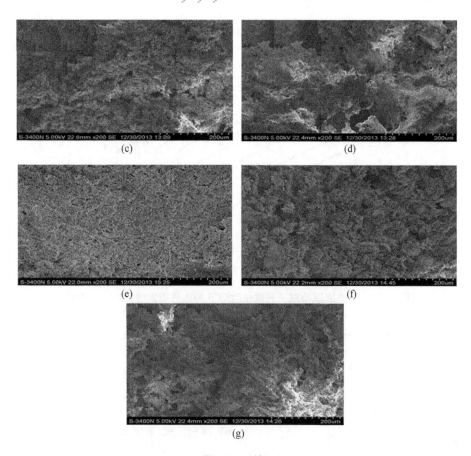

图 2 - 19(续)

注:(a)对照;(b)氧化 1 h;(c)氧化 3 h;(d)氧化 5 h;(e)添加 1.0 mg/mL CE 氧化 1 h;(f)添加 1.0 mg/mL CE 氧化 3 h;(g)添加 1.0 mg/mL CE 氧化 5 h。

8. 丁香提取物对不同氧化时间下 MP 热稳定性(DSC)的影响

图 2 - 20 表示的是猪肉 MP 的 DSC 曲线。所有 MP 样品,经过热扫描后,都产生了 3 个主要的热转变峰,即峰 1、峰 2 和峰 3,它们分别表示肌球蛋白头部(重酶解肌球蛋白)、肌球蛋白尾部(轻酶解肌球蛋白)和肌动蛋白。随着氧化时间的增加,所有样品的最大热转变温度(T_{max})均下降。如表 2 - 9 所示,新鲜肌肉的 T_{max1}、T_{max2} 和 T_{max3} 分别是 60.7 ℃、69.0 ℃和 78.8 ℃。氧化 5 h 后,对照组和 CE 组中均没有检测到这些峰值,说明长时间的氧化使蛋白质的天然结构受到了严重的破坏。氧化 1 h 和 3 h 后,添加 CE 组样品的 T_{max2} 和 T_{max3} 显著高于对照组样品($p<0.05$)。氧化 1 h 和 3 h 后,对照组和添加 CE 组的 T_{max1} 均消失。这表明,肌球蛋白的头部比尾部和肌动蛋白更容易被氧化。与此相同,蛋白质变性的总焓变(ΔH),也随氧化时间的延长而显著地下降,氧化 3 h 后,对照组的 ΔH 从新鲜肌肉的 3.67 J/g,下降到 1.31 J/g($p<0.05$),添加 CE 组的 ΔH 下降到 2.13 J/g($p<0.05$);CE 组的焓值显著高于对照组($p<0.05$)。氧化 5 h 后,对照组和添加 CE 组中均没有发现焓值变化。

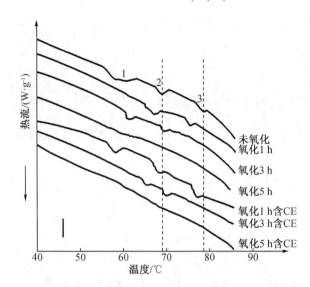

图 2-20　丁香提取物对不同氧化时间下 MP 热稳定性(DSC)的影响

表 2-9　丁香提取物对 MP 最大热转变温度(T_{max})和焓变(ΔH)的影响(平均值 ± SD^g)

处理	氧化时间/h	转变温度/℃			$\Delta H^f/(J \cdot g^{-1})$
		T_{max1}	T_{max2}	T_{max3}	
未添加 CE	对照	60.72 ± 0.17^a	69.04 ± 0.16^a	78.79 ± 0.17^a	3.67 ± 0.16^a
	1	—	67.28 ± 0.16^b	75.58 ± 0.16^c	2.43 ± 0.17^c
	3	—	61.39 ± 0.16^d	69.51 ± 0.16^e	1.31 ± 0.07^d
	5	—	—	—	—
添加 CE^h	1	58.26 ± 0.16^b	69.02 ± 0.16^a	77.29 ± 0.17^b	3.20 ± 0.19^b
	3	—	65.56 ± 0.17^c	70.06 ± 0.16^d	2.13 ± 0.16^e
	5	—	—	—	—

注：a~d 字母不同表示差异显著($p<0.05$)；^{e} 表示无峰出现；ΔH^f 值代表所有转变的总焓变；^{g} 标准差为三次重复测量的标准差；^{h} CE 的浓度为 1.0 mg/mL。

9. 丁香提取物对不同氧化时间下 MP 流变学特性的影响

MP 凝胶形成中的流变学特性,能够反映蛋白质的品质特性。MP 凝胶形成中的动态黏弹性变化,采用储能模量(G')(图 2-21(a)(b))和损失模量(G'')(图 2-21(c)(d))的形式表示。所有 MP 样品均产生了由胶黏的蛋白溶胶到黏弹性网络结构凝胶的典型的流变学线型,反映了轻酶解肌球蛋白(LMC)和重酶解肌球蛋白(HMC)的热转变。未氧化样品的 G'(描述蛋白凝胶系统的弹性特征),随加热温度的增加,而迅速增加,在 55 ℃时达到了最大值；从 55~62 ℃开始,G' 值急剧下降,然后又开始增加,直到温度达到 85 ℃(图 2-21(a)(b))。随着氧化时间的增加,所有样品 G' 的峰值和起始凝胶温度,均显著下降。当对照组样品被氧化 1 h、3 h 和 5 h 后,G' 起始增加的温度从 50 ℃(未氧化样品)分别下降到 41 ℃、40 ℃和 37 ℃,添加 CE 组分别下降至 45 ℃、42 ℃和 43 ℃($p<0.05$)。对照组 MP

样品氧化 1 h、3 h 和 5 h 后,凝胶的 G' 峰值也从 282 Pa(55 ℃)(未氧化)分别下降到了 243 Pa (54.1 ℃)、242 Pa (53 ℃)和 231 Pa (51.3 ℃);添加 CE 组分别下降至 270 Pa (54.4 ℃)、270 Pa (54.3 ℃)和 265 Pa (53.4 ℃)($p < 0.05$)。在 MP 溶胶转变成凝胶的整个温度变化中,添加 CE 显著地增加了 G' 值,随着氧化时间的延长,G' 值逐渐下降。氧化 5 h 后,样品的 G' 值显著低于其他组,这表明长时间的氧化变性,导致了 MP 结构遭到破坏。说明 CE 能够抑制 MP 流变特性的氧化破坏,并且预防尾部结构受自由基的攻击。CE 组样品,具有较高的凝胶起始温度和较高的凝胶转变温度,这一结果是与 DSC 结果相一致的,这表明,在 MP 中添加 CE,降低了蛋白质的变性速度。

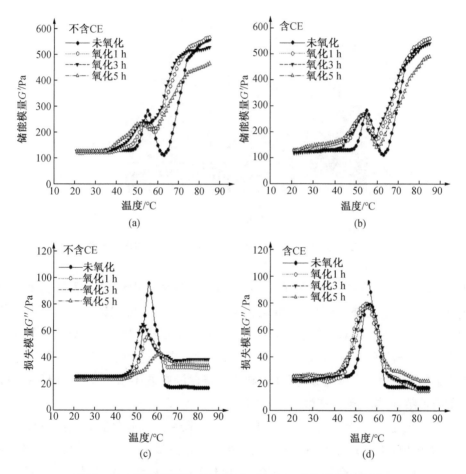

图 2-21 丁香提取物对不同氧化时间 MP 流变学特性的影响

G''(描述蛋白凝胶系统的黏性特征)值也表现出随温度变化而发生转变的流变学变化;该值的变化,表现出同 G' 值相同的模式,即第一个峰达到最大值时的温度也是 55 ℃,从 55 ~ 62 ℃,G'' 值急速下降,当温度达到 85 ℃ 时 G'' 值达到平稳。温度高于 62 ℃ 后,肌肉中肌球蛋白主要结构的变化已经完成,持续的分子间相互作用和交联产生了高的弹性,使其占据了黏弹凝胶体系的主导地位。在热加工时,G' 值通常高于 G'' 值,表示在蛋白凝胶基质形成中,黏性较低,或者说弹性较高。添加 CE 组获得了较高的 G' 值和 G'' 值,这表明 CE 在连续相中与 MP 相互作用,形成了一种无定形的、具有黏弹特性的网络状凝胶。

10. 丁香提取物对不同氧化时间下 MP 的 SDS – PAGE 影响及部位

蛋白质很容易受到羟自由基的氧化攻击,且含有亲核基团的氨基酸残基(如酪氨酸和半胱氨酸)的氧化修饰,以及肽链的分裂,都会产生蛋白碎片或蛋白的聚合物,这些现象都会在电泳分析中得到辨认。如图 2 – 22 所示,随着氧化时间的增加,对照组和 CE 组 MP 样品的肌球蛋白重链(MHC)、肌动蛋白和原肌球蛋白条带,均明显减少。对未氧化样品来说,在浓缩胶(– βME)顶部,几乎没有形成聚合物,开始氧化以后,高分子量的分子聚合物逐渐开始增多,这些聚合物几乎没有进入浓缩胶中(图 2 – 22)。

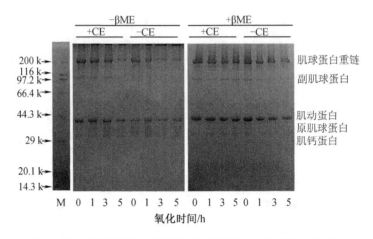

图 2 – 22 丁香提取物对不同氧化时间下 MP 的 SDS – PAGE

由于 MHC(尤其是在氧化 3 h 和 5 h 后)的量急剧减少,因此,可以推断,这些聚合物大量地来自肌球蛋白。另外,肌动蛋白氧化后也表现出下降,这可能也是浓缩胶顶部条带含量增加的另一个原因。在对照组还原胶中(+ βME),由氧化引起的肌球蛋白和肌动蛋白条带的损失,大部分被还原,添加 CE 组几乎全部被还原,表明这些聚合物主要是通过二硫键的连接形成的。对照组中少部分的 MHC 和肌动蛋白没有被还原,表明可能形成了除二硫键以外的共价结合,如二聚酪氨酸、席夫碱类等。

为了进一步确定 CE 影响蛋白氧化的具体部位,研究采用胰凝乳蛋白酶将氧化后的猪肉 MP,水解为肌球蛋白的头部(S1)和尾部(Rod)。如图 2 – 23 所示,两块胶中的 MHC 含量均随氧化时间的延长而逐渐减少并消失,但氧化 1 h 后,两块胶中未添加 CE 组的 MHC 条带迅速消失,而添加 CE 组还有一定的 MHC 存在,这个结果与上述电泳结果相一致。同时,两块胶中的 Rod 和 S1 含量也随氧化时间的延长而逐渐减少,未添加 CE 组氧化 5 h 后,Rod 和 S1 均全部消失,说明长时间的氧化使蛋白质结构充分展开(或肽链断开),水解后形成大量的碎片,这些碎片表现为凝胶底部出现明显条带,说明氧化会使大分子蛋白减少,形成小的碎片。然而,添加 CE 组中,随氧化程度的增加 Rod 也逐渐减少,但氧化 5 h 后并未完全消失,S1 虽然也在一定程度上有所减少,但条带依然很浓,也没有消失,说明 CE 对 S1 部位的保护作用更加明显,这在 Ca – ATP 酶活性结果中也得到了印证,因为该酶存在于 S1 部位。尽管 CE 对 Rod 也有一定的保护作用,但不如对 S1 部位的作用明显,说明丁香提取物主要保护了 S1 部位的氧化损失。有趣的是,不管是否添加巯基乙醇,未添加 CE 样品的 S1 条带都随氧化时间的延长,而逐渐变淡,而肌动蛋白条带随氧化时间的延长,逐渐变浓,这说明氧化使 S1 分解成部分小的碎片,并且这些碎片与 Actin 发生交联,形成了较大的分子聚集体,氧化 5 h 后 S1 彻底分解为碎片而消失,而此时 Actin 条带也达到最粗(浓),并且下方又生成了几个明显的条带,说明 Rod 和 S1 分解成小的片段后,一部分与 Actin 结合形成大的聚集体,另一部分没有与 Actin 结合的片段,在凝胶底部形成了较明显的条带。加入 CE 彻底改变了这种氧化修饰的模式,随着氧化时间的延长,S1 并没有显著地下降,同时 Actin 也没有显著变粗。添加巯基乙醇后,Actin 下方出现了一个明显的条带,同时 Actin 条带显著变淡,这说明 Rod 和 S1 分解生成的小片段主要是通过二硫键与 Actin 发生的交联。

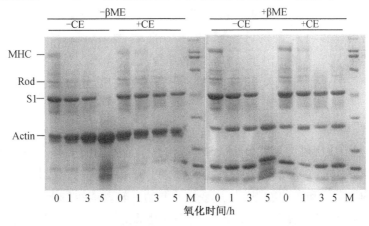

图 2 - 23　MP 氧化和 CE 处理后经胰凝乳蛋白酶水解为 S1 和 Rod 的 SDS - PAGE 模式

四、讨论

1. 对紫外扫描图谱的影响

紫外光谱法常用于测定蛋白质和氨基酸结构变化的研究中,组成蛋白质的 20 种氨基酸在电磁波谱的可见光区都没有光吸收,在近红外区和远紫外区都有光吸收($\lambda < 200$ nm)。但在近紫外区(200 ~ 400 nm),只有芳香族氨基酸具有光吸收能力,因为它们的氨基酸结构中含有苯环共轭 Π 键系统。这些具有光吸收能力的氨基酸主要包括色氨酸(Trp)、酪氨酸(Tyr)残基的侧链基团,以及苯丙氨酸(Phe)、组氨酸(His)、半胱氨酸(Cys)残基的侧链基团对光的吸收。其中,Trp、Tyr、Phe 3 种残基,由于其生色基团的不同(Trp 的吲哚基、Tyr 的酚基、Phe 的苯基)而有不同的紫外吸收光谱。所以,我们可以采用紫外光谱扫描法,研究不同处理时间下的氧化蛋白中这些氨基酸结构的变化。本节中添加 CE 显著地控制了氧化引起的紫外吸收强度的下降,说明 CE 能够通过控制氧化作用保护芳香族氨基酸。

2. 对 CD 图谱的影响

蛋白质是由氨基酸经肽键连接而成的,其生色基团主要是肽链骨架中的芳香氨基酸残基、肽键及二硫键。其圆二色谱远紫外区(190 ~ 250 nm)主要生色团是肽链,近紫外区(250 ~

300 nm)生色团主要是芳香氨基侧链,根据检测的蛋白质的远紫外圆二色谱,能够反映出蛋白质的二级结构信息,从而揭示蛋白质的二级结构。MP 在 CD 光谱的 210 nm 和 220 nm 区域呈现两个负峰,这主要是由 α-螺旋结构引起的负科顿效应引起的。因此,可根据图谱中曲线,在这两点处峰值的强度来判断 α-螺旋结构的变化。通常峰值强度负增长越大,α-螺旋结构含量的比例增加越多。Sun 等人研究发现,蛋白被氧化后 α-螺旋含量会下降,β-折叠和无规则卷曲含量会相应增加,这与本次试验的结果一致。

Wu 等人发现了表没食子儿茶素与 β-乳球蛋白的结合会使得 α-螺旋含量稍有增加。相反,Cao 等人发现了在 MP 中添加绿原酸,在 220 nm 区域不但没有提高峰强度,反而导致强度发生了进一步的衰减,这可能是因为维持 α-螺旋结构稳定力的主要是分子间的氢键,是 C=O 和 NH 之间的作用力,而绿原酸中含有大量的 -OH 基团,从而扰乱了这种氢键的结合,导致了 α-螺旋结构含量降低。Kroll 等人研究发现,绿原酸的共价结合对大豆蛋白的二级结构没有明显影响,但降低了牛血清蛋白中的 α-螺旋含量,增加了无规则卷曲的含量。Kang 等人也证实了人类血清蛋白与绿原酸结合,也会导致 α-螺旋含量下降。这些不同的结论说明不同的蛋白质和不同浓度的多酚化合物的使用,会对蛋白质的二级结构产生不同的影响。

3. 对 FTIR 图谱的影响

目前,红外光谱法已成为现代分析化学、结构化学最常用的工具之一。其工作原理是用一束具有连续波长的红外光照射物质,该物质的分子要吸收一定波长的红外光能,并将其转化为分子的振动能和转动能,从而引起分子振动-转动能级的跃迁,然后用仪器记录下不同波长的透光率(或吸光度)的变化曲线,即该物质的红外吸收光谱。由于在红外光谱下,每种氨基酸残基都是发色团,所以其适用于不同状态、不同浓度及不同环境中蛋白质或多肽的测定。

蛋白质具有特定的生理活性,其构象在很大程度上决定蛋白质的生理活性或功能性。鉴于蛋白质的二级结构与其分子内形成的不同类型氢键密切相关,加之 FTIR 技术又是研究氢键强有力的手段。因此,本次试验波数为 4 000 ~ 450 cm^{-1},对不同氧化时间下的猪肉 MP 进行红外图谱分析,主要研究蛋白在氧化应激下和添加 CE 后二级结构的变化。由 FTIR 的结果表明,氧化在一定程度上改变了谱峰的强度、面积和位置,但是分子的化学基团没有发生本质的改变。其反映蛋白在氧化过程中,改变了各种构象所占的比例,发生了不同程度的二级结构变化,但并没有衍生出新的特征基团。另外,因为猪肉 MP 主要是球状蛋白质,在球状蛋白质中氢键既可以在不同肽链或不同分子之间形成,又可以在同一肽链的不同肽段(β-strand)之间形成。氧化后 MP 样品红外光谱特征谱峰的变化,也反映了氢键在 MP 结构改变上发挥的重要作用。本节中,添加 CE 显著地抑制了 α-螺旋结构的氧化损失,并发现最初的氧化对蛋白质的天然结构产生较强的应激作用,这种应激作用带来的结构"突变",通过后续的二级结构相互转化,以及分子内氢键的重建得到了平衡。Sun 等人在研究广式腊肠加工中 MP 理化特性变化时,也描述了这种二级结构的重建以及氢键类型的相互转化。卢岩等人采用 FTIR 研究羟自由基氧化大豆分离蛋白时发现,随 H_2O_2 浓度的增加,蛋白质二级结构中的 α-螺旋和 β-折叠结构明显减少,相反,随氧化程度增加,β-转角和无规则卷曲也逐渐增加,这与本次试验的结论是相近的。

4. 对粒径分布的影响

利用动态光散射技术测定 MP 的粒径分布,能够非常有效地定量分析蛋白质的聚合程度。李春强和刘泽龙等人都采用了激光粒度分布仪,对蛋白氧化后的粒径进行了分析,结果发现氧化后的 MP 粒径明显增大,最大峰发生了显著的红移,这与本次试验的结果是一致的。蛋白氧化和二硫键水平的增加是导致 MP 粒径增大的主要原因,另外蛋白质的热变性,也会引起蛋白发生聚合,形成大的聚合体,如浊度的研究结果清晰地证实了这一点,同时,通过观察氧化溶液的直观照片更能够清晰地发现聚集体的存在。加入 CE 能够抑制氧化因子的攻击,进而抑制了大分子蛋白质聚合体的形成。Schmitt 等人通过研究发现,聚合体粒径的大小会导致功能性质发生变化,如一些粒径较大的聚合体在形成凝胶后的质地,比原来粒径较小的聚合体要差。而且这一结果结合了凝胶强度和凝胶微观结构指标,也充分说明在较长时间的氧化处理后,较大粒径的聚合体会导致凝胶保水性的降低。

5. 对浊度的影响

通过前述的疏水性结果可知,蛋白质的疏水性受氧化的影响明显增加,这种疏水性的增加,是由于蛋白内部疏水性基团暴露较多而产生的,所以蛋白质与蛋白质之间,或蛋白质的内部均会通过疏水相互作用、氢键或静电作用形成较大的蛋白聚合体,聚合体越大、越多,体系的光散射也越强,吸光值增加,浊度就越大。这与 Cui 等人研究的乳清蛋白氧化后的变化是一致的。本次试验中猪肉 MP 溶液的浊度,随氧化时间的延长而不断增加,这说明氧化破坏了蛋白质的天然结构,曝露了内部的基团,增加了蛋白质的聚合机会,这与表面疏水性的检测结果是一致的。添加丁香提取物显著地抑制了蛋白的表面疏水性,同时也降低了蛋白浊度的增加,这表明丁香提取物具有很好地抑制蛋白氧化变性的作用。CE 发挥作用的另一个解释也可能是通过清除活性氧自由基,保护蛋白质免受过多的自由基攻击而实现的。

6. 对凝胶强度的影响

MP 具有热诱导凝胶作用,其成胶性能对于产品出品率、质构、弹性和保水性至关重要。Chan 等人的研究发现:凝胶起始形成是从肌球蛋白轻链(尾部)开始的,尾部肽链部分发生解螺旋,当温度达到 30~40 ℃时,不同肌球蛋白中重酶解肌球蛋白的 S – 2 链接形成中间肌球蛋白分子,温度达到 40~50 ℃时,中间肌球蛋白分子,再由不同肌球蛋白的轻链聚集形成网络结构。Xiong 等人采用流变学和电泳的方法发现,溶胶向凝胶转变过程中,肌球蛋白的头部先发生变性交联,然后尾部再进一步交联。Ooizumi 和 Xiong 指出,氧化会使肌球蛋白通过二硫键以尾部 – 尾部的模式进行交联。氧化所导致的这种蛋白交联模式改变了天然蛋白的凝胶模式,如前所述,蛋白形成凝胶时,肌球蛋白头部首先聚合,随后尾部继续聚合形成网络结构;而氧化后,肌球蛋白以尾部 – 尾部的模式交联,在加热成胶时,这些聚合体很可能直接以头部 – 头部交联的模式聚集,形成网络结构,所以这种凝胶网络状结构的凝胶强度较差。本节中,添加 CE 显著地提高了氧化蛋白的凝胶强度,这可能是由于 CE 对氧化因子的抑制控制了氧化初期导致的肌球蛋白尾部 – 尾部交联,从而使凝胶网络结构更接近天然凝胶,保持了凝胶强度。

7. 对凝胶微观结构的影响

蛋白凝胶的微观结构、蛋白凝胶的强度和蛋白质的流变学特性，反映的都是蛋白质天然结构的变化，导致形成凝胶的品质发生变化。在本次试验中，蛋白氧化导致凝胶束变得粗糙、孔径变大、形状不规则，而添加CE使凝胶结构在一定程度上受到了保护，凝胶变得相对平滑和致密，这种凝胶内部的共价和非共价连接更多，使得凝胶能承受较大的破坏力，凝胶的强度较大，同时，流变学的检测结果也与上述结果相一致，所以这三个结果均表明，CE能够保护凝胶结构的氧化破坏。

8. 对热稳定性（DSC）的影响

丁香提取物对氧化MP热稳定性（DSC）研究结果表明，氧化使肌球蛋白和肌动蛋白的天然结构遭到破坏。肌球蛋白和肌动蛋白热稳定性的降低，可能是它们的主要结构被氧化修饰的结果，这在本次试验中的电泳分析部分，也已经得到了证实。蛋白质构象稳定性的下降，也会消极地影响蒸煮肉制品的物理特性，如质构和多汁性等。本次试验的数据表明，添加CE组样品的热稳定性明显高于对照组，这说明CE能够作为蛋白氧化的保护剂预防蛋白质热稳定性的下降。这可能是由于，CE中的成分与MP分子的功能性基团通过离子键或氢键相结合（或相关联），也就是说，每个蛋白分子都与CE成分相结合，结合后的结构具有预防氧化因子攻击的作用。

9. 对流变学特性的影响

氧化对蛋白质流变学特性的破坏，可能是氧化导致了蛋白质结构发生变化，蛋白质变性致使过度的MP聚合和溶解性下降。CE能够控制MP的氧化性损伤，一个可能的原因就是，CE中的某些成分能够作为羟自由基和其他自由基的清除剂，或者作为金属螯合剂，螯合促氧化作用的非血红素铁。因此，MP的天然结构得到了保护，同时，MP的理化和功能特性也得以保持。CE能够有效地抑制蛋白结构的变化，并且提高了MP的流变学特性，这一结果与DSC的结果相一致。

10. SDS-PAGE

在前两块胶中，对照组样品蛋白带的强度比添加CE组下降得更快。这可能是由于CE能够清除芬顿反应产生的自由基，所以MP的聚合作用和聚集反应在一定程度上得到了控制。同时发现，氧化前在MP中添加CE，抑制了完整蛋白质肽链的断裂。Jongberg等人发现在相同的贮藏时间内，与对照组相比，白葡萄提取物的添加，降低了牛肉饼中肌球蛋白重链的交联。Jongberg等人通过SDS-PAGE也发现，添加绿茶提取物导致了肌球蛋白重链和肌动蛋白的显著损失，这是由于形成了巯基-醌加成物所致，而不是二硫键介导的聚合作用。将氧化的MP酶解为Rod和S1后发现，加入CE显著地影响了胰凝乳蛋白酶的作用部位，这可能是CE抑制了蛋白质结构的氧化伸展，使酶的结合位点没有完全地暴露出来，从而使酶的水解作用被限制。CD光谱和FTIR红外光谱研究也表明，氧化导致了MP二级结构中的α-螺旋发生了解螺旋，而CE降低了α-螺旋结构解螺旋的发生，所以也就使得酶的作用位点大量减少。Ooizumi等人研究鸡肉MP氧化后肌球蛋白的变化时，发现随氧化程度的增加，Rod的变化并不明显，而S1显著下降。Xiong等人也发现猪肉MP随氧化程度的增加，Rod和S1损失明显，当H_2O_2浓度超过5 mmol/L时，Rod和S1基本消失，同时在它们的上方产生了一个新的条带。这些结果与本次试验的结论基本一致。本次试验中 CE 的加入保护了 Rod 的氧化损失,更大限度地保护了长时间氧化下 S1 部分的裂解。

五、结论

双向电泳和质谱鉴定结果显示,氧化后有 10 个蛋白点的丰度骤然下降,14 个蛋白点的丰度急剧增加,说明这些蛋白对氧化非常敏感。其中点 1815 丰度明显下降,鉴定为猪热休克蛋白 β-1,说明该蛋白受羟自由基氧化非常敏感,可作为 MP 发生氧化的标记蛋白。氧化后丰度增加的蛋白主要是 MHC 和肌动蛋白的碎片。添加 CE 显著降低了蛋白碎片的增加,提高了完整蛋白的丰度,β-烯醇化酶就是添加 CE 后丰度得到显著增加的蛋白,标记为 CE 作用的典型蛋白。双向电泳和质谱鉴定结果证实了氧化后增加的蛋白,主要是肌球蛋白或肌动蛋白等 MP 中主要蛋白的亚基或碎片,因为它们在不添加 CE 氧化的条件下大量增加,氧化使蛋白的肽链发生断裂,形成了较多的蛋白碎片或亚基,而添加 CE 有效地控制了这些碎片的产生,从分子水平上证实了 CE 抑制蛋白氧化的有效性。肽段的质谱鉴定结果显示,羟自由基诱发的 MP 氧化主要修饰的氨基酸部位为甲硫氨酸(Met)和半胱氨酸(Cys)。氧化后半胱氨酸(Cys)主要形成二硫键,甲硫氨酸(Met)主要形成亚砜甲硫氨酸。

第三节 猪肉肌原纤维蛋白氧化的蛋白组学分析及 CE 的影响

蛋白质组分析能够提供参与决定肌肉品质的各种生理机制过程中,蛋白质的结构和功能等方面的信息,为研究肉制品贮藏过程中肌肉品质变化,以及为变化机制的阐释提供了一条新的途径。目前,有关肌肉蛋白组学的研究仅涉及 2-DE 技术的建立、特定蛋白质的分离鉴定、动物种属和组织的鉴定等方式对肌肉蛋白的影响等。肉与肉制品在贮藏期间发生的脂肪氧化和蛋白氧化,以及肉制品品质的腐败,都将影响肉制品蛋白质构成和含量的变化。对蛋白氧化引起的蛋白结构和功能性变化的研究已有许多报道,但 MP 中哪些类型蛋白对羟自由基氧化最敏感?氧化后重点修饰的氨基酸有哪些?CE 对哪些蛋白氧化具有控制作用等问题还未见报道,本部分以蛋白质组学的方法为研究手段,主要分析猪肉 MP 遭羟自由基攻击后,蛋白质组成的变化,找到对氧化敏感的蛋白质类型或者说羟自由基氧化的指示蛋白,以及氧化主要的修饰部位,并采用质谱技术和生物信息学技术分析鉴定其结构。试验选择了未氧化 MP,氧化 3 h 的 MP 和添加 CE 后再氧化 3 h 的 MP 进行双向电泳实验。为进一步理解猪肉 MP 氧化的机理和 CE 作用模式奠定理论基础。

一、试验材料

1. 主要试验材料

氯化钠、氯化铁、盐酸、氢氧化钠、尿素、乙酸乙酯、氯化钙、磷酸钾、磷酸氢二钠、己二胺四乙酸、过氧化氢、抗坏血酸、浓硫酸、盐酸胍、磷酸二氢钠、碳酸钠、氯仿、2-硫代巴比妥酸、硫酸铜、甲醇、酒石酸钾钠等其他化学试剂均为国产分析纯。

其他主要试验原料与试剂同表2-1。

2. 主要试验仪器和设备

同表2-2的主要试验仪器和设备。

二、试验设计

蛋白质组学研究选用香辛料提取物的添加与MP的氧化中制得的蛋白样品进行,分别为未氧化MP、氧化3 h的MP和添加CE后再氧化3 h的MP,利用3个样品做双向电泳(two dimensional electrophoresis,2DE)研究。

1. 双向凝胶电泳

向上述得到的3个样品中加入1 mL超纯水洗涤,离心,去上清,重复2次。加入400 μL 2D裂解液,冰浴超声破碎(100 W,超声10 s,间歇15 s,共10次),13 400 r/min离心,5 min,取上清。用双缩脲法分别进行蛋白质定量,分装后,-80 ℃保存。各组分别取100 μg上样,电泳条件为pH 3~10非线性(non-linear,NL)胶条13 cm,12.5% SDS-PAGE,银染,每个样品3块凝胶。双向电泳:上样100 μg,等电聚焦(isoelectric focusing,IEF)为pH 3~10非线性胶条,Amersham公司产品(电泳条件:30 V,12 h;500 V,1 h;1 000 V,1 h;8 000 V,8 h;500 V,4 h) SDS-PAGE为12.5%的胶(15 mA/胶30 min,30 mA/胶至溴酚蓝离胶下沿0.5 cm)。

2. 双向电泳凝胶的染色与图像分析

为了将2DE凝胶中的蛋白点实现可视化,本试验参照Yan等人的方法,采用银染的方式进行染色,用UMax Powerlook 2110XL (UMax)对银染胶进行扫描,并采用ImageMaster 2D Platinum (Version 5.0, GE Amersham)软件对2-DE图谱进行分析。本试验的3个样品准备3份,共9块胶,差异蛋白点检测设置:两组间同一蛋白点的相对丰度之比大于1.5倍 t-test ($p<0.05$),判定该点为差异表达蛋白点。其余操作要点同去骨试验。

3. 双向电泳凝胶切点胰蛋白酶消化和脱盐

将标记的蛋白点切下呈粒状,然后将胶粒切碎后转入离心管,加入200~400 μL的100 mmol/L NH_4HCO_3 - 30% 丙烯腈(acrylonitrile,ACN)脱色液(银染:加入30~50 μL 30 mmol/L $K_3Fe(CN)_6$:100 mmol/L $Na_2S_2O_3$ = 1:1 (V:V)脱色液),清洗脱色至透明,吸弃上清,加入100 mmol/L NH_4HCO_3,室温孵育15 min。吸弃上清冻干,之后加入5 μL的2.5~10 ng/μL测序级Trypsin (Promega)溶液(酶与被分析蛋白质质量比一般为1:100~1:20),37 ℃反应过夜,20 h左右;吸出酶解液,转入新离心管,原管加入100 μL的60% ACN/0.1%三氟乙酸(trifluoroacetic acid,TFA),超声15 min,合并酶解液冻干;若有较多盐分,则用微孔膜进行脱盐。

4. 串联飞行时间质谱鉴定蛋白点

冻干后的酶解样品,取2 μL的20%乙腈复溶。取1 μL溶解样品,直接点于样品靶上,让溶剂自然干燥后,再取0.5 μL的过饱和α-氰基-4-羟基肉桂酸(α-cyano-4-hydroxycinnamic acid,CHCA)基质溶液(溶剂为50% ACN和0.1% TFA)点至对应靶位上并自然干燥。样品靶经氮气吹净后放入仪器进靶槽,并用 5800 型串联飞行时间质谱仪(Matrix Assisted Laser Desorption Ionization Time of Flight Mass Spectrometer, MALDI-TOF/TOF, AB SCIEX)进行测试分析,激光源为 355 nm 波长的 Nd:YAG 激光器,加速电压为 2 kV,采用正离子模式和自动获取数据的模式采集数据,一级质谱(MS)扫描范围在 800~4 000 Da,选择信噪比大于 50 的母离子进行二级质谱(MS/MS)分析,每个样品点上选择 8 个母离子,二级质谱(MS/MS)累计叠加 2 500 次,碰撞能量 2 kV。质谱测试原始文件用 Mascot 2.2 软件检索相应的数据库,最后得到鉴定的蛋白质结果。

三、结果与分析

1. 未氧化猪肉 MP 与氧化蛋白的 2-DE 图谱及差异蛋白分析

按照前人对猪肉 MP 双向电泳已有的方案,并结合前期的预试验,本试验采用 IEF 为 pH 3-10 的非线性胶条,蛋白上样量 100 μg,进行等电聚焦,采用 12.5% 二向胶,对未氧化猪肉 MP 与氧化蛋白进行 2-DE 分离,经过银染后,得到了较高清晰度和分辨率的蛋白质表达图谱,图谱中主要蛋白点的分布模式比较相似,如图 2-24 和图 2-25 所示。

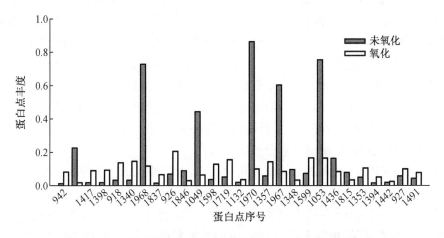

图 2-24　氧化与未氧化 MP 的差异表达蛋白强度对比图谱

注:图中两个处理的差异均为显著性差异($p<0.05$)。

利用 Image Master 软件对得到的 2-DE 图谱进行重复性检测和匹配率检测,然后对 2-DE 图谱蛋白点表达差异进行比较分析。差异蛋白点检测设置:两组间同一蛋白点的相对丰度之比大于 1.5,且 t-test($p<0.05$),判定该点为差异蛋白点;当一组胶中某个蛋白点丰度高于另一组的 1.5 倍时记为上调,反之记为下调。软件扫描两组 2-DE 图谱后,得到了未氧化蛋白点 1 453 个,氧化后得到蛋白点 1 412 个。两组样品对比发现丰度差异大于 1.5 倍的点 20 个,差异大于 1.2 倍的点 27 个,利用这 27 个差异点制作柱形图进行丰度对比分析如图 2-24 所示,并使用两个 2-DE 图谱辅助进行直观分析,如图 2-25 所示。

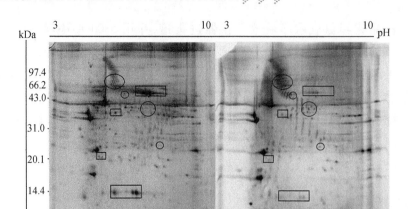

图2-25　新鲜与氧化MP 2-DE图谱的对比模式图

注：图中方框标记内的点为氧化后丰度减弱的蛋白点，圆圈标记内的点为氧化后丰度增强的蛋白点。

如图2-24可以看出，经羟自由基氧化后，差异点为1060、1968、1846、1049、1970、1967、1348、1053、1436和1815，10个蛋白点的丰度骤然下降，蛋白点1060氧化后几乎消失，说明这些蛋白对氧化应激的敏感性最强，氧化后最容易发生肽链断裂，分解成蛋白亚基或肽类，蛋白损失最为严重。从图2-24中可以更直观地看到氧化后方框内的蛋白丰度显著下降。氧化后丰度急剧增加的点有942、1417、1398、918、1340、1837、926、1598、1719、1132、1357、1599、1353、1394、1442、927、1491，17个蛋白点，从直观图中也可以清晰地看到这些蛋白氧化后明显增加，说明这些蛋白对氧化应激也非常敏感，氧化后含量急剧增加，推测这些蛋白可能是肌球蛋白或肌动蛋白等MP主要蛋白的亚基或碎片，这些蛋白点可作为氧化应激的指示蛋白，将其标记为后续质谱鉴定分析的待切点。

2. 氧化猪肉MP与添加CE后再氧化蛋白的2-DE图谱及差异蛋白分析

为了研究添加CE对氧化后蛋白组学变化模式的影响，本试验将添加CE后再进行氧化的样品进行了双向电泳，将其同不添加CE的氧化样品进行对比，电泳条件仍然采用IEF为pH 3~10的非线性胶条，蛋白上样量100 μg的等电聚焦和12.5%的二向胶，对添加CE再氧化的猪肉MP进行2-DE分离，经过银染后，得到了较高清晰度和分辨率的蛋白质表达图谱，如图2-26所示。利用Image Master软件得到添加CE的2-DE图谱，与前面未添加CE但氧化的2-DE图谱，进行重复性检测和匹配率检测，然后对2-DE图谱蛋白点表达差异进行比较分析。两组间同一蛋白点的相对丰度之比大于1.5倍，且t-test（$p<0.05$），判定该点为差异蛋白点。软件扫描添加CE组的2-DE图谱后得到蛋白点1 548个。两组样品对比发现丰度差异大于1.5倍的有7个，差异大于1.2倍的点18个，利用这18个差异点制作柱形图进行丰度对比分析，如图2-26所示，同时使用两个2-DE图谱辅助进行直观分析，如图2-27所示。

从图2-26中可以看出，在MP中添加CE后再氧化，差异点为1564、1994、1836、1892、1981、1811、1975、1799、1598、1376、1353、1772、1800、1755和1535，15个蛋白点的丰度显著下降（$p<0.05$），通过前面的研究可以初步推断这些蛋白可能是肌球蛋白或肌动蛋白等MP主要蛋白的亚基或蛋白碎片，因为它们在不添加CE氧化的条件下大量增加，主要是氧化没

有得到有效控制,使许多蛋白的肽链发生断裂,形成了较多的蛋白碎片或亚基,这一假设还需要后续的质谱鉴定做进一步的支撑。从图 2-26 中可以更直观地看到添加 CE 后方框内的蛋白丰度显著下降。添加 CE 后氧化样品中,丰度显著增加的蛋白点只有 1181、1795 和 1900,从直观图中也可以清晰地看到这些蛋白氧化后强度明显增加,推断这些蛋白可能是构成 MP 结构中天然的、没有被分解的蛋白,由于受到了 CE 的抗氧化保护而得以较完整地存在,这个假设同样需要后续的质谱鉴定做进一步的支撑。将丰度差异大于 1.5 倍的蛋白点作为 CE 作用的典型蛋白进行标记,以待后续质谱鉴定分析。

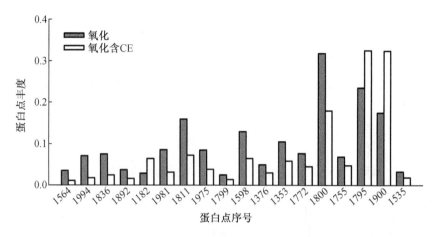

图 2-26　添加 CE 后氧化与氧化 MP 的差异表达蛋白强度对比图谱

注:图中两个处理的差异均为显著性差异($p<0.05$)。

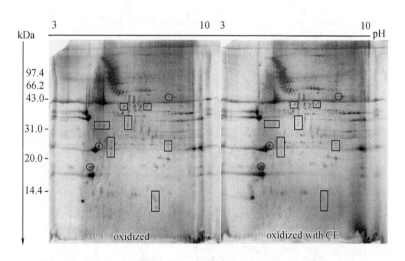

图 2-27　添加 CE 后氧化 MP 与氧化 MP 2-DE 图谱的对比模式图

注:图中方框标记内的点为氧化后丰度减弱肉 MP 蛋白点,圆圈标记内的点为氧化后丰度增强肉 MP 蛋白点。

3. 未氧化猪肉 MP 与添加 CE 后再氧化蛋白的 2-DE 图谱及差异蛋白分析

为了研究添加 CE 是否能够抵消羟自由基氧化对蛋白质带来的影响?是否能够使蛋白的 2-DE 模式还原为未氧化状态?我们将未氧化猪肉 MP 与添加 CE 后再氧化蛋白的 2-DE 图谱也进行了重复性检测和匹配率检测,然后对 2-DE 图谱蛋白点表达差异进行比较分析。两组间同一蛋白点的相对丰度之比大于1.5,且t-test($p<0.05$),判定该点为差异蛋白点。两组样品对比发现丰度差异大于1.5倍的点有12个,远少于未添加CE氧化的20个点,说明CE的添加显著地减少了与未氧化MP差异蛋白的数量;差异大于1.2倍的点25个,也少于未添加CE氧化的27个点。利用这25个差异点制作柱形图进行丰度对比分析,如图2-28所示,同时使用两个2-DE图谱辅助进行直观分析,如图2-29所示,目的是解决上述提出的两个问题。

如图2-28所示,与未氧化MP相比,添加CE后再氧化,差异点为1892、1372、1327、1039、1844、1816、1920、1332、1889、1350、1036、1625、1793、1856、1767、1414, 16个蛋白点的丰度显著下降($p<0.05$)。从图2-28中可以更直观地看到添加CE后再氧化的蛋白丰度显著下降。添加CE后氧化样品中丰度显著增加的蛋白点有1376、1482、1718、1399、1936、1779、1700、1757、1593,从直观图中也可以清晰地看到这些蛋白氧化后强度明显增加。这些结果表明添加CE并不能完全抵消氧化导致的蛋白质变化,但能够最大限度地控制差异蛋白数量的增加。

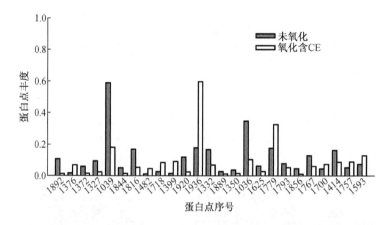

图2-28 添加CE后氧化与新鲜MP的差异表达蛋白强度对比图谱

注:图中两个处理的差异均为显著性差异($p<0.05$)。

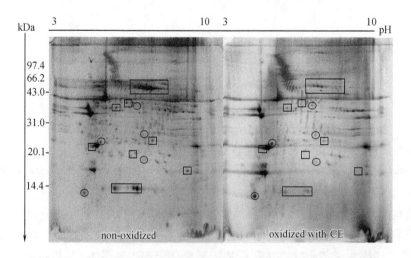

图2-29 添加CE后氧化MP与新鲜MP 2-DE图谱的对比模式图

注:图中方框标记内的点为氧化后丰度减弱的蛋白点,圆圈标记内的点为氧化后丰度增强的蛋白点。

4. 猪肉 MP 氧化及添加 CE 后氧化的差异蛋白点的鉴定与分析

由于本试验的主要目的是找到氧化与未氧化 MP 的差异蛋白，以及添加 CE 对蛋白氧化的影响，因此将这两组对比试验的差异蛋白进行了点鉴定，新鲜肌肉 MP 和添加 CE 后再氧化 3 h MP 的对比组未进行点鉴定。根据上述试验结果，共标记了 27 个蛋白点，但由于考染和银染存在一定的差异，试验共切到了 23 个蛋白点，所以仅用 23 个蛋白点进行了质谱鉴定。这些点包括 942、1417、1398、918、1340、1837、926、1598、1719、1132、1357、1348 和 1599 等氧化后丰度明显增加的点，以及 1846、1348、1436 和 1815 等氧化后丰度显著下降的点。另外，1994、1836、1981、1811、1975 和 1799 等，添加 CE 再氧化后丰度显著下降的点，而添加 CE 再氧化后丰度显著增加的点只切到了一个 1181。由于点 1398、1846、1994、1981 和 1975 的蛋白评分小于 55，鉴定失败，所以表 2 - 12 列出了鉴定成功的蛋白点共计 18 个，鉴定失败的点没有列出。

如图 2 - 30 和表 2 - 10 所示，氧化后丰度明显增加的点 942 和 1340 鉴定为猪肌球蛋白 - 4，即肌球蛋白重链 - 4（MHC - 4），点 1417、1132 和 1357 鉴定为类猪肌球蛋白 - 2（MHC - 2），点 1398 鉴定为猪肌球蛋白 - 1（MHC - 1），这些蛋白都属于猪骨骼肌中肌球蛋白重链的一部分，但前面一维 SDS - PAGE 中，MHC 的含量随氧化程度的增加而减少，与此结果矛盾。断定这些蛋白点并不是完整的 MHC，而是 MHC 断裂后产生的碎片，这些碎片在氧化后大量增加。因此，这 3 类肌球蛋白属于对羟自由基氧化的敏感蛋白，它们的增加可能作为蛋白发生氧化的标记，这与 Inger 等人用二维电泳研究虹鳟鱼蛋白氧化的结果是一致的。点 1837 鉴定为钙调节磷酸酶结合蛋白 - 1（Myozenin - 1），该蛋白是 α - 肌动蛋白素和 γ - 细丝蛋白结合的一种蛋白，存在于骨骼肌的 Z 线上，被氧化后会显著增加，说明氧化可能促进了该蛋白与小的蛋白碎片发生聚合，从而增加了强度。点 926 鉴定为猪肉肌球蛋白连接蛋白 H 亚型 X1。点 1598 和 1599 鉴定为猪 F - 肌动蛋白帽化亚基的 β 异构体 X3，是肌动蛋白结构中的一部分，MP 被氧化后发生了显著的增加。点 1719 鉴定为肌球蛋白重链（MHC）碎片，该蛋白点的增强充分说明了氧化导致了 MHC 肽链的断裂，导致 MHC 碎片的积累，这与经胰凝乳蛋白酶水解后 MP 电泳的结果相一致。氧化后丰度明显下降的点 1815 鉴定为猪热休克蛋白 β - 1，说明该蛋白受羟自由基氧化非常敏感，可作为羟自由基氧化 MP 的标记蛋白。点 1348 和 1436 鉴定为猪 α - 肌动蛋白，这与前面的 SDS - PAGE 的结果是一致的，说明一维电泳只能粗略地分析肌球蛋白和肌动蛋白氧化后的变化，而二维电泳能够将氧化后不同类型蛋白的变化具体化。

如图 2 - 31 和表 2 - 10 所示，添加 CE 后氧化 MP 中，丰度下降明显的蛋白点主要包括 1836 和 1811，鉴定为猪 α - 肌动蛋白，从图 2 - 30 和图 2 - 31 中可以明显地看到，虽然 1348 和 1436 也鉴定为猪 α - 肌动蛋白，但这两个蛋白点的实际分子量远大于点 1836 和 1811 的分子量，表明 1836 和 1811 并不是完整的 α - 肌动蛋白，而是 α - 肌动蛋白产生的碎片，这说明添加 CE 抑制了 α - 肌动蛋白的氧化损失，印证了前面的假设。1799 鉴定为猪肌球蛋白重链 MHC 碎片，这也印证了前面的假设，说明添加 CE 抑制了 MHC 中肽键的氧化断裂，从而降低了 MHC 碎片的氧化积累。添加 CE 后氧化 MP 中丰度显著增加的点很少，只有 1181 一个蛋白点鉴定为猪 β - 烯醇化酶，属于糖酵解途径中的酶类，说明添加 CE 能够保护 β - 烯醇化酶，使其免受氧化作用而损失。鉴定到的 β - 烯醇化酶分子量与实际分子量差异很小,因此确定其为完整的蛋白,而不是 MP 分解产生的碎片。添加 CE 后氧化增加了 β-烯醇化酶的丰度,这进一步印证了前面的假设,即添加 CE 后丰度增加的蛋白可能是完整的蛋白分子,而丰度减少的蛋白可能是 MHC 等产生的碎片蛋白,β-烯醇化酶可作为 CE 控制猪肉 MP 氧化的标记性蛋白。因此,双向电泳的结果也进一步证实了添加 CE 能够通过控制完整蛋白的氧化损失,从而抑制 MHC 等大分子蛋白碎片的增加。

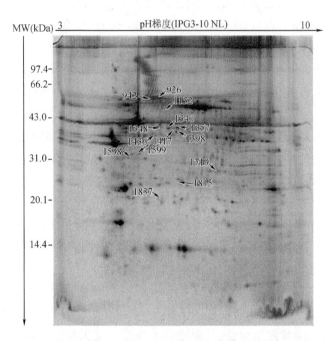

图 2-30 新鲜猪肉 MP 2-DE 图谱及质谱鉴定成功的蛋白点

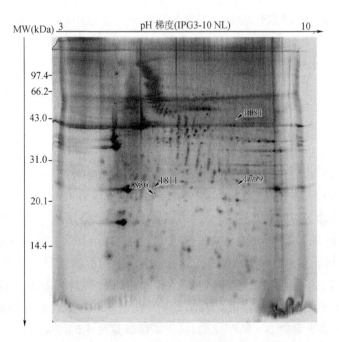

图 2-31 氧化的猪肉 MP 2-DE 图谱及质谱鉴定成功的蛋白点

表 2-10 质谱鉴定成功的蛋白点及相关信息

编号	登录号	蛋白名称	蛋白质得分	蛋白质可信度/%	总离子得分	总离子可信度/%	分子量/Da	等电点	肽段数/个
942	gi|178056718	猪肌球蛋白重链-4	627	100	538	100	224 009.6	5.6	42
1 417	gi|350590896	类猪肌球蛋白重链-2	62	96.741	40	99.052	187 381.7	5.65	21
1 398	gi|157279731	猪肌球蛋白重链-1	454	100	367	100	223 946.9	5.6	40
1 340	gi|178056718	猪肌球蛋白重链-4	392	100	358	100	224 009.6	5.6	34
1 837	gi|68534986	钙调节磷酸酶结合蛋白-1	140	100	119	100	31 647.7	7.86	5
926	gi|545850898	猪肌球蛋白连接蛋白 H 亚型 X1	378	100	314	100	55 854.3	5.75	14
1 598	gi|545833917	F-肌动蛋白帽化亚基的 β 异构体 X3	302	100	214	100	31 572.8	5.34	16
1 719	gi|1431613	肌球蛋白重链碎片	276	100	205	100	25 138.2	6.3	15
1 132	gi|350590896	类猪肌球蛋白重链-2	208	100	142	100	187 381.7	5.65	37
1 357	gi|350590896	类猪肌球蛋白重链-2	609	100	497	100	187 381.7	5.65	44
1 348	gi|268607671	猪 α-肌动蛋白	234	100	174	100	42 366	5.23	12
1 599	gi|545833917	F-肌动蛋白帽化亚基的 β 异构体 X3	304	100	248	100	31 572.8	5.34	10
1 436	gi|268607671	猪 α-肌动蛋白	323	100	269	100	42 366	5.23	12
1 815	gi|155926209	猪热休克蛋白 β-1	327	100	258	100	22 984.7	6.23	11
1 836	gi|268607671	猪 α-肌动蛋白	450	100	382	100	42 366	5.23	13
1 181	gi|113205498	猪 β-烯醇化酶	159	100	77	100	47 442.6	8.05	17
1 811	gi|268607671	猪 α-肌动蛋白	374	100	319	100	42 366	5.23	12
1 799	gi|1431613	猪肌球蛋白重链碎片	229	100	130	100	25 138.2	6.3	17

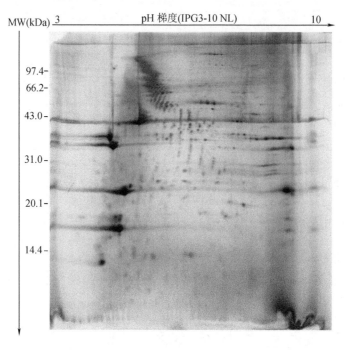

图2-32 添加CE后氧化的猪肉MP2-DE图谱

如图2-33所示的是MHC-4中部分肽段的质谱鉴定结果,可以清晰地发现,羟自由基诱发的MP氧化主要修饰的氨基酸部位为甲硫氨酸(Met)和半胱氨酸(Cys),这种修饰也代表了本试验中其他蛋白残基的修饰方式。氧化后半胱氨酸(Cys)主要形成二硫键,甲硫氨酸(Met)主要形成亚砜甲硫氨酸,这与Park等人采用羟自由基氧化猪肉MP的结果相一致。

Peptide Information										
Calc. Mass	Obsrv. Mass	±da	±ppm	Start Seq.	End Seq.	Sequence	Ion Score	C. I. %	Modification	Rank Result Type
1411.67	1411.7037	0.0337	24	1851	1861	ELTYQTEEDRK				Mascot
1411.67	1411.7037	0.0337	24	1851	1861	ELTYQTEEDRK	36	96.276		Mascot
1416.7151	1416.7451	0.03	21	1680	1691	ANLMQAEIEELR				Mascot
1425.66	1425.7144	0.0544	38	1760	1772	AITDAAMMAEELK			Oxidation (M)[7,8]	Mascot
1432.7101	1432.7336	0.0235	16	1680	1691	ANLMQAEIEELR			Oxidation (M)[4]	Mascot
1432.7101	1432.7336	0.0235	16	1680	1691	ANLMQAEIEELR	38	97.447	Oxidation (M)[4]	Mascot
1446.7305	1446.7473	0.0168	12	697	708	CNGVLEGIRICR			Carbamidomethyl (C)[1,11]	Mascot
1490.7961	1490.8187	0.0226	15	1308	1319	QAFTQQIEELKR				Mascot
1498.7432	1498.7593	0.0161	11	1787	1798	NMEQTVKDLQHR				Mascot
1510.7496	1510.7756	0.026	17	1900	1911	KLQHELEEAEER				Mascot
1515.7761	1515.7991	0.023	15	1702	1714	RVAEQELLDASER				Mascot
1515.7761	1515.7991	0.023	15	1702	1714	RVAEQELLDASER	50	99.86		Mascot
1537.76	1537.7946	0.0346	23	1760	1773	AITDAAMMAEELKK			Oxidation (M)[7]	Mascot
1545.802	1545.8326	0.0306	20	23	35	ERIEAQNKPFDAK				Mascot
1572.8163	1572.8502	0.0339	22	1679	1691	RANLMQAEIEELR				Mascot
1577.7839	1577.8157	0.0318	20	1595	1608	VVESMQSTLDAEIR	71	99.999		Mascot
1577.8251	1577.8157	-0.0094	-6	783	795	LAQLITRTQAMCR			Carbamidomethyl (C)[12], Oxidation (M)[11]	Mascot
1588.8112	1588.8501	0.0389	24	1679	1691	RANLMQAEIEELR			Oxidation (M)[5]	Mascot
1593.7863	1593.8065	0.0202	13	874	886	ELEEKMVALMQEK			Oxidation (M)[6]	Mascot

图2-33 质谱鉴定中MP氧化的主要修饰部位和氨基酸

注:图中方框内标记的是氨基酸的主要修饰方式、氨基酸类型和在肽链中的位置。

四、讨论

近年来,应用蛋白组学手段来研究肉品科学中的问题,呈逐年上升趋势。在肌肉生长发育方面,Doherty 等人发现了鸡胸肉蛋白质组的特性,揭示了生长期存在一些相关的蛋白质,它们在表达水平上存在很大的差异。Bouley 等人利用蛋白质组研究牛骨骼肌的过度生长现象,发现肌肉生长抑制素(myostain)基因中有 11 对碱基缺失,从而导致了 13 种肌肉蛋白发生改变,包括收缩蛋白和代谢蛋白。另外,他们还发现随着肌肉收缩特性的变化,肌肉蛋白的代谢模式也发生了变化。Lametsch 等人研究发现,猪肉的补偿性生长能够改变其肌肉的蛋白质组,这对于了解补偿性生长与蛋白周转变化,以及肉质软化之间的关系有积极贡献。

在宰后肌肉代谢方面,Lametsch 等人最早应用蛋白质组分析了宰后猪肌肉的变化情况。研究采集了刚刚屠宰至宰后 48 h 的肌肉样品,发现这些蛋白质的分子量在 5～200 kW,pH 值介于 4～9,有 15 个蛋白点在宰后发生了显著的变化。Lametsch 等人后来又通过蛋白组学研究了可作为肉品质标记的 20 多种蛋白质,包括肌球蛋白、肌动蛋白、肌钙蛋白 T、丙酮酸激酶、肌激酶和糖原磷酸化酶等。后来的研究发现这些标记蛋白中,肌动蛋白和肌球蛋白重链(MHC)与肌肉的嫩度之间存在极显著的相关性,表明宰后肌动蛋白和肌球蛋白重链的降解会影响肉制品品质。Molette 等人研究发现,宰后火鸡(BUT9)胸肌每隔 20 min,pH 值下降比正常值多下降 0.5 个单位,糖酵解速度较快,从而导致系水力下降,出品率降低,嫩度下降等肉制品质量问题。

在肉制品贮藏加工方面,李学鹏等人在研究中国对虾冷藏过程中新鲜度指示蛋白时,发现腺苷钴啉胺酸合成酶的丰度变化与贮藏时间呈良好线性关系,可以作为中国对虾冷藏过程中的新鲜度指示蛋白。Martinez 等人采用双向电泳技术,鉴定鱼种属和鱼肉组织,分析了北极和热带品种死亡后蛋白质的变化特征,以及某些添加剂在鱼肉加工和贮藏中对蛋白质的影响。Bosworth 等人研究低氧胁迫的斑马鱼肌肉时发现,低氧对 6 个低丰度蛋白产生显著影响,但并未影响蛋白的表达模式。kjærsgård 等人在研究 11 种不同冷冻贮藏条件对鳕鱼肌肉蛋白表达影响时发现,不同冷冻贮藏温度对蛋白质图谱并没有显著的影响,但在不同的冷冻贮藏时间下,肌球蛋白轻链、α-肌动蛋白片段、磷酸丙糖异构酶、醛缩酶 A 等蛋白质的丰度发生了显著变化,从而导致鱼肉质地和特有的风味也发生变化。

本试验中,通过将未氧化猪肉 MP 与添加 CE 后再氧化蛋白的 2-DE 图谱比较分析,可以清晰地发现,添加 CE 显著地抑制了氧化引起的蛋白差异点增加,从未添加 CE 的 20 个点,减少至添加 CE 的 12 个点,说明添加 CE 能够在很大程度上改变羟自由基氧化 MP 的模式,但从差异蛋白数量和单个蛋白丰度对比的差异来看,添加 CE 并不能完全抵消羟自由基对蛋白质的氧化影响,这种添加 CE 控制蛋白氧化的作用模式,并不是 MP 氧化的逆过程,这些结果与前面凝胶电泳的结果是一致的,要确定这些作用模式,尚需要对得到的蛋白点做进一步的鉴定,并对 CE 浓度、氧化时间、H_2O_2 浓度或氧化程度等因素做进一步的研究。

五、结论

研究 CE 对猪肉 MP 氧化结构和功能特性的影响时发现,添加 CE 能够明显地抑制氧化引起的紫外吸收强度下降,说明 CE 对样品中芳香族氨基酸结构的氧化破坏具有保护作用;CD 扫描图谱发现无论是在 210 nm 还是在 220 nm 附近,MP 氧化后添加和未添加 CE 两组样品的 α-螺旋含量均显著下降,但添加 CE 组样品氧化 3 h 和 5 h 后的 α-螺旋含量显著高于未添加 CE 组,这说明 CE 对氧化引起的二级结构破坏起到了很好的保护作用。FTIR 扫描进一步证实了 CE 能够抑制氧化引起的 α-螺旋含量降低,并发现氧化应激使蛋白质二级结构内部发生了"突变",这种"突变"可能在短时间内较大程度地影响蛋白质的二级结构。而 CE 的添加能够明显地抑制这种"突变"的发生。CE 的添加显著地抑制了大粒径蛋白聚集体的产生,SDS-PAGE 中表现为分离胶上部条带变浅,CE 的添加降低了最大热转变温度(T_{max})并提高了焓变(ΔH),提高了凝胶形成能力(G' 和 G''),抑制了氧化导致的凝胶微观组织结构的劣变,并在一定程度上抑制了蛋白热聚集的发生。

第四节 丁香提取物对生肉糜的抗氧化作用

脂质氧化是影响肉及肉制品的质量及可接受性的主要限制因素,它能导致变色、汁液流失(drip loss)及异味的形成,并可能产生有毒的化合物。因此,如何延缓脂肪的氧化一直受到众多学者的关注。添加抗氧化剂是比较有效的方法之一,合成抗氧化剂,如没食子酸丙酯、TBHQ、BHT 及 BHA,能显著抑制肉与肉制品在贮藏过程中的脂质氧化。由于合成类抗氧化剂的安全性存在一些问题,这类抗氧化剂的使用受到限制。本试验通过测定丁香提取物对生肉糜羰基含量、TBARS 值等抗氧化指标,颜色、蒸煮损失、硬度和弹性等品质指标以及感官指标的影响,以探究天然抗氧化剂对肉制品安全品质的影响。

一、试验原料与试剂

1. 主要试验材料

氯化钠、氯化铁、盐酸、氢氧化钠、尿素、乙酸乙酯、氯化钙、磷酸钾、磷酸氢二钠、己二胺四乙酸、过氧化氢、抗坏血酸、浓硫酸、盐酸胍、磷酸二氢钠、碳酸钠、氯仿、2-硫代巴比妥酸、硫酸铜、甲醇、酒石酸钾钠等其他化学试剂均为国产分析纯。

其他主要原料与试剂同表 2-10。

2. 主要试验仪器和设备

同表 2-2 的主要试验仪器和设备。

二、试验设计

将添加量为 0.5 g/kg、1.0 g/kg 的丁香提取物(CE)和 0.1 g/kg 的 PG 添加到生肉糜中,与未添加抗氧化剂的生肉糜做对照。每个处理的样品采用两种包装方式,采用托盘包装4 ℃贮藏标记为a组,研究生肉糜和蛋白在贮藏0 d、4 d、8 d、12 d后的品质变化;采用真空包装4 ℃贮藏记为b组,研究生肉糜和蛋白在贮藏0 d、4 d、8 d、12 d、24 d后的品质变化。主要测定指标如下:

1. 生肉糜的制备

生肉糜的制备按照Jia等人的方法并稍做改动,在4 ℃冷库中进行,基本配方为90%瘦肉、10%脂肪和2%食盐。去除猪背最长肌上的脂肪和筋膜,切成30 mm厚的小块,用绞肉机绞碎。首先将1 800 g瘦肉、200 g脂肪和40 g NaCl混合均匀,分成4等份,分别作为对照组、丁香提取物处理组(2份)和PG处理组。第1份为对照组,不加任何抗氧化剂,在第2~3份肉糜中分别加入0.25 g和0.5 g丁香提取物,使提取物在生肉糜中的最终含量为0.5 g/kg和1.0 g/kg,第4份加入0.05 g PG,使PG在生肉糜中的终含量为0.1 g/kg。将每组生肉糜充分混合均匀,制成50 g的肉饼,直径约7 cm,厚度约1 cm,将4份肉饼放入一个托盘,用保鲜膜封好,4 ℃、日光灯照射贮藏,在4 d、8 d、12 d和24 d时测定色差值、脂肪氧化和蛋白氧化指标等。

2. 生肉糜蛋白羰基含量的测定

羰基含量的测定根据Oliver等人的方法稍做修改,即取1 mL浓度为2 mg/mL的MP溶液置于塑料离心管中,每管中加入1 mL浓度为10 mmol/L的2,4-二硝基苯肼(DNPH),室温下反应1 h,其间每5 min旋涡振荡1次,然后添加1 mL的20%三氯乙酸(TCA),10 000 r/min,离心5 min,弃清液,用1 mL 乙酸乙酯:乙醇(1:1)清洗沉淀3次除去未反应的试剂,加3 mL 6mol/L的盐酸胍溶液,置于37 ℃水浴中保温15 min以溶解沉淀,再以10 000 r/min离心3min后除去不溶物质,所得物在370 nm下测吸光值。用22 000 mol^{-1}·cm^{-1}作为摩尔消光系数计算羰基含量,羰基含量表示为μmol/g MP;蛋白含量用双缩脲法测定,用牛血清蛋白作为标准曲线。

3. 生肉糜硫代巴比妥酸值的测定

硫代巴比妥酸值(thriobarbituric acid reactive substances,TBARS)的测定依据Wang和Xiong的方法,并稍做修改。准确称取2.0 g肉糜样品于试管中,加入1.5 mL硫代巴比妥酸溶液和7.5 mL三氯乙酸-盐酸溶液,混匀后置于沸水浴中反应30 min,然后取出冷却,取5 mL样品加入5 mL氯仿,1 000 r/min离心10 min,于532 nm处读取吸光值。TBARS值以每千克脂质氧化样品中有多少毫克丙二醛表示。计算公式如下:

$$\text{TBARS(mg/kg)} = A_{532}/W \times 9.48$$

式中,A_{532}为溶液的吸光值;W为称量样品的质量(g)。

4. 生肉糜蒸煮损失的测定

肉糜蒸煮损失的测定根据Xia等人的方法进行,精确称取生肉糜50 g,放入100 ℃的沸水中煮制,用热电耦测温仪测量肉样的中心温度,待中心温度达到70 ℃时,将肉样取出冷却后精确称重,煮制损失用煮制前后肉样的质量变化来计算:

$$\text{煮制损失} = \frac{\text{煮制前肉重} - \text{煮制后肉重}}{\text{煮制前肉重}} \times 100\%$$

5. 生肉糜产品品质构特性的测定

根据 Huang 等人的方法进行质构(texture profile analysis, TPA)测试,具体为将生肉糜灌入直径为 2.2 cm 的肠衣中,于 80 ℃加热 30 min 后,采用 P/50 探头,每个肉样做 10 个平行样,取其平均值。质构仪的参数设定:测试前速率为 3 mm/s,测试和返回速率均为 2 mm/s,测定模式为"strain",测试前用高度校正。测试时样品高度压缩到原来高度的 50%。

6. 生肉糜色差的测定

选用色差计反射模式。仪器经自检及调零、标准校正后,将生肉糜试样铺满样品池底部,放置于载样台上进行测量,注意样品池底部不能有空隙。测定时,将样品池沿一个方向旋转 3 次,测定 3 次得到的值为平均值。

7. 生肉糜产品感官指标的测定

参照陈倩的方法,具体方法如下:由本课题组的教师和研究生组成 16 人感官评定小组,男女各半,将待检测生肉糜产品在 100 ℃下蒸制 30 min 后,切成 0.5 cm 的小块进行感官评定。采用双盲法进行检验,即对样品进行秘密编号(本试验采用三位数字随机组合),待测样品也随机化。在评定前首先品尝某样品进行"热身"训练。评定时,评定成员相互不接触、不交流,单独进行,样品品评之前用清水漱口。评定指标包括质地、多汁性、酸败味和总体可接受性。评价指标采用 7 分制。对于质地,1 = 口感粗糙,7 = 口感光滑;对于多汁性,1 = 干燥,7 = 多汁;对于酸败味,1 = 感觉不到,7 = 严重的刺激气味;对于整体接受性,1 = 低,7 = 高。

8. 低场核磁测定生肉糜中水分分布

按照 Aursand 等人的方法,将生肉糜样品置于测定试管中(直径 1.8 cm,高度 18 cm)进行低场核磁水分分布的测定。低场核磁共振分析仪的磁场强度设置为 0.47 T,质子共振频率为 20 MHz。使用 Carr – Purcell – Meiboom – Gill(CPMG)程序测定肉糜内芯中的弛豫时间 T_2。对每一个样品,测定时会自动扫描 16 次,每次扫描重复的时间间隔为 2 s。测定后每个样品的 T_2,采用 CONTIN 软件进行反演,反映出相应样品的弛豫时间(T_{21} 和 T_{22})及峰面积(A_{21} 和 A_{22})。

9. 统计分析

所得数据均为 3 次重复的平均值,结果表示为平均数 ± 标准差。采用 Statistix 8.1 软件包中 Linear Models 程序进行数据统计分析,平均数之间显著性差异($p < 0.05$)分析使用 Tukey HSD 程序,采用 Sigmaplot 9.0 软件作图。

三、结果与分析

1. 丁香提取物对羰基含量的影响

如图 2 – 34 所示,在托盘包装和真空包装条件下,各组生肉糜样品中的羰基含量均随贮藏时间的增加而显著增加($p < 0.05$)。同时,抗氧化剂的添加在不同程度上控制了羰基含量的增加,两组包装中控制羰基增加效果的顺序均为 1.0 g/kg CE > 0.1 g/kg PG > 0.5 g/kg CE。在托盘包装条件下,对照组生肉糜 0 d 的羰基含量为 1.49 nmol/mg 蛋白,贮藏 12 d 后达到 5.32 nmol/mg 蛋白,相同时间下,添加 1.0 g/kg CE、0.1 g/kg PG、0.5 g/kg CE 组样品的羰基含量分别降低了 23.87%、19.4% 和 8.8%,添加 CE 显著地控制了托盘包装中蛋白氧化的速度($p<0.05$)。在真空包装条件下,对照组生肉糜贮藏 24 d 后羰基含量达到 4.45 nmol/mg 蛋白,在相同时间下,添加 1.0 g/kg CE、0.1 g/kg PG、0.5 g/kg CE 组样品的羰基含量分别降低了 20.2%、17.8% 和 13.5%。由此可见,CE 对两种包装下的蛋白羰基,在贮藏中的增加均具有显著的控制作用。通过比较两种包装条件不难发现,真空包装比托盘包装更能延缓羰基含量的增加,这主要是因为托盘包装中 O_2 的存在对蛋白氧化具有一定的促进作用,加速了蛋白氧化的进程。生肉糜在贮藏中产生的促蛋白氧化因子主要是脂肪氧化后产生的过氧化物以及自由基,随着贮藏时间的延长脂肪氧化产物积累增加,使得蛋白质接触氧化因子的机会增多,从而导致了羰基含量的急剧上升。这个结果与前面研究 CE 对单纯 MP 氧化控制的结果基本一致。

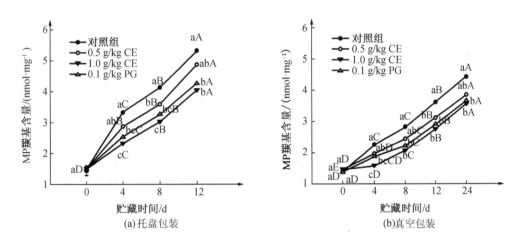

图 2-34 PG 和丁香提取物对生肉糜在冷藏过程中羰基含量的影响

注:字母 a~d,含有相同字母表示同一贮藏时间下,不同处理间差异不显著($p>0.05$),字母完全不同表示差异显著($p<0.05$);字母 A~D,含有相同字母表示同一处理下,不同贮藏时间间差异不显著($p>0.05$),字母完全不同表示差异显著($p<0.05$)。

2. 丁香提取物对 TBARS 值的影响

丙二醛是肉中脂肪氧化最重要的终产物之一,丙二醛与硫代巴比妥酸在一定条件下发生反应产生红色物质,并在 532 nm 处有最大吸收峰,因此,肉品科学研究中常采用测定 TBARS 值的方法表示脂肪受到氧化的程度。如图 2-35 所示,在两种包装条件下,各组生肉糜样品中的 TBARS 值均随贮藏时间的延长,而显著增加($p<0.05$)。同时,抗氧化剂的添加显著地控制了 TBARS 值的增加($p<0.05$),两组包装中控制 TBARS 值增加效果的顺序均为 1.0 g/kg CE > 0.5 g/kg CE > 0.1 g/kg PG。托盘包装中,对照组肉糜 0 d 的 TBARS 值为 0.96 mg MDA/kg 肉,贮藏 12 d 后达到 8.15 mg/kg,在相同时间下,添加 1.0 g/kg CE、0.5 g/kg CE、0.1 g/kg PG 组样品 TBARS 值分别降低了 71.8%、67.5% 和 34.4%,添加 CE 显著地抑制了托盘包装中脂肪氧化的速度($p<0.05$)。在真空包装中,对照组生肉糜贮藏 24 d 后 TBARS 值达到 4.32 mg/kg,在相同时间下,添加 1.0 g/kg CE、0.5 g/kg CE、0.1 g/kg

PG组样品TBARS值分别降低了44.4%、25.7%和14.4%,这些数据表明,CE对两种包装生肉糜贮藏中的脂肪氧化具有显著的抑制作用,并且这种抗氧化作用比0.1 g/kg PG要强。通过比较两种包装条件可以发现,真空包装明显比托盘包装更能延缓贮藏中生肉糜TBARS值的增加,这主要是因为托盘包装中存在游离态的O_2,其对脂肪氧化具有一定的促进作用,从而加速了生肉糜中脂肪氧化的进程,这一结果与Lund等人研究用迷迭香提取物等抗氧化剂,结合无氧包装抑制冷藏牛肉饼中蛋白和脂肪氧化,所得的结论相一致。

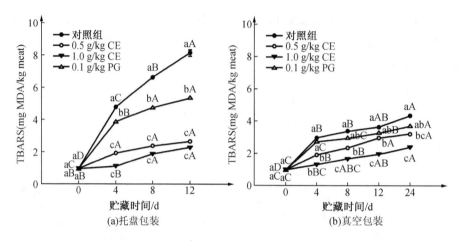

图2-35 PG和丁香提取物对生肉糜在贮藏过程中TBARS值的影响

注:字母a~d,含有字母相同表示同一贮藏时间下,不同处理间差异不显著($p>0.05$),字母完全不同表示差异显著($p<0.05$);字母A~D,含有相同字母表示同一处理下,不同贮藏时间间差异不显著($p>0.05$),字母完全不同表示差异显著($p<0.05$)。

3. 丁香提取物对生肉糜蒸煮损失的影响

蒸煮损失是反映肌肉保水性的一个重要指标。肌肉的保水性不但直接影响肉的滋气味、颜色、多汁性、营养成分和嫩度等食用品质,而且还具有重要的经济意义。通常肉及肉制品的蒸煮损失越大,说明其保水性越差。由图2-36可以看出,各组样品的蒸煮损失均随贮藏时间的延长而显著增加($p<0.05$)。抗氧化剂的添加均能够显著地控制蒸煮损失的增加($p<0.05$),在托盘包装条件下,未添加抗氧化剂生肉糜0 d的蒸煮损失为12.8%,贮藏12 d的蒸煮损失增加了1.59倍,添加0.5 g/kg CE、1.0 g/kg CE和0.1g/kg PG组样品贮藏12 d的蒸煮损失分别增加了1.39倍、1.46倍和1.43倍,显著地控制了蒸煮损失的增加($p<0.05$),但数据显示,三个处理组生肉糜的蒸煮损失之间,并没有显著的差异($p>0.05$),说明这两组CE的添加浓度,对产品的蒸煮损失影响不大。在真空包装条件下,未添加抗氧化剂生肉糜0 d的蒸煮损失为12.5%,贮藏24 d的蒸煮损失增加了1.98倍,添加0.5 g/kg CE、1.0 g/kg CE和0.1 g/kg PG组样品贮藏24 d的蒸煮损失分别增加了1.88、1.56和1.74倍,也显著地控制了蒸煮损失的增加($p<0.05$)。两种包装方式相比较,真空包装的蒸煮损失明显高于托盘包装,这可能是真空包装产生的物理作用所致。

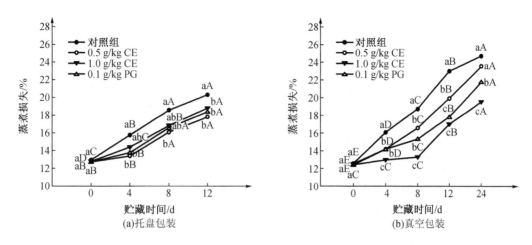

图 2-36 PG 和丁香提取物对肉糜在贮藏过程中蒸煮损失的影响

注：字母 a～d，含有相同字母表示同一贮藏时间下，不同处理间差异不显著（$p>0.05$），字母完全不同表示差异显著（$p<0.05$）；字母 A～D，含有相同字母表示同一处理下，不同贮藏时间间差异不显著（$p>0.05$），字母完全不同表示差异显著（$p<0.05$）。

4. 丁香提取物对生肉糜硬度和弹性的影响

图 2-37 和图 2-38 分别表示的是在托盘包装和真空包装条件下，CE 对猪肉糜产品贮藏中硬度和弹性的影响。如图所示，所有样品的硬度均随贮藏时间的延长而增加，而弹性则随贮藏时间的延长而下降。添加抗氧化剂显著地抑制了肉糜产品硬度的增加和弹性的下降（$p<0.05$）。在托盘包装条件下，0 d 对照组样品的硬度值为 54.3 N，弹性值为 0.93，贮藏 12 d，硬度值增加了 1.62 倍，弹性值下降了 9.68%；添加 1.0 g/kg CE 组样品表现出最好的质构特性，贮藏 12 d，其硬度值增加了 1.22 倍，弹性值下降了 5.91%。在真空包装条件下，0 d 对照组样品的硬度值为 53.2 N，弹性值为 0.93，贮藏 24 d，硬度值增加了 1.74 倍，弹性值下降了 15.05%；与托盘包装相同，添加 1.0 g/kg CE 组样品提高弹性和抑制硬度增加的效果最好，贮藏 24 d 后，其硬度值增加了 1.58 倍，弹性值下降了 10.75%，这些数据说明添加 1.0 g/kg CE 显著地控制了氧化引起的肉糜产品硬度增加和弹性降低，该结果与前面流变学的研究结果相一致，说明 CE 能够有效地控制蛋白氧化引起的结构变化，进而控制凝胶形成的品质。多酚化合物能够抑制蛋白氧化，主要是通过抑制脂肪氧化的发生，也可能是与蛋白分子结合，并与其形成复合物。真空包装条件下的结果与托盘包装基本一致，但真空包装肉糜产品的硬度在相同贮藏期时高于托盘包装，且弹性也小于托盘包装，这可能是真空包装导致的滴水损失增加，使肌纤维内部结构松散，接触氧化因子的表面积增加，易于受到自由基的攻击，从而形成了品质较差的凝胶结构。

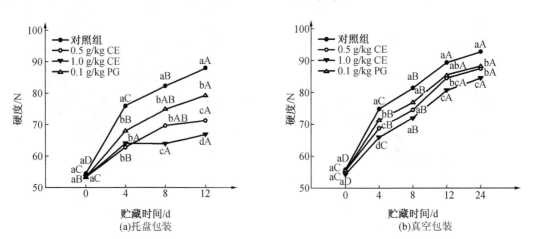

图 2-37　PG 和丁香提取物对肉糜在贮藏过程中硬度的影响

注:字母 a~d,含有相同字母表示同一贮藏时间下,不同处理间差异不显著($p>0.05$),字母完全不同表示差异显著($p<0.05$);字母 A~D,含有相同字母表示同一处理下,不同贮藏时间间差异不显著($p>0.05$),字母完全不同表示差异显著($p<0.05$)。

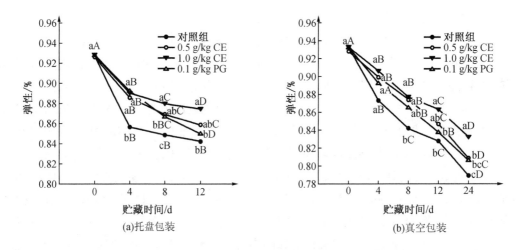

图 2-38　PG 和丁香提取物对肉糜在贮藏过程中弹性的影响

注:字母 a~d,含有相同字母表示同一贮藏时间下,不同处理间差异不显著($p>0.05$),字母完全不同表示差异显著($p<0.05$);字母 A~D,含有相同字母表示同一处理下,不同贮藏时间间差异不显著($p>0.05$),字母完全不同表示差异显著($p<0.05$)。

5. 丁香提取物对生肉糜颜色的影响

肉的颜色对于肉制品品质和消费者的接受性来说至关重要,表 2-11 和表 2-12 分别列出了贮藏在托盘和真空包装条件下,各组生肉糜 L^* 值、a^* 值和 b^* 值的变化。所有样品的 a^* 值均随贮藏时间的延长而下降。在托盘包装 0 d 时,对照组 0.5 g/kg CE、1.0 g/kg CE 和 0.1 g/kg PG 的 a^* 值分别为 16.4,16.5,16.5,16.7;贮藏 12 d 后,各组 a^* 值分别为 10.6, 11.9,12.2,11.3,a^* 值分别下降了 35.37%、27.88%、26.06%、32.33%,添加 0.5 g/kg CE 和 1.0 g/kg CE 显著地抑制了生肉糜颜色的劣变($p<0.05$)。与此相反,L^* 值和 b^* 值随着

贮藏期的延长逐渐增加,抗氧化剂的添加不同程度地抑制了 L^* 值和 b^* 值的增加,以 0.5 g/kg CE 和 1.0 g/kg CE 控制效果最为显著($p<0.05$)。在真空包装条件下,a^* 值也随贮藏时间的延长逐渐下降,但整体的红度值较托盘包装差,这主要是因为真空包装使得生肉糜肉中肌红蛋白无法转化成氧合肌红蛋白的缘故。生肉糜肉颜色的劣变,主要是由于生肉糜中的呈色物质肌红蛋白被氧化,形成高铁肌红蛋白的结果,另外,脂肪的氧化产物与氨发生的非酶褐变反应,也是导致生肉糜颜色变差的一个主要途径。Faustman 提出脂肪氧化的一级产物和二级产物与高铁肌红蛋白的积累呈正相关,说明脂肪氧化也会导致生肉糜颜色的劣变。

表 2-11 PG 和丁香提取物对托盘包装生肉糜在贮藏过程中色差值的影响

托盘包装	贮藏时间/d	色差		
		L^* 值	a^* 值	b^* 值
对照	0	45.4 ± 0.0^{dA}	16.4 ± 0.3^{aA}	9.5 ± 0.4^{dA}
	4	48.6 ± 0.1^{cA}	13.4 ± 0.2^{bB}	11.1 ± 0.1^{cA}
	8	49.7 ± 0.2^{bA}	11.6 ± 0.5^{cB}	12.5 ± 0.1^{bA}
	12	51.6 ± 0.4^{aA}	10.6 ± 0.3^{cB}	13.8 ± 0.1^{aA}
0.5 g/kg CE	0	45.4 ± 0.6^{bA}	16.5 ± 0.3^{aA}	9.8 ± 0.0^{cA}
	4	46.6 ± 0.4^{bC}	14.4 ± 0.2^{bA}	10.0 ± 0.1^{bB}
	8	49.1 ± 0.2^{aA}	12.4 ± 0.3^{cAB}	10.5 ± 0.1^{aC}
	12	49.2 ± 0.2^{aBC}	11.9 ± 0.1^{cA}	10.6 ± 0.0^{aC}
1.0 g/kg CE	0	45.6 ± 0.1^{cA}	16.5 ± 0.4^{aA}	9.5 ± 0.1^{bA}
	4	47.2 ± 0.1^{bBC}	14.4 ± 0.3^{bA}	9.6 ± 0.0^{abC}
	8	48.1 ± 0.1^{aB}	13.7 ± 0.2^{bA}	9.7 ± 0.1^{abD}
	12	48.3 ± 0.1^{aC}	12.2 ± 0.2^{cA}	9.8 ± 0.0^{aD}
0.1 g/kg PG	0	45.3 ± 0.1^{cA}	16.7 ± 0.4^{aA}	9.7 ± 0.1^{dA}
	4	48.1 ± 0.1^{bAB}	$13.6\pm0.2b^{AB}$	10.2 ± 0.1^{cB}
	8	49.5 ± 0.2^{aA}	12.0 ± 0.2^{cB}	11.3 ± 0.1^{bB}
	12	50.0 ± 0.3^{aB}	11.3 ± 0.3^{cAB}	11.7 ± 0.1^{aB}

注:字母 a~d,含有相同字母表示同一处理下,不同贮藏时间间差异不显著($p>0.05$),字母完全不同表示差异显著($p<0.05$);字母 A~D,含有相同字母表示同一贮藏时间下,不同处理间差异不显著($p>0.05$),字母完全不同表示差异显著($p<0.05$)。

表2-12 PG和丁香提取物对真空包装肉糜在冷藏过程中色差值的影响

托盘包装	贮藏时间/d	色差		
		L^* 值	a^* 值	b^* 值
对照	0	41.1±0.3^{dA}	16.7±0.1^{aA}	9.4±0.0^{dA}
	4	45.5±0.3^{cA}	11.4±0.2^{bB}	10.9±0.1^{cA}
	8	46.7±0.3^{bA}	10.1±0.1^{cD}	11.0±0.0^{cA}
	12	48.9±0.1^{aA}	9.3±0.4^{cdC}	11.7±0.1^{bA}
	24	49.6±0.3^{aA}	9.1±0.1^{dB}	12.7±0.2^{aA}
0.5 g/kg CE	0	41.2±0.2^{dA}	16.5±0.3^{aA}	9.5±0.2^{cA}
	4	41.7±0.2^{dC}	11.4±0.2^{bB}	9.9±0.1^{cC}
	8	43.1±0.2^{cB}	11.1±0.2^{bcC}	10.0±0.1^{bcD}
	12	44.9±0.1^{bC}	10.3±0.2^{cdBC}	10.6±0.1^{bB}
	24	46.3±0.1^{aC}	10.1±0.1^{dA}	11.2±0.2^{aB}
1.0 g/kg CE	0	41.4±0.2^{dA}	16.5±0.4^{aA}	9.5±0.1^{dA}
	4	41.7±0.2^{dC}	12.7±0.4^{bA}	10.0±0.0^{cC}
	8	43.7±0.2^{cB}	12.5±0.2^{bA}	10.3±0.0^{bcC}
	12	45.1±0.2^{bC}	11.4±0.1^{cA}	10.7±0.1^{bB}
	24	46.0±0.1^{aC}	10.0±0.1^{dA}	11.2±0.2^{aB}
0.1 g/kg PG	0	41.4±0.3^{eA}	16.6±0.1^{aA}	9.4±0.1^{dA}
	4	44.1±0.1^{dB}	12.7±0.3^{bA}	10.3±0.1^{cB}
	8	45.8±0.2^{cA}	11.8±0.1^{cB}	10.5±0.1^{cB}
	12	46.5±0.0^{bB}	10.3±0.2^{dB}	11.0±0.2^{bB}
	24	48.1±0.1^{aB}	10.1±0.1^{dA}	12.2±0.2^{aA}

注：字母 a~d，含有相同字母表示同一处理下，不同贮藏时间间差异不显著($p>0.05$)，字母完全不同表示差异显著($p<0.05$)；字母 A~D，含有相同字母表示同一贮藏时间下，不同处理间差异不显著($p>0.05$)，字母完全不同表示差异显著($p<0.05$)。

6. 丁香提取物对生肉糜感官指标的影响

CE 对生肉糜产品的感官品质的影响见表 2-13 和表 2-14。从两个表中均可以看出，随着贮藏时间的延长，生肉糜产品的质地、多汁性和整体接受性的分数，均发生了显著的下降($p<0.05$)，酸败味呈显著增加趋势($p<0.05$)。在托盘包装条件下，与新鲜样品相比，贮藏到 12 d 时，就生肉糜产品质地而言，对照样下降了 17.52%、0.5 g/kg CE 组下降了 16.28%、1.0 g/kg CE 组下降了 15.13%、0.1 g/kg PG 组下降了 15.73%，各组样品均变粗糙；这是与生肉糜产品的凝胶性下降的结果相一致；就多汁性而言，对照样下降了 20.98%、0.5 g/kg CE 组下降了 17.95%、1.0 g/kg CE 组下降了 17.85%、0.1 g/kg PG 组下降了 17.32%，肉馅多汁性的下降也会引起肉制品发干、粗糙、缺少滑润感，这个结果与生肉糜产品的凝胶性下降和蒸煮损失增加的结果是一致的；就酸败味来说，对照样增加了 4.5 倍、

0.5 g/kg CE 组增加了 4.3 倍、1.0 g/kg CE 组增加了 3.8 倍、0.1 g/kg PG 组增加了 4.1 倍, 肉制品的酸败味与脂肪氧化的程度(TBARS)密切相关,随着贮藏时间延长肉糜产品中的脂肪逐渐发生氧化,终产物通常包括醛类或酮类物质,这些物质在贮藏中产生酸败味,使评分呈增加趋势;添加 CE 的肉糜产品酸败味分数明显下降,这个结果与 TBARS 的结果相吻合;就整体接受性而言,对照样下降了 20.27%、0.5 g/kg CE 组下降了 18.45%、1.0 g/kg CE 组下降了 16.77%、0.1 g/kg PG 组下降了 18.00%,总体接受性是与质地、多汁性、风味等感官指标密不可分的一个综合性的评价指标,该指标的下降是与质地、多汁性的下降和酸败味增加的变化趋势是一致的。在真空包装条件下贮藏肉糜产品的变化趋势与托盘包装基本相同,但就质地和多汁性来看不如托盘包装评分高,这个结果与质构结果和蒸煮损失结果是一致的,但真空包装显著地抑制了脂肪氧化,使相同贮藏时间的酸败味评分低于托盘包装,这与 TBARS 的结果相一致。

表 2-13 PG 和丁香提取物对托盘包装生肉糜在贮藏过程中感官指标的影响

托盘包装	贮藏时间/d	感官品质			
		质地	多汁性	酸败味	总体接受性
对照	0	6.45 ± 0.11^{aA}	6.34 ± 0.07^{aA}	1.05 ± 0.07^{dA}	6.56 ± 0.04^{aA}
	4	6.24 ± 0.03^{aB}	5.93 ± 0.02^{bB}	1.26 ± 0.05^{cA}	6.04 ± 0.01^{bC}
	8	5.74 ± 0.02^{bC}	5.26 ± 0.03^{cC}	1.74 ± 0.07^{bA}	5.56 ± 0.03^{cC}
	12	5.32 ± 0.01^{cC}	5.01 ± 0.01^{dC}	4.76 ± 0.04^{aA}	5.23 ± 0.01^{dC}
0.5 g/kg CE	0	6.51 ± 0.12^{aA}	6.35 ± 0.03^{aA}	1.05 ± 0.07^{dA}	6.56 ± 0.04^{aA}
	4	6.40 ± 0.07^{aA}	6.01 ± 0.07^{bB}	1.27 ± 0.04^{cA}	6.20 ± 0.07^{bB}
	8	5.91 ± 0.07^{bA}	5.33 ± 0.03^{cBC}	1.66 ± 0.07^{bB}	5.69 ± 0.03^{cB}
	12	5.45 ± 0.04^{cB}	5.21 ± 0.07^{dB}	4.51 ± 0.07^{aB}	5.35 ± 0.03^{dB}
1.0 g/kg CE	0	6.61 ± 0.03^{aA}	6.50 ± 0.04^{aA}	1.05 ± 0.07^{dA}	6.62 ± 0.04^{aA}
	4	6.46 ± 0.04^{bA}	6.17 ± 0.04^{bA}	1.39 ± 0.11^{cA}	6.11 ± 0.01^{bB}
	8	5.94 ± 0.06^{cA}	5.52 ± 0.04^{cA}	1.54 ± 0.02^{bC}	5.91 ± 0.01^{cA}
	12	5.61 ± 0.01^{dA}	5.34 ± 0.01^{cA}	4.03 ± 0.04^{aC}	5.51 ± 0.07^{dA}
0.1 g/kg PG	0	6.55 ± 0.14^{aA}	6.35 ± 0.08^{aA}	1.01 ± 0.07^{dA}	6.61 ± 0.01^{aA}
	4	6.45 ± 0.04^{aA}	6.16 ± 0.06^{aA}	1.21 ± 0.07^{cA}	6.12 ± 0.00^{bB}
	8	5.95 ± 0.04^{bA}	5.44 ± 0.06^{bAB}	1.56 ± 0.03^{bC}	5.84 ± 0.02^{cA}
	12	5.52 ± 0.04^{cAB}	5.25 ± 0.05^{bAB}	4.12 ± 0.03^{aC}	5.42 ± 0.03^{dAB}

注:字母 a~d,含有相同字母表示同一处理下,不同贮藏时间间差异不显著($p>0.05$),字母完全不同表示差异显著($p<0.05$);字母 A~D,含有相同字母表示同一贮藏时间下,不同处理间差异不显著($p>0.05$),字母完全不同表示差异显著($p<0.05$)。

表2-14 PG和丁香提取物对真空包装生肉糜在贮藏过程中感官指标的影响

托盘包装	贮藏时间/d	感官品质			
		质地	多汁性	酸败味	总体接受性
对照	0	6.47±0.16^{aA}	6.34±0.05^{aA}	1.05±0.07^{dA}	6.55±0.04^{aA}
	4	6.22±0.02^{aAB}	6.05±0.06^{bA}	1.22±0.02^{dA}	6.29±0.02^{bB}
	8	5.68±0.08^{bB}	5.57±0.05^{cA}	1.58±0.04^{cA}	5.57±0.04^{cC}
	12	5.35±0.06^{bB}	4.08±0.05^{dB}	2.01±0.08^{bA}	4.81±0.03^{dC}
	24	4.09±0.06^{cB}	3.54±0.05^{eB}	3.44±0.04^{aA}	4.18±0.03^{eC}
0.5 g/kg CE	0	6.54±0.16^{aA}	6.36±0.01^{aA}	1.05±0.07^{eA}	6.57±0.02^{aA}
	4	6.35±0.03^{aA}	6.20±0.04^{aA}	1.12±0.03^{dAB}	6.34±0.04^{bB}
	8	5.82±0.08^{bAB}	5.68±0.08^{bA}	1.51±0.01^{cA}	5.73±0.01^{cB}
	12	5.50±0.05^{bAB}	4.44±0.04^{cA}	1.72±0.02^{bB}	4.97±0.07^{dBC}
	24	4.24±0.05^{cAB}	3.89±0.04^{dA}	3.19±0.07^{aB}	4.34±0.07^{eB}
1.0 g/kg CE	0	6.71±0.01^{aA}	6.51±0.07^{aA}	1.05±0.03^{dA}	6.62±0.04^{aA}
	4	6.01±0.01^{bBC}	6.22±0.11^{aA}	1.11±0.01^{dB}	6.59±0.04^{aA}
	8	6.05±0.06^{bA}	5.74±0.10^{bA}	1.34±0.07^{cB}	5.88±0.07^{bA}
	12	5.59±0.01^{cA}	4.68±0.10^{cA}	1.49±0.02^{bC}	5.20±0.07^{cA}
	24	4.33±0.01^{dA}	4.14±0.09^{dA}	2.71±0.04^{aC}	4.57±0.07^{dA}
0.1 g/kg PG	0	6.55±0.14^{aA}	6.38±0.08^{aA}	1.00±0.07^{eA}	6.61±0.01^{aA}
	4	5.95±0.11^{bC}	6.25±0.07^{aA}	1.12±0.03^{dAB}	6.59±0.01^{aA}
	8	5.87±0.11^{bAB}	5.74±0.10^{bA}	1.41±0.01^{cB}	5.81±0.07^{bAB}
	12	5.43±0.05^{cAB}	4.62±0.07^{cA}	1.63±0.02^{bBC}	5.19±0.08^{cAB}
	24	4.17±0.05^{dAB}	4.08±0.07^{cA}	2.80±0.03^{aC}	4.56±0.09^{dA}

注：字母a~d，含有相同字母表示同一处理下，不同贮藏时间间差异不显著（$p>0.05$），字母完全不同表示差异显著（$p<0.05$）；字母A~D，含有相同字母表示同一贮藏时间下，不同处理间差异不显著（$p>0.05$），字母完全不同表示差异显著（$p<0.05$）。

7. 丁香提取物对肉糜中水分存在状态的影响

低场核磁共振（low field nuclear magnetic resonance，LF-NMR）技术是近年来发展起来的一项测定肉品中水分存在形式和水可移动性的一项新技术。主要通过对纵向弛豫时间T_1（自旋-晶格），横向弛豫时间T_2（自旋-自旋）的测量，反映出质子（1H）的运动性质。在肉品科学研究中，弛豫时间的测量多用T_2表示，因为T_2变化范围比较大，而且T_2比T_1对多种相态的存在更加敏感。它还可以区分不与固体颗粒相互作用或其他溶剂作用的自由水和结晶水，以及结合水和不易流动水，可以反映自由水、不易流动水和结合水之间的化学相态转换。图2-39所示的是0 d各处理组肉糜中水分的存在状态，由图可知，各处理组肉糜水分的结合程度和水分含量，在0 d时均没有显著差异。图2-40和图2-41分别表示的是肉糜在托盘包装和真空包装中贮藏12 d时的水分变化情况。在本试验中，T_2的弛豫特征是在 0.5~1.0 ms（T_{2b}）有一个小峰，在 30.0~63.9 ms（T_{21}）有一个大峰，在 145.4~210.0 ms（T_{22}）再次出现一个小峰，这个弛豫特征与 Bertram 等人研究的结论相一致，3 个特征峰分别对应水的存在形式为结合水、不易流动水和自由水。水分的自由程度可以通过弛豫时间表示（表 2-15），各形式的水分含量采用峰面积表示（表 2-16）。托盘包装贮藏 12 d 后，1.0 g/kg CE 处理组中 T_{21} 弛豫时间显著加快（$p<0.05$），说明添加 1.0 g/kg CE 促进了不易流动水结合程度的增强，同时 T_{21} 峰面积也显著高于其他处理组，说明在添加一定浓度 CE 后贮藏生肉糜的水分可能发生了相态的转化，即从结合水和自由水向不易流动水转化，不易流动水含量的增加通常与肉糜制品的持水性呈正相关，这个结果与蒸煮损失的测定结果是一致的。

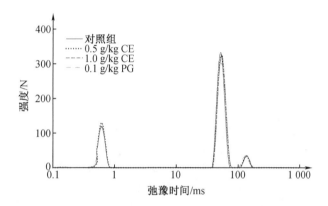

图 2-39　PG 和丁香提取物对新鲜肉糜 T_2 弛豫特性的影响

在真空包装下的各处理组 T_{21} 弛豫时间（ms）差异不显著（$p>0.05$），但各组肉糜的 T_{21} 峰面积间存在差异，结果与在托盘包装下基本一致，说明添加 1.0 g/kg CE 能够提高贮藏期间生肉糜产品中不易流动水的含量，进而能够提高产品的持水性。两种包装条件下，T_{2b} 峰面积之间存在较小的差异，说明贮藏期间各相水之间存在一定的相互转化，但是 T_{2b} 弛豫时间的差异并不显著（$p>0.05$），说明这部分水（结合水）的结合程度并没有发生迁移。1.0 g/kg CE 处理组在两种包装形式下的 T_{22} 弛豫时间显著减小（$p<0.05$），说明这部分水（自由水）的结合程度有所增加，T_{22} 峰面积显著低于对照组（$p<0.05$），说明部分纤维外自由流动的水，转化到了纤维的内部形成了不易流动水。通常 T_{22} 峰面积与肉糜产品持水力之间是呈负相关的，这与蒸煮损失和感官多汁性的结果是一致的。两种包装形式相比较来看，托盘包装的 T_{21} 弛豫时间显著快于真空包装的 T_{21} 弛豫时间，说明贮藏 12 d 时托盘包装中肉糜结合这部分水的强度要优于真空包装，且这部分水分的峰面积也明显大于真空条件下的水分含量，说明在本试验条件下，真空包装在一定程度上促进了水分的流失，这与上述的研究结论是一致的。

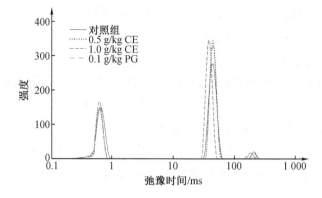

图 2-40 PG 和丁香提取物对托盘包装生肉糜在贮藏 12 d 后 T_2 弛豫特性的影响

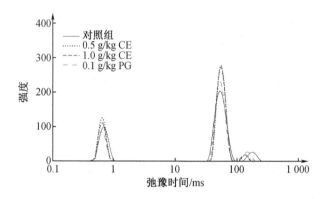

图 2-41 PG 和丁香提取物对真空包装生肉糜在贮藏 12 d 后 T_2 弛豫特性的影响

表 2-15 PG 和丁香提取物对肉糜在贮藏 12 d 后低场核磁弛豫时间(T_2)的影响

包装方式	样品	T_{2b} 弛豫时间/ms	T_{21} 弛豫时间/ms	T_{22} 弛豫时间/ms
托盘包装	对照	0.6 ± 0.3[a]	43.5 ± 0.5[d]	210.0 ± 8.4[a]
	0.5 g/kg CE	0.6 ± 0.2[a]	44.0 ± 0.3[d]	210.0 ± 10.3[a]
	1.0 g/kg CE	0.7 ± 0.3[a]	38.0 ± 0.3[e]	180.0 ± 7.6[c]
	0.1 g/kg PG	0.7 ± 0.2[a]	44.2 ± 0.4[d]	190.0 ± 8.6[b]
真空包装	对照	0.7 ± 0.1[a]	53.0 ± 1.0[ab]	200 ± 10.3[ab]
	0.5 g/kg CE	0.7 ± 0.3[a]	54.5 ± 0.9[a]	150.0 ± 10.0[d]
	1.0 g/kg CE	0.7 ± 0.2[a]	54.2 ± 0.6[a]	150.0 ± 9.0[d]
	0.1 g/kg PG	0.6 ± 0.3[a]	52.5 ± 1.0[ab]	150.0 ± 6.1[d]

注:同一列中字母 a~e 相同表示差异不显著($p > 0.05$),不同表示差异显著($p < 0.05$)。

表 2-16 PG 和丁香提取物对肉糜在冷藏 12 d 后低场核磁弛豫峰面积(T_2)的影响

包装方式	样品	T_{2b}峰面积	T_{21}峰面积	T_{22}峰面积
托盘包装	对照	149.0 ± 5.3^b	277.0 ± 18.0^g	20.0 ± 0.6^c
	0.5 g/kg CE	148.0 ± 10.3^b	344.6 ± 18.9^b	15.0 ± 0.5^e
	1.0 g/kg CE	153.2 ± 5.3^a	346.0 ± 17.1^a	15.0 ± 0.3^e
	0.1 g/kg PG	152.0 ± 6.2^a	327.2 ± 17.6^c	15.0 ± 0.7^e
真空包装	对照	127.5 ± 4.3^d	285.0 ± 17.4^f	33.0 ± 0.7^a
	0.5 g/kg CE	139.3 ± 2.8^c	328.3 ± 15.6^c	19.0 ± 0.5^d
	1.0 g/kg CE	144.5 ± 7.4^b	324.0 ± 14.3^d	18.0 ± 0.6^d
	0.1 g/kg PG	127.0 ± 5.6^d	303.0 ± 10.3^e	31.0 ± 0.5^b

四、讨论

1. 对羰基含量的影响

蛋白质中羰基的形成是蛋白氧化的一个重要标志，羰基含量的测定已经被广泛地用于监测蛋白氧化程度。蛋白发生羰基化通常包括以下四个途径(1)蛋白侧链的 NH2 基团受自由基攻击而氧化；(2)与还原糖反应；(3)肽骨架的断裂；(4)结合非蛋白羰基化合物。Cao 等人发现绿原酸对氧化引起的肌原纤维蛋白羰基增加，具有显著的抑制作用。Jongberg 等人在气调包装条件下，于冷却贮藏的牛肉饼中添加白葡萄提取物发现，提取物显著地抑制了牛肉饼中蛋白羰基含量和 TBARS 值的增加，Jongberg 等人在研究绿茶和迷迭香提取物对 bologna 香肠中蛋白氧化影响时发现，这两种提取物，均能够有效地抑制羰基含量和 TBARS 值的增加。Jia 等人研究了黑加仑提取物在猪肉饼贮藏中的应用，发现黑加仑提取物具有很好的抗氧化作用，并且在肉饼贮藏中，具有较好地控制羰基含量和 TBARS 值增加的作用。上述试验结果与本试验结果基本一致，说明 CE 在肉糜贮藏中能够有效地控制 MP 的氧化。

2. 对 TBARS 值的影响

TBARS 值的增加预示着脂肪氧化程度增大，导致过氧化物增加，自由基对蛋白的攻击性增加，从而导致羰基含量会相应地增加。因此，从这一点上来看，这两个指标是相互影响的。CE 和 PG 的添加可以从控制脂肪氧化的角度出发，从而减少脂肪氧化产物的积累，进而控制了羰基含量的增加，也就抑制了蛋白氧化，Jongberg 等人的研究也证实了这一点。关于植物提取物对贮藏肉与肉制品中 TBARS 值控制的研究，前人已经开展了大量的相关工作，在此不一一列举。

3. 对肉糜蒸煮损失的影响

蒸煮损失是肉品质量的重要指标，它不但影响产品的质构、风味和颜色，而且会影响产品的出品率。在本试验中，蒸煮损失随贮藏时间的延长逐渐增加，这主要是由于肉糜在贮藏期间由于脂肪和蛋白氧化，导致蛋白形成凝胶的特性变差，从而表现出加热后，形成了较松散的三维网状凝胶结构(如前面研究凝胶微观结构中所述),这种凝胶的微观结构粗糙、多空,不利于保持水分。各抗氧化剂处理组能够明显抑制蒸煮损失的增加,主要是它们保护了、形成凝胶空间网络结构的 MP,使其免受氧化因子的攻击,从而保留了较好的凝胶形成能力,这在前面流变学研究中也已阐述。Xia 等人研究了,反复冻融不但会引起猪背最长肌蛋白氧化,而且会增加肌肉的蒸煮损失并提出增加的蒸煮损失,通常与肌球蛋白的变性是分不开的,另外,也可能是氧化引起的蛋白降解,从而弱化了肌原纤维晶格间的作用力所致。

4. 对肉糜硬度和弹性的影响

氧化导致的蛋白聚合,常常会影响肌肉蛋白的凝胶特性,但这种影响的程度取决于氧化的程度:适度的蛋白氧化有益于凝胶网络结构的形成,从而提高蛋白的凝胶特性,但过度氧化则会使蛋白之间过度聚集,从而损害蛋白的凝胶特性。蛋白质凝胶过程中,二硫键的交联起到了至关重要的作用。Ooizumi 提出氧化会使肌球蛋白通过二硫键以轻链 - 轻链模式进行交联,即尾部 - 尾部交联模式。氧化所导致的这种蛋白交联,改变了天然蛋白质形成凝胶的模式,天然蛋白质形成凝胶时,肌球蛋白头部首先聚合,然后尾部继续聚合形成网络结构;但氧化后,肌球蛋白以尾部 - 尾部交联的模式存在,当加热成胶时,这些聚合体直接以头部 - 头部交联的模式进行聚合形成网络结构。这种网络结构的凝胶特性较差。Estevez 等将迷迭香精油添加到法兰克福香肠中,考察其对蛋白氧化的影响,发现迷迭香精油能够抑制蛋白氧化,抑制贮藏中硬度的增加,并能控制贮藏中弹性的下降。这与本试验的结果是一致的。

5. 对肉糜颜色的影响

肉的颜色是肉制品的重要食用指标之一,虽然肉颜色本身并不影响肉的营养和风味,但它是消费者对肉制品质量评价的主要依据。同时,肉的颜色也是肌肉生化和生理学变化的外部表现。前面 TBARS 值结果已经表明,CE 具有显著的抑制脂肪氧化的作用,这可能是由于 CE 中富含多酚化合物的原因,这些物质抑制了脂肪氧化,抑制了红度值的下降,控制了亮度值和黄度值的增加。Yu 等人也发现,蒸煮鸡肉红度值的下降和黄度值的增加与脂肪氧化是相关的。Jia 等人采用黑加仑提取物添加到肉饼中,抑制了红度值的下降,降低了 TBARS 值,这与本试验的结果相一致。Ganhao 等人发现富含花色苷的黑草莓能够增强蒸煮肉饼的颜色,其他包含较少花色苷的水果,对肉的颜色没有影响,许多富含多酚的提取物均被报道过,对冷藏肉饼的颜色变化具有抑制作用,如芥菜提取物、鳄梨果皮和种子。本试验中真空包装多汁性较差、质地不好,但酸败味较少,总体接受性不如托盘包装。

6. 对肉糜感官指标的影响

感官指标是评价肉制品品质的最直观指标,它决定着消费者对肉制品的购买意向。Jongberg 等人研究了白葡萄提取物对冷藏牛肉饼感官品质的影响,发现白葡萄提取物能够显著地抑制贮藏中酸败味和 TBARS 值的增加。本试验结果表明,添加抗氧化剂能够有效地控制托盘和真空包装中肉糜产品感官品质的劣变,尤其对 1.0 g/kg CE 添加组的作用最为明显,这主要是由于 CE 中含有大量的多酚化合物,这些化合物具有很强的抗氧化作用,能够控制脂肪氧化产生具有酸败味的醛和酮的含量,从而提高了产品的感官品质。

7. 对肉糜中水分存在状态的影响

低场核磁共振法可以测量水分在肉中的分布和移动情况,其在鲜肉中的应用已有许多研究。通过测定肌肉保水性、肉中水质子 T_2 弛豫时间与肌节长度、肌纤维空间的关系来解释不同状态的水在肌原纤维中的位置和移动信息等。在本试验中,各组肉糜样品在贮藏中发生了不同状态水分间的相互转化,托盘包装中,对照组样品的 T_{21} 弛豫时间(ms)显著高于其他未添加抗氧化剂组,这主要是贮藏期间肉糜中的脂肪发生了氧化,从而产生能够攻击蛋白质的自由基,这些自由基能够攻击蛋白质的亲水基团,并能够促使蛋白质疏水基团的外露,从而使蛋白质结合水的能力下降,所以弛豫时间延长,峰面积也相对减小。通常 T_{21} 弛豫时间延长,可以作为肌纤维发生几何变化的指示器,即粗丝和细丝间距离的变化能够显示水分的移动。本试验发现添加 CE 能够有效地抑制蛋白氧化的发生和发展,从而抑制蛋白亲水基团的破坏和疏水基团的外露,延缓了 T_{21} 弛豫时间的延长。李银等人研究发现氧化能引起 MP 凝胶中不易流动水减少,自由水含量增加,并总结了氧化程度与保水性的相关性。这与本试验结论相一致。McDonnell 等人发现了保水性和 T_2 的关系,当保水性下降时,T_{21} 弛豫时间延长,保水性通常与 T_{21} 面积呈正相关,与 T_{22} 面积呈负相关,这与本试验得出的结论是一致的。

五、结论

将 CE 添加到肉糜的应用研究中发现,真空包装和托盘包装中添加 CE 降低了 MP 的羰基含量,降低了肉糜的 TBARS 值、蒸煮损失和酸败味,降低了贮藏中硬度值、L^* 值和 b^* 值的增加;增加了弹性值和 a^* 值,提高了产品的多汁性和总体可接受性;添加 CE 缩短了 T_{21} 弛豫时间,提高了不易流动水的含量。真空包装与托盘包装相比较获得了较低的羰基含量和 TBARS 值,但具有较高的蒸煮损失和较差的肉糜颜色。

本章参考文献

[1] 李春强. 肌原纤维蛋白的氧化程度对谷氨酰胺转移酶催化交联作用的影响及其机理研究[D]. 无锡:江南大学, 2013.

[2] 刘泽龙. 蛋白质氧化对肉及肉制品持水与水合特性的影响机理研究[D]. 无锡:江南大学, 2012.

[3] 李学鹏. 中国对虾冷藏过程中品质评价及新鲜度指示蛋白研究[D]. 杭州:浙江工商大学, 2011.

[4] 陈倩. 微生物发酵对肌肉蛋白和脂质降解作用及风味形成途径的研究[D]. 哈尔滨:东北农业大学, 2015.

[5] 崔旭海. 蛋白氧化引起的乳清蛋白质物理化学性质、结构及功能性变化的研究[D]. 哈尔滨:东北农业大学, 2008.

[6] 卢岩. 适度氧化改善大豆分离蛋白功能特性及其与肌原纤维蛋白互作的研究[D]. 哈尔滨:东北农业大学, 2015.

[7] 李银, 李侠, 张春晖, 等. 羟自由基导致肉类肌原纤维蛋白氧化和凝胶性降低 [J]. 农业工程学报, 2013, 12:286-292.

[8] 陈海华,许时婴,王璋. 亚麻籽胶与盐溶肉蛋白的作用机理的研究[J]. 食品科学,2007,28(4):95-98.

[9] ZHANG H, KONG B, XIONG Y L, et al. Antimicrobial activities of spice extracts against pathogenic and spoilage bacteria in modified atmosphere packaged fresh pork and vacuum packaged ham slices stored at 4 pC [J]. Meat Science, 2009, 81(4): 686-692.

[10] OLIVER C N, AHN B, MOERMAN E J, et al. Age-related changes in oxidized proteins [J]. Journal of Biological Chemistry, 1987, 262(12): 5488.

[11] WELLS J A, WERBER M M, YOUNT R G. Inactivation of myosin subfragment one by cobalt(II)/cobalt(III) phenanthroline complexes. 2. Cobalt chelation of two critical thiol groups [J]. Biochemistry, 1979, 18(22): 4800-4805.

[12] KATOH N, UCHIYAMA H, TSUKAMOTO S, et al. A biochemical study on fish myofibrillar ATPase [J]. Nippon Suisan Gakkaishi, 1977, 43(7): 857-867.

[13] KATO A, NAKAI S. Hydrophobicity determined by a fluorescence probe method and its correlation with surface properties of proteins [J]. Biochimica Et Biophysica Acta, 1980, 624(1): 13-20.

[14] DI SIMPLICIO P, CHEESEMAN K, SLATER T. The reactivity of the SH group of bovine serum albumin with free radicals [J]. Free Radical Research, 1991, 14(4): 253-262.

[15] DAVIES K. Protein damage and degradation by oxygen radicals. I. general aspects [J]. Journal of Biological Chemistry, 1987, 262(20): 9895-9901.

[16] BENJAKUL S, BAUER F. Physicochemical and enzymatic changes of cod muscle proteins subjected to different freeze-thaw cycles [J]. Journal of the Science of Food and Agriculture, 2000, 80(8): 1143-1150.

[17] SUN W, ZHOU F, ZHAO M, et al. Physicochemical changes of myofibrillar proteins during processing of Cantonese sausage in relation to their aggregation behaviour and in vitro digestibility [J]. Food Chemistry, 2011, 129(2): 472-478.

[18] BENJAKUL S, VISESSANGUAN W, ISHIZAKI S, et al. Differences in gelation characteristics of natural actomyosin from two species of bigeye snapper, Priacanthus tayenus and Priacanthus macracanthus [J]. Journal of Food Science, 2001, 66(9): 1311-1318.

[19] XIA X F, KONG B H, XIONG Y L, et al. Decreased gelling and emulsifying properties of myofibrillar protein from repeatedly frozen-thawed porcine longissimus muscle are due to protein denaturation and susceptibility to aggregation [J]. Meat Science, 2010, 85(3): 481-486.

[20] CHEN H S, KONG B H, GUO Y Y, et al. The Effectiveness of cryoprotectants in inhibiting multiple freeze-thaw-induced functional and rheological changes in the

myofibrillar proteins of common carp (Cyprinus carpio) surimi [J]. Food Biophysics, 2013, 8(4): 302 – 310.

[21] CHEN Q X, LIU Q, SUN Q X, et al. Flavour formation from hydrolysis of pork sarcoplasmic protein extract by a unique LAB culture isolated from Harbin dry sausage [J]. Meat Science, 2015, 100:110 – 117.

[22] YAN J X, WAIT R, BERKELMAN T, et al. A modified silver staining protocol for visualization of proteins compatible with matrix-assisted laser desorption/ionization and electrospray ionization-mass spectrometry [J]. Electrophoresis The Official Journal of the International Electrophoresis Society, 2000, 21(17):3666 – 3672.

[23] JIA N, KONG B, LIU Q, et al. Antioxidant activity of black currant (Ribes nigrum L.) extract and its inhibitory effect on lipid and protein oxidation of pork patties during chilled storage [J]. Meat Science, 2012, 91(4): 533 – 539.

[24] XIA X, KONG B, LIU J, et al. Influence of different thawing methods on physicochemical changes and protein oxidation of porcine longissimus muscle [J]. LWT-Food Science and Technology, 2012, 46(1): 280 – 286.

[25] HUANG L, LIU Q, XIA X, et al. Oxidative changes and weakened gelling ability of salt-extracted protein are responsible for textural losses in dumpling meat fillings during frozen storage [J]. Food Chemistry, 2015, 185:459 – 469.

[26] AURSAND I G, LORENA G J, ULF E, et al. Water distribution in brine salted cod (Gadus morhua) and salmon (Salmo salar): a low-field 1H NMR study [J]. Journal of Agricultural and Food Chemistry, 2008, 56(15): 6252 – 6260.

[27] CAO Y, XIONG Y L. Chlorogenic acid-mediated gel formation of oxidatively stressed myofibrillar protein [J]. Food Chemistry, 2015, 180: 235 – 243.

[28] JACKSON M, MANTSCH H H. The use and misuse of FTIR spectroscopy in the determination of protein structure [J]. Critical Reviews in Biochemistry and Molecular Biology, 1995, 30(2): 95 – 120.

[29] OOIZUMI T, XIONG Y L. Identification of cross-linking site(s) of myosin heavy chains in oxidatively stressed chicken myofibrils [J]. Journal of Food Science, 2006, 71(3): C196 – C199.

[30] OOIZUMI T, XIONG Y L. Hydroxyl radical oxidation destabilizes subfragment-1 but not the rod of myosin in chicken myofibrils [J]. Food Chemistry, 2008, 106(2): 661 – 668.

[31] XIONG Y L, BLANCHARD S P, OOIZUMI T, et al. Hydroxyl radical and ferryl-generating systems promote gel network formation of myofibrillar protein [J]. Journal of Food Science, 2010, 75(2): C215 – C221.

[32] XIONG Y L, SRINIVASAN S, LIU G. Modification of Muscle Protein functionality by Antioxidants [J]. Food Proteins and Lipids, 1997(415): 95 – 108.

[33] XIA X F, KONG B H, LIU Q, et al. Physicochemical change and protein oxidation in

porcine longissimus dorsi as influenced by different freeze-thaw cycles [J]. Meat Science, 2009, 83(2): 239 -245.

[34] FAUSTMAN C, SUN Q, MANCINI R, et al. Myoglobin and lipid oxidation interactions: Mechanistic bases and control[J]. Meat Science, 2001,86(1): 86 -94.

[35] BENJAKUL S, VISESSANGUAN W, THONGKAEW C, et al. Comparative study on physicochemical changes of muscle proteins from some tropical fish during frozen storage [J]. Food Research International, 2003, 36(8): 787 -795.

[36] BUTTKUS, H. on the nature of the chemical and physical bonds which contribute to some structural properties of protein foods: a hypothesis[J]. Journal of Food Science, 1974, 39(3): 484 -489.

[37] SUN W, ZHOU F, SUN D W, et al. Effect of oxidation on the emulsifying properties of myofibrillar proteins [J]. Food and bioprocess technology, 2012, 6(7): 1703 -1712.

[38] WU X, WU H, LIU M, et al. Analysis of binding interaction between (-)-epigallocatechin (EGC) and β-lactoglobulin by multi-spectroscopic method [J]. Spectrochimica Acta Part A Molecular and biomolecular Spectroscopy, 2011, 82(1): 164 -168.

[39] KROLL J, HARSHADRAI M R, ROHN S. Reactions of plant phenolics with food proteins and enzymes under special consideration of covalent bonds [J]. Food Science and Technology Research, 2003, 9(3): 205 -218.

[40] KANG J, YUAN L, XIE M X, et al. Interactions of human serum albumin with chlorogenic acid and ferulic acid [J]. Biochimica and Biophysica Acta (BBA) -General Subjects, 2004, 1674(2): 205 -214.

[41] SUN W, CUI C, ZHAO M, et al. Effect of composition and oxidation of proteins on their solubility, aggregation and proteolytic susceptibility during processing of Cantonese sausage [J]. Food Chemistry, 2011, 124: 336 -341.

[42] SCHMITT C, BOVAY C, ROUVET M, et al. Whey protein soluble aggregates from heating with NaCl: Physicochemical, interfacial, and foaming properties [J]. Langmuir: The Acs Journal of Surfaces and Colloids, 2007, 23(8): 4155 -4166.

[43] KONG B H, XIONG Y L, CUI X H, et al. Hydroxyl Radical-Stressed Whey Protein Isolate: Chemical and Structural Properties [J]. Food and Bioprocess Technology, 2013, 6(1):169 -176.

[44] XIONG Y L, DONKEUN P, TOORU O. Variation in the cross-linking pattern of porcine myofibrillar protein exposed to three oxidative environments [J]. Journal of Agricultural and Food Chemistry, 2009, 57(1): 153 -159.

[45] DOHERTY M K, MCLEAN L, HAYTER J R, et al. The proteome of chicken skeletal muscle: Changes in soluble protein expression during growth in a layer strain [J]. Proteomics, 2004, 4(7): 2082 -2093.

［46］ BOULEY J, MEUNIER B, CHAMBON C, et al. Proteomic analysis of bovine skeletal muscle hypertrophy ［J］. Proteomics, 2005, 5(2): 490-500.

［47］ LAMETSCH R, KRISTENSEN L, LARSEN M R, et al. Changes in the muscle proteome after compensatory growth in pigs ［J］. Journal of Animal Science, 2006, 84(4): 918-924.

［48］ LAMETSCH R, BENDIXEN E. Proteome analysis applied to meat science: characterizing postmortem changes in porcine muscle ［J］. Journal of Agricultural and Food Chemistry, 2001, 49(10): 4531-4537.

［49］ LAMETSCH R, ROEPSTORFF P, BENDIXEN E. Identification of protein degradation during post-mortem storage of pig meat ［J］. Journal of Agricultural and Food Chemistry, 2002, 50(20): 5508-5512.

［50］ MOLETTE C, RÉMIGNON H, BABILÉ R. Modification of glycolyzing enzymes lowers meat quality of turkey ［J］. Poultry Science, 2005, 84(1): 119-127.

［51］ MARTINEZ I, JAKOBSEN F T, CARECHE M. Post mortem muscle protein degradation during ice-storage of Arctic (Pandalus borealis) and tropical (Penaeus japonicus and Penaeus monodon) shrimps: a comparative electrophoretic and immunological ［J］. Journal of the Science of Food & Agriculture, 2001, 81(12): 1199-1208.

［52］ BOSWORTH C A, CHOU C W, COLE R B, et al. Protein expression patterns in zebrafish skeletal muscle: initial characterization and the effects of hypoxic exposure ［J］. Proteomics, 2005, 5(5): 1362-1371.

［53］ KJAERSGARD I V, NORRELYKKE M R, JESSEN F, et al. Changes in cod muscle proteins during frozen storage revealed by proteome analysis and multivariate data analysis ［J］. Proteomics, 2006, 6(5): 1606-1618.

［54］ YU L H, LEE E S, JEONG J Y, et al. Effects of thawing temperature on the physicochemical properties of pre-rigor frozen chicken breast and leg muscles ［J］. Meat Science, 2005, 71(2): 375-382.

［55］ MCDONNELL C, ALLEN P, DUGGAN E. The effect of salt and fibre direction on water dynamics, distribution and mobility in pork muscle: a low field NMR study ［J］. Meat Science, 2013, 95(1): 51-58.

第三章　北方酱牛肉品质提升的关键技术

北方酱牛肉是一种以牛肉为主要原料，经过多种调味料的腌制而制成的一种肉制品，由于北方酱牛肉有补中益气、滋养脾胃、强健筋骨、化痰息风、止渴止涎的功效，消费者对其的需求量也越来越高。传统肉制品在制作过程中存在着一系列的问题，如目前传统的肉制品存在出品率低、品质指标难以控制等问题。现如今人们对传统肉制品的期望也愈来愈高，人们的思想也向卫生、营养、安全、高品质发展，由单一简单地追求量转变为质和量并重，传统肉制品品质改善和标准化生产可以为消费者提供更多的高档次肉制品，使资源优势转化为产业优势、产品优势。我们将根据市场需求、政策导向等，对北方酱牛肉工艺、品质进行改善。

本章拟采用预煮、蒸煮、滚揉腌制等工艺相结合的方式对五香酱牛肉产品质量进行优化控制。通过考察成品蒸煮损失率、产品出品率、嫩度、色差、感官特性等品质评定指标，以确定北方酱牛肉工业化生产配方和技术参数；分析贮藏过程感官特性、氧化变化和微生物含量情况的变化规律，以期解决五香酱牛肉在加工和生产过程中存在的基础理论研究薄弱、安全控制水平较低、产品档次低等瓶颈问题。为五香酱牛肉低温肉制品的生产、贮藏和销售过程中的质量保障提供理论依据和技术支持。

第一节　五香酱牛肉工艺研究

肉制品对于人们健康以及整个食品行业来说至关重要，探索其在工艺处理中各种技术手段对肉品质的影响变化，是肉行业中的关键技术点。肉制品的加工工艺对其出品率、蒸煮损失、水分含量有一定的影响，预煮时间、蒸煮温度与时间、滚肉时间，以及品质改良剂都会影响其品质，预煮时间、蒸煮时间与温度只有在一定的范围内才会使产品的出品率上升。通过分析五香牛前腱的滚揉腌制工艺、预煮工艺、蒸煮工艺，以改善牛前腱产品的色泽、嫩度、持水性，并提高产品的出品率，为高品质牛肉制品工业化生产提供理论依据。蒸煮方法和蒸煮过程的温度影响产品的蒸煮损失和颜色变化，传统的高温蒸煮会造成肉质差、营养物质流失严重、出品率低，对于牛肉来说，蒸煮温度或时间不足会导致牛肉剪切力大。实际上，低温长时间蒸煮会获得较好的出品率和品质特性。本着低添加的思想，通过研究腌制及蒸煮工艺，结合相关品质控制，生产出适应市场需求的高品质五香酱牛肉，可以为五香牛肉系列产品的生产及加工提供进一步的理论参考。

一、试验材料

1. 主要试验材料(表 3 – 1)

表 3 – 1　主要试验材料

材料	厂家
牛前腱	大庄园肉业集团有限公司
卡拉胶	青岛德惠海洋生物科技公司
大豆分离蛋白	郑州博研生物科技有限公司
黄原胶	山东阜丰发酵有限公司
食盐	中国盐业集团有限公司
多聚磷酸盐	徐州海成食品添加剂有限公司
亚硝酸钠	天津市福晨化学试剂厂
抗坏血酸钠	郑州拓样实业有限公司
白糖	郑州拓样实业有限公司
葡萄糖	内蒙古阜丰生物科技有限公司
白酒	黑龙江省玉泉酒业有限责任公司
味精	河南莲花健康产业股份有限公司

2. 主要试验仪器(表 3 – 2)

表 3 – 2　主要试验仪器

仪器型号	厂家
TA – XT plus 型质构分析仪	英国 Stable Micro Systems 公司
CAV214C 电子天平	奥豪斯仪器(上海)有限公司
JZC – YTC – 30 电子天平	上海亚津电子科技有限公司
CR – 410 色彩色差计	柯尼卡美能达(中国)投资有限公司
VTS – 42 真空滚揉机	美国 BIRO(必劳)公司
盐水注射器	艾博生物医药(杭州)有限公司
NMI20 – Analyst 低场核磁共振分析仪	上海纽迈电子科技有限公司
CFXB150 – 5M 电饭锅	广东半球实业集团公司
MB45 水分含量测定仪	奥豪斯仪器(上海)有限公司

二、试验设计

1. 工艺研究

取新鲜牛前腱 10 kg,盐水注射加入腌制剂(包括改良剂)并在真空度为 68 KPa 条件下进行真空间歇滚揉工艺,一个周期为工作 15 min,间歇 5 min,滚揉后于 4 ℃左右温度下腌制 24 h,取腌好后的牛前腱进行沸水预煮及后续的蒸煮,最后将熟牛前腱冷却之后进行各项指标的测定,见表 3-3 和表 3-4。

表 3-3　工艺参数水平

	工艺研究			
	预煮时间/min	蒸煮时间/min	蒸煮温度/℃	滚揉时间/min
参数水平	0	180	88	0
	3	195	91	45
	6	210	94	90
	9	225	97	135
	12	240	100	180

表 3-4　复配改良剂优化

配方	卡拉胶/%	黄原胶/%	大豆分离蛋白/%
1	0	0	0
2	0	0.3	1.2
3	0.4	0.3	0
4	0.4	0	1.2
5	0.4	0.3	1.2

2. 出品率测定

将原料肉净重记 W_1,制品净重记 W_2。

$$出品率(\%) = W_2/W_1 \times 100\%$$

3. 蒸煮损失测定

取出腌制好的牛前腱,用滤纸吸去可见的水分或腌制液,称量肉重 W_1,肉煮好之后冷却,用滤纸吸去可见水分,称量肉重 W_2。

$$蒸煮损失(\%) = (W_1 - W_2)/W_1 \times 100\%$$

4. 水分含量测定

取 0.5 g 左右的熟肉样,使用水 MB45 分含量测定仪,按 TARE 键进行称量,完成称量后按 START 键进行水分含量的测定。

5. 色差测定

采用 CR-410 色彩色差计,光源为 D65,以白板校准后,测定样品 L^* 值(明度,反映色泽的亮度),a^* 值(正数代表红色,负数代表绿色),b^* 值(正数代表黄色,负数代表蓝色)。

6. 剪切力测定

根据 Xia 的方法并做适当修改,利用 TA-XT plus 型质构分析仪检测样品的嫩度,采用 HDP/BS 探头进行测定。将熟制后的牛前腱切成 2 cm×2 cm×2 cm 大小的肉块,按照与肉样肌纤维垂直的方向测试其剪切力。程序设定:测试模式压缩;测中速度 1 mm/sec;测后速度 10 mm/sec;目标模式位移,位移 60 mm;触发模式 Button;断裂模式关;停止采集点初始位置。

7. 感官评定

根据 Zhang 等人的方法并做适当修改,五香酱牛肉的感官评定由感官评定小组在感官评价室完成,感官评价小组由 8 位受过培训的人员组成。感官评价的指标包括五香酱牛肉的颜色、风味、组织状态、滋气味和总体可接受性。评价指标采用 7 分制,1=不好,4=较好,7=很好。

8. 核磁共振分析

根据 Bertram 等人的方法并做适当修改,将熟牛前腱修整成 1.5 g 体积约为 2 cm×0.5 cm×0.5 cm 的形状,放入检测管中进行核磁共振检测。核磁共振分析步骤:队列名称选择 Q-FID 即硬脉冲序列,放入标准油样调准中心频率;进入 Q-CPMG 序列设置参数(P_1=15us 90°脉冲宽度,P_2=29us 180°脉冲宽度,NS=16 重复次数)放入样品开始检测;检测结束后保存数据,进入 T_2 反演程序进行批量反演得出弛豫时间的分布情况。

三、试验结果与分析

1. 预煮时间对五香酱牛肉品质的影响

由表 3-5 可知,牛前腱预煮 0 min、3 min、6 min、9 min、12 min 时的出品率分别为 71.64%、73.33%、79.22%、78.36%、68.98%,预煮时间达到 12 min 时,五香酱牛肉出品率呈下降趋势,这可能是预煮时间过长破坏了牛前腱表面的保水结构所致。预煮 6 min 时五香酱牛肉出品率显著高于对照组($p<0.05$),此时的蒸煮损失最低为 36.98%,水分含量最高为 68.71%。牛前腱预煮 6 min 时 a^* 值最大为 14.06($p<0.05$),说明此时牛前腱产品颜色较好,但随着预煮时间延长 a^* 值呈下降趋势。预煮 6 min 时的 L^* 值最大为 58.26($p<0.05$),此时牛前腱的含水量也是最高的,有研究表明牛前腱表面亮度增加与球蛋白变性、水分含量变化、亚铁血红素被取代等因素有关。各处理组与对照组的 b^* 值差异显著($p<0.05$),随着预煮时间的延长 b^* 值逐渐增加,这主要是因为预煮使肌红蛋白结构发生变化所致。

表3-5 预煮时间对五香酱牛肉出品率、蒸煮损失、水分含量和颜色的影响

预煮时间/min	出品率/%	蒸煮损失/%	水分含量/%	颜色		
				L^*	a^*	b^*
0	71.64 ± 1.07[b]	43.94 ± 0.30[a]	59.69 ± 0.64[b]	53.40 ± 0.70[b]	9.71 ± 1.18[b]	0.91 ± 0.05[a]
3	73.33 ± 0.32[b]	43.30 ± 0.55[a]	61.27 ± 1.07[b]	54.50 ± 0.29[b]	10.92 ± 0.86[b]	0.13 ± 0.01[c]
6	79.22 ± 0.78[a]	36.98 ± 0.26[a]	68.71 ± 0.56[a]	58.26 ± 0.48[a]	14.06 ± 0.67[a]	0.44 ± 0.01[b]
9	78.36 ± 0.68[a]	38.43 ± 1.22[b]	67.70 ± 0.57[b]	55.03 ± 0.94[b]	9.77 ± 0.49[b]	0.49 ± 0.02[b]
12	68.98 ± 1.08[c]	44.38 ± 0.61[a]	58.02 ± 0.76[c]	49.71 ± 1.01[c]	9.84 ± 0.54[b]	0.50 ± 0.13[b]

注：同列肩标字母不同表示差异显著（$p < 0.05$）。

由表3-6可知，与处理组相比，对照组颜色评分最低为3.12，这与表3-5中a^*值的结果相一致。预煮9 min时牛前腱的风味评分最高为6.37（$p < 0.05$），对照组的牛前腱组织状态评分最低为3.62（$p < 0.05$），在总体可接受性上，预煮6 min的牛前腱评分最高为5.62。剪切力随着预煮时间的增加，大体上是呈先上升后下降的趋势，在预煮9 min时牛前腱剪切力达到最大值为36.56 N（$p < 0.05$），其大小显著高于预煮0 min和3 min时的牛前腱（$p < 0.05$）。

表3-6 预煮时间对五香酱牛肉感官品质和剪切力的影响

预煮时间/min	感官品质					剪切力/N
	颜色	风味	组织状态	滋气味	总体可接受性	
0	3.12 ± 1.66[b]	4.75 ± 1.03[b]	3.62 ± 0.51[b]	4.75 ± 0.88[a]	3.62 ± 0.74[c]	23.97 ± 2.34[bc]
3	4.37 ± 0.74[ab]	5.12 ± 0.83[b]	4.87 ± 0.64[a]	4.62 ± 0.74[a]	4.75 ± 0.88[abc]	18.83 ± 0.18[c]
6	5.37 ± 0.74[a]	4.87 ± 0.83[b]	4.87 ± 0.64[a]	5.00 ± 1.06[a]	5.62 ± 0.91[a]	35.15 ± 3.34[a]
9	5.25 ± 0.88[ab]	6.37 ± 0.51[a]	4.50 ± 0.75[ab]	5.00 ± 0.92[a]	4.37 ± 0.91[bc]	36.56 ± 3.00[a]
12	5.50 ± 0.75[a]	5.12 ± 0.35[b]	5.12 ± 0.83[a]	5.87 ± 0.99[a]	5.50 ± 0.53[ab]	29.89 ± 2.44[ab]

注：同列肩标字母不同表示差异显著（$p < 0.05$）。

不同预煮时间对五香酱牛肉的T_2弛豫时间分布影响结果见图3-1，横向弛豫时间T_2可分为T_{21}（0~10 ms）、T_{22}（10~100 ms）、T_{23}（100 ms以上）分别对应肌肉中的结合水、不易流动水、自由水，T_2可解释说明水分在肉制品中的存在状态、分布情况和迁移情况。预煮12 min时，牛前腱的T_{22}峰低信号幅度小，T_{23}峰呈现向弛豫时间长的方向移动的趋势，说明此时牛前腱中水分缔合程度弱且自由水逐渐增多，同时影响肉口感。预煮6 min时牛前腱的T_{23}横向弛豫时间呈前移趋势，说明此时水的氢键键能较大。Bertram等人利用LF-NMR分析宰后猪肉中水分分布情况及其保水特性时发现，猪肉内部含有3种明显分布的水分群，同时T_2横向弛豫时间与滴水损失有显著正相关，且相关系数为0.85。

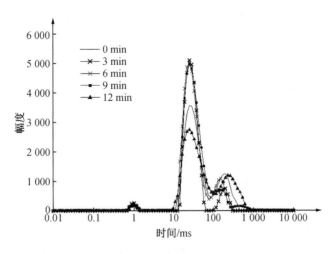

图 3-1 不同预煮时间后五香酱牛肉的 T_2 弛豫时间分布

2. 蒸煮时间对五香酱牛肉品质的影响

由表 3-7 可知,蒸煮时间为 210 min 时五香酱牛肉出品率为 81.29%,其结果显著高于 225 min 和 240 min 处理组($p<0.05$),可见延长蒸煮时间会使五香酱牛肉出品率降低。蒸煮时间为 240 min 时牛前腱的蒸煮损失达到 41.55%,其结果高于其他处理组。亮度 L^* 值与样品的水分含量有关,蒸煮时间为 210 min 时 L^* 值最大为 59.97,此时牛前腱的水分含量为 68.54%,显著高于其他组($p<0.05$)。

表 3-7 蒸煮时间对五香酱牛肉出品率、蒸煮损失、水分含量和颜色的影响

蒸煮时间/min	出品率/%	蒸煮损失/%	水分含量/%	颜色		
				L^*	a^*	b^*
180	78.85 ± 0.09^{ab}	40.09 ± 1.04^{ab}	61.16 ± 0.45^c	52.71 ± 0.95^c	9.27 ± 0.79^b	2.54 ± 0.39^d
195	79.78 ± 1.35^{ab}	39.17 ± 0.62^{bc}	61.49 ± 0.66^{bc}	56.04 ± 0.47^{bc}	8.37 ± 0.28^b	2.44 ± 0.27^{cd}
210	81.29 ± 0.91^a	38.19 ± 0.53^c	68.54 ± 1.25^a	59.97 ± 1.79^a	11.67 ± 1.01^a	1.81 ± 0.19^{bc}
225	78.45 ± 1.07^{bc}	40.48 ± 0.84^{ab}	64.22 ± 1.66^b	54.80 ± 1.75^c	8.50 ± 0.49^b	0.90 ± 0.12^a
240	76.39 ± 0.59^c	41.55 ± 1.92^a	63.48 ± 0.91^{bc}	56.99 ± 0.86^{ab}	10.15 ± 0.49^{ab}	1.71 ± 0.21^b

注:同列肩标字母不同表示差异显著($p<0.05$)。

由表 3-8 可知,蒸煮时间为 240 min 牛前腱的总体可接受性评分最高为 6.37,但此时牛前腱外观组织状态差,这可能是由于消费者倾向选择肉质较嫩的牛前腱产品的原因。蒸煮 180 min 的牛前腱剪切力最大为 55.53 N,蒸煮 195~240 min 时牛前腱剪切力差异不显著($p>0.05$),但是均显著低于蒸煮 180 min 的结果($p<0.05$),这可能是因为随着蒸煮时间的延长,胶原纤维收缩及 MP 中的肌动球蛋白脱水收缩,形成可持水的弹性聚合物使五香酱牛肉嫩度增加,口感较好,并且在相同蒸煮温度条件下,随加热时间的延长,牛前腱肌原纤维小片化指数值总体呈增大的趋势。

表 3-8 蒸煮时间对五香酱牛肉感官品质和剪切力的影响

预煮时间/min	感官品质					剪切力/N
	颜色	风味	组织状态	滋气味	总体可接受性	
180	4.75 ± 0.70^b	5.00 ± 0.92^a	5.25 ± 1.03^{ab}	5.25 ± 0.88^a	4.87 ± 0.83^b	55.53 ± 1.57^a
195	5.12 ± 0.99^{ab}	4.87 ± 1.24^a	5.00 ± 0.92^{ab}	5.62 ± 0.91^a	5.00 ± 0.92^b	29.23 ± 1.07^b
210	5.50 ± 1.30^{ab}	5.75 ± 0.88^a	5.62 ± 0.74^{ab}	5.00 ± 0.92^a	5.50 ± 0.92^{ab}	25.36 ± 3.72^b
225	5.87 ± 0.64^{ab}	6.00 ± 0.92^a	6.00 ± 0.75^a	5.75 ± 1.03^a	5.62 ± 0.74^{ab}	25.32 ± 1.19^b
240	6.12 ± 0.83^a	6.11 ± 0.83^a	4.50 ± 0.75^b	6.25 ± 0.70^a	6.37 ± 0.74^a	24.66 ± 0.90^b

注:同列肩标字母不同表示差异显著($p < 0.05$)。

由图 3-2 可知,图中出现 4 个峰,一般情况下,反演后的弛豫时间分布会出现 2~5 个峰,但代表水分中 3 种不同存在状态的 T_2 及比例基本一致,这种现象与肉品是否是非均一体系相关,体系中不同存在形式的水之间相互转换,会出现不同弛豫特性质子群。蒸煮时间为 195 min 时,T_{23} 的峰高说明自由水较多,不利于提高牛前腱出品率。蒸煮时间为 210 min 时,T_{22} 峰位置较靠左,表明氢质子受束缚程度大,与其他组相比,此时 T_{22} 峰高 T_{23} 峰低且相连程度大,增加转化 T_{22} 的不易流动水使出品率提高。当用低场核磁共振研究猪肉经滚揉、烟熏处理后其水分分布与感官特性之间的关系,发现 T_{21} 与多汁、酸味等特性呈显著相关。

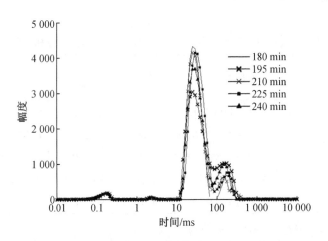

图 3-2 经不同蒸煮时间后五香酱牛肉的 T_2 弛豫时间分布

3. 蒸煮温度对五香酱牛肉品质的影响

由表 3-9 可知,蒸煮温度为 88 ℃、91 ℃、94 ℃、97 ℃、100 ℃时五香酱牛肉的出品率分别为 83.50%、81.32%、79.41%、83.69%、81.93%,蒸煮温度为 94 ℃时牛前腱的出品率与其他组相比最低为 79.41%($p < 0.05$),各组之间蒸煮损失在 36.31% ~ 39.48% 变化,随着加热温度升高,蛋白质变性完全,肌纤维的紧缩程度相当,并且溢出水分变化不大,蒸煮损失呈平稳趋势。蒸煮温度为 97 ℃时 a^* 值最大为 11.87,说明此时牛前腱具有较好的色泽。

表 3-9 蒸煮温度对五香酱牛肉出品率、蒸煮损失、水分含量和颜色的影响

蒸煮温度/℃	出品率/%	蒸煮损失/%	水分含量/%	颜色		
				L^*	a^*	b^*
88	83.50 ± 0.76^a	37.38 ± 1.06^{bc}	63.35 ± 0.47^a	44.96 ± 2.82^b	9.60 ± 0.92^{bc}	0.66 ± 0.03^b
91	81.32 ± 0.64^b	38.63 ± 0.52^{ab}	61.96 ± 1.12^b	58.97 ± 1.68^a	9.19 ± 0.76^c	2.28 ± 0.27^c
94	79.41 ± 0.77^c	39.48 ± 0.73^a	61.59 ± 0.63^b	45.40 ± 2.78^b	11.34 ± 0.52^{ab}	0.47 ± 0.07^{ab}
97	83.69 ± 1.13^a	36.31 ± 1.10^c	64.19 ± 0.40^a	54.70 ± 1.37^a	11.87 ± 0.48^a	0.46 ± 0.01^{ab}
100	81.93 ± 0.87^{ab}	39.33 ± 0.72^a	61.82 ± 0.45^b	48.31 ± 1.44^b	10.91 ± 0.83^{abc}	0.29 ± 0.08^a

注：同列肩标字母不同表示差异显著（$p < 0.05$）。

由表 3-10 可知在 97 ℃ 条件下蒸煮时，牛前腱的颜色及组织状态评分最高分别为 5.25、5.63，其总体可接受性评分最高为 5.62，此时肉剪切力为 29.04 N，嫩度适中。蒸煮温度为 100 ℃ 时牛前腱的风味和滋气味评分最高分别为 5.37、5.62，但是从组织状态的评分中可知当蒸煮温度为 100 ℃ 时牛前腱的组织状态评分最低为 3.87。蒸煮温度为 88 ℃ 时牛前腱剪切力最大为 91.25 N（$p < 0.05$），随着温度的升高剪切力呈下降趋势，这可能是因为随着蒸煮温度的升高，肌束膜和肌内膜的完整性破坏程度加大，肌原纤维结构变得模糊肌肉被逐步降解，故牛前腱的剪切力值呈下降趋势，蒸煮温度为 100 ℃ 时牛前腱剪切力最小为 15.27 N（$p < 0.05$）。

表 3-10 蒸煮温度对五香酱牛肉感官品质和剪切力的影响

预煮时间/min	感官品质					剪切力/N
	颜色	风味	组织状态	滋气味	总体可接受性	
88	4.00 ± 0.92^{bc}	3.75 ± 0.88^b	4.87 ± 0.83^{ab}	4.62 ± 0.74^{ab}	4.25 ± 0.46^b	91.25 ± 4.09^a
91	4.50 ± 0.75^{abc}	4.25 ± 0.88^{ab}	4.62 ± 0.74^{ab}	4.50 ± 0.75^b	4.62 ± 0.51^{ab}	66.55 ± 5.98^b
94	4.62 ± 0.74^{ab}	5.12 ± 0.83^a	5.25 ± 0.46^a	4.87 ± 0.83^{ab}	5.37 ± 1.06^a	38.70 ± 3.14^c
97	5.25 ± 0.46^a	4.75 ± 0.70^{ab}	5.63 ± 0.74^a	5.50 ± 0.53^a	5.62 ± 0.74^a	29.04 ± 2.25^c
100	3.50 ± 0.75^c	5.37 ± 0.74^a	3.87 ± 0.83^b	5.62 ± 0.74^a	4.87 ± 0.83^{ab}	15.27 ± 3.34^d

注：同列肩标字母不同表示差异显著（$p < 0.05$）。

经不同蒸煮温度后五香酱牛肉的弛豫时间分布结果见图 3-3，蒸煮温度为 97 ℃ 时 T_{22} 与 T_{23} 向弛豫时间短的方向移动，说明蒸煮温度为 97 ℃ 时不易流动水呈现向结合水转化及自由水逐渐向不易流动水移动的趋势，水自由度减少缔合程度进一步增加，牛前腱中整体的水分相对结合紧密。蒸煮温度为 88 ℃ 时 T_{22} 与其他处理组相比峰信号强度大不易流动水相应增多，这可能是因为蒸煮温度进一步升高，蛋白质变性程度会呈增大趋势且发生收缩，同时牛前腱中水-蛋白质的氢键结构被破坏，不易流动水含量会进一步减少，导致 T_{22} 峰低信号幅度弱，但是与蒸煮温度 97 ℃ 时相比 88 ℃ 时牛前腱中水缔合程度较弱。

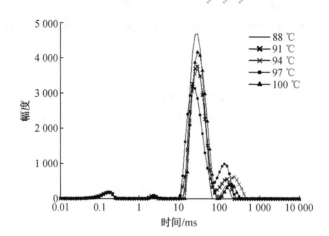

图3-3 经不同蒸煮温度后五香酱牛肉的T_2弛豫时间分布

4. 滚揉时间对五香酱牛肉品质的影响

针对脂肪和蛋白氧化变化带来的不良影响,可采用真空滚揉技术。由表3-11可知,滚揉时间为90 min时产品出品率为83.46%,蒸煮损失最小值为30.46%($p<0.05$),水分含量为67.68%($p<0.05$),一般情况下,蒸煮损失越小,肉制品水分流失越少,成品也具有多汁性,由于产品汁液中包含部分可溶性蛋白,蒸煮损失减少的同时其营养损失也较少,同时产品出品率也相应较高,当滚揉时间达到135 min后,产品出品率开始下降。此结果可能与滚揉工艺有关,在一定合理范围的低温真空间歇滚揉时间内,组织内部的液体及挥发性物质形成了一些蓬松的泡孔,且细胞之间的间距增大,蛋白质结构松散,肌肉蛋白吸收腌制液会变得膨润,降解产生的黏性基质形成三维结构,可将肉制品中自由水固定,提高产品的整体品质。从色差(L^*值、a^*值、b^*值)可知滚揉后肉颜色好,而对照组的a^*值最低为7.51,可见对照组的五香酱牛肉颜色不理想。

表3-11 滚揉时间对五香酱牛肉出品率、蒸煮损失、水分含量和颜色的影响

滚揉时间/min	出品率/%	蒸煮损失/%	水分含量/%	颜色		
				L^*	a^*	b^*
0	80.76 ± 0.65^{ab}	33.65 ± 0.69^{c}	63.40 ± 0.80^{b}	58.58 ± 0.70^{a}	7.51 ± 0.39^{b}	1.31 ± 0.09^{b}
45	79.71 ± 0.76^{b}	34.97 ± 1.59^{bc}	62.96 ± 0.68^{b}	60.40 ± 0.87^{a}	8.44 ± 0.65^{b}	1.29 ± 0.12^{b}
90	83.46 ± 1.47^{a}	30.46 ± 0.67^{d}	67.68 ± 0.57^{a}	58.87 ± 1.35^{a}	11.44 ± 1.10^{a}	0.33 ± 0.08^{a}
135	73.70 ± 1.25^{c}	43.18 ± 1.08^{a}	58.20 ± 0.60^{d}	58.08 ± 1.22^{a}	7.97 ± 0.67^{b}	2.26 ± 0.13^{c}
180	78.47 ± 0.78^{b}	35.43 ± 0.84^{b}	60.94 ± 1.37^{c}	59.09 ± 0.68^{a}	9.30 ± 0.63^{b}	0.56 ± 0.28^{a}

注:同列肩标字母不同表示差异显著($p<0.05$)。

由表3-12可知,对照组的牛前腱组织状态评分最低为4.50,总体可接受性分数最低也为3.87,同时可看出对照组牛前腱的剪切力远远大于40 N,说明其嫩度差,并显著高于其他处理组($p<0.05$)。随着滚揉时间的延长,肉剪切力呈现下降的趋势,滚揉90 min时产品

颜色评分最高为5.62,这与表3-11的a^*值大小相一致。

表3-12 滚揉时间对五香酱牛肉感官品质和剪切力的影响

滚揉时间/min	感官品质					剪切力/N
	颜色	风味	组织状态	滋气味	总体可接受性	
0	4.12±0.64[b]	4.25±0.88[c]	4.50±0.75[b]	4.75±0.88[a]	3.87±0.83[c]	75.99±2.16[a]
45	4.62±0.74[b]	4.87±0.83[abc]	5.12±0.64[ab]	4.62±0.74[a]	4.62±0.74[abc]	44.32±2.91[b]
90	5.62±0.51[a]	5.62±0.74[a]	5.75±0.70[a]	5.75±0.88[a]	5.75±0.88[a]	35.68±1.13[c]
135	4.87±0.64[ab]	5.50±0.53[ab]	5.37±0.51[ab]	5.50±0.75[a]	5.37±0.74[ab]	30.77±2.26[c]
180	4.62±0.74[b]	4.50±0.75[bc]	5.00±0.75[ab]	4.75±0.70[a]	4.50±0.92[bc]	34.62±2.89[c]

注:同列肩标字母不同表示差异显著($p<0.05$)。

由图3-4可知,处理组与对照组相比其T_{22}面积较大T_{23}面积较小,说明当加入滚揉工艺后,自由水会向不易流动水转化,这也就改变了整体的产品品质,使出品率提高及产品具有多汁性口感佳,这种结果可能是因为牛前腱经过真空间歇滚揉后,肌原纤维表面的盐溶性及水溶性蛋白质经过蒸煮后变性发生凝固,在肉制品表层产生一层保护膜,用于保持水分及减少营养损失。

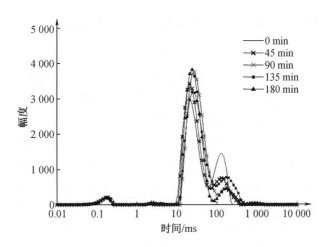

图3-4 经不同滚揉时间后五香酱牛肉的T_2弛豫时间分布

5. 复配改良剂对五香酱牛肉品质的影响

由表3-13可知对照组五香酱牛肉的出品率为72.11%,显著低于其他处理组($p<0.05$),蒸煮损失为44.76%,显著高于各处理组($p<0.05$),且水分含量少,当复配改良剂为配方2与配方4时牛前腱的出品率分别为81.84%和80.63%,但差异不显著($p>0.05$)。由红度值看出复配4的a^*值最高为16.90,说明此时牛前腱颜色好。对照组牛前腱的L^*值与配方3差异不大,但显著低于其他处理组($p<0.05$),各组之间五香牛前腱的b^*值在2.16~3.84呈平缓趋势,变化不大。

表 3-13 复配改良剂对五香酱牛肉出品率、蒸煮损失、水分含量和颜色的影响

配方	出品率/%	蒸煮损失/%	水分含量/%	颜色 L^*	a^*	b^*
1	72.11 ± 0.76^c	44.76 ± 0.80^a	57.70 ± 0.92^c	33.73 ± 1.09^c	13.35 ± 0.34^b	2.33 ± 0.09^b
2	81.84 ± 0.66^a	35.22 ± 0.59^c	62.10 ± 1.64^{ab}	38.06 ± 0.34^b	12.58 ± 0.40^b	2.42 ± 0.39^b
3	76.57 ± 0.53^b	41.76 ± 0.66^b	61.82 ± 1.14^{ab}	33.23 ± 0.63^c	15.49 ± 0.64^a	3.84 ± 0.05^a
4	80.63 ± 1.73^a	33.30 ± 1.12^c	64.60 ± 1.05^a	39.95 ± 1.84^{ab}	16.90 ± 0.77^a	2.16 ± 0.11^b
5	75.88 ± 0.91^b	40.43 ± 1.13^b	60.06 ± 0.14^{bc}	42.04 ± 0.67^a	16.36 ± 0.85^a	2.28 ± 0.23^b

注：同列肩标字母不同表示差异显著（$p<0.05$）。

由表 3-14 可知对照组五香酱牛肉的剪切力最高为 66.45 N（$p<0.05$），同时其组织状态评分最差为 4.25，添加改良剂的各处理组剪切力与对照组相比都有所下降，感官评定过程中添加改良剂的配方 2、配方 3 和配方 5 的组织状态评分分别为 5.25、5.37 和 5.75 均低于配方 4 的评分，这可能是因为这 3 组试验中都添加了黄原胶，它是一种假塑性黏滞流体，呈现明显的剪切稀化作用，黄原胶可降低胶原纤维蛋白形成凝胶的能力，也就降低了产品的硬度，但是在改善嫩度的同时改变了肉制品的组织状态，在五香酱牛肉总体可接受性上配方 4 的评分最高为 5.37，显著高于对照组（$p<0.05$）。

表 3-14 复配改良剂对五香酱牛肉感官品质和剪切力的影响

配方	感官品质 颜色	风味	组织状态	滋气味	总体可接受性	剪切力/N
1	4.87 ± 0.83^a	4.87 ± 0.64^a	4.25 ± 0.46^b	4.25 ± 0.46^a	4.37 ± 0.51^b	66.45 ± 4.94^a
2	5.62 ± 0.51^a	5.12 ± 0.84^a	5.25 ± 0.88^{ab}	5.13 ± 0.83^a	4.87 ± 0.83^{ab}	23.56 ± 2.04^d
3	5.50 ± 0.92^a	5.00 ± 0.75^a	5.37 ± 0.91^a	4.87 ± 0.83^a	5.00 ± 0.75^{ab}	37.73 ± 3.14^b
4	5.37 ± 0.74^a	4.50 ± 0.53^a	6.00 ± 0.75^a	4.62 ± 0.74^a	5.37 ± 0.51^a	33.20 ± 3.28^{bc}
5	4.87 ± 0.64^a	4.62 ± 0.74^a	5.75 ± 0.70^a	4.62 ± 0.74^a	5.25 ± 0.70^{ab}	28.16 ± 2.41^{cd}

注：同列肩标字母不同表示差异显著（$p<0.05$）。

添加不同改良剂后牛前腱的 T_2 弛豫时间分布结果如图 3-5 所示，可见 T_{21} 结合水部分变化很小，说明改良剂对结合水影响不大。可以发现对照组的 T_{22} 的峰面积小且峰信号幅度弱，同时 T_{22} 和 T_{23} 两峰之间相连密切，说明此时不易流动水可能向自由水转化造成 T_{23} 的峰面积增大，使牛前腱持水性下降。各处理组的 T_{22} 的峰信号幅度明显高于对照组，且配方 4 的 T_{22} 峰较高，此时牛前腱中不易流动水也会相应增加，进而影响五香酱牛肉的出品率。

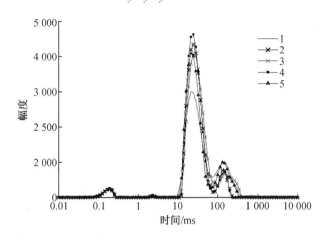

图3-5 添加不同复配改良剂后五香酱牛肉的 T_2 弛豫时间分布

四、讨论

肉制品对于人们健康以及整个食品行业来说至关重要,探索其在工艺处理中各种技术手段对肉品质的影响变化,是肉制品行业中的关键技术点。肉制品的加工工艺对其出品率、蒸煮损失、水分含量有一定的影响,预煮时间、蒸煮温度与时间、滚揉时间,以及品质改良剂都会影响其品质,预煮时间、蒸煮时间与温度只有在一定的范围内才会使产品的出品率得以上升。预煮后会使肉表面形成一层保水结构,预煮时间超过 12 min 会使这层保水结构被破坏,蒸煮时间过长 240 min 或者温度高于 100 ℃,会造成产品的出品率低、多汁性差。肉制品加工中如果加入滚揉工艺,MP 充分吸收腌制液处于膨润状态,使自由水被固定提高产品的整体品质。有研究表明,预煮可以抑制肉氧化的进程。预煮和加热温度过高等不当情况下会造成蒸煮损失,这主要与 MP 的热变性有关,尤其是肌球蛋白重链变化。肉制品的颜色与蒸煮损失、肉制品中成分的浓度有关,还涉及亚铁血红素和其他肉蛋白发生变性氧化、美拉德反应物产生的颜色产物,而其中的美拉德反应物与蒸煮工艺有关。在加工过程中,当改良剂的协同增效作用结合进滚揉腌制过程,卡拉胶、黄原胶、大豆分离蛋白与肉蛋白形成一定的凝胶网络结构,可以进一步优化肉结构,使产品的嫩度及出品率得以改善。与预煮和滚揉组相比,未预煮和未滚揉的肉颜色外观、出品率、肌纤维结构差。肉制品组织结构出品率和蒸煮损失的高低主要由体内的水分含量所决定,而结合核磁共振分析,可以检测出这种水分含量的变化情况,最后结合感官品评可以优化出较好的工艺参数。产品的外观颜色对于肉制品的营养和滋气味没有影响,它是肉制品的贮藏期间品质变化的外部表现,同时也是消费者购买产品的外部影响因素。通过分析五香牛前腱的滚揉腌制工艺、预煮工艺、蒸煮工艺,以改善牛前腱产品的色泽、嫩度、持水性,并提高产品的出品率,为高品质牛肉制品工业化生产提供理论依据。传统的高温蒸煮会造成肉质差、营氧物质流失严重、产品出品率低,对于牛肉来说,蒸煮温度或时间不足会导致牛肉剪切力大。实际上,低温长时间蒸煮会获得较好的出品率和品质特性。本着低添加的思想,通过研究腌制及蒸煮工艺,结合相关品质控制,生产出适应市场需求的高品质五香酱牛肉,可以为五香牛肉系列产品生产及加工提供进一步的理论参考。

五、结论

本试验通过对五香酱牛肉加工过程中滚揉腌制工艺、预煮工艺、蒸煮工艺的研究,从产品的色差、嫩度、水分分布、出品率、感官评定出发,分析得出五香酱牛肉最佳工艺参数为低温真空间歇滚揉时间 90 min,预煮时间 6 min,0.4% 卡拉胶 + 1.2% 大豆分离蛋白复配,97 ℃蒸煮 210 min。在此条件下预煮会使肉表层形成一层较好的保水的结构,滚揉增加了腌制液在肉制品中的扩散,利于腌制肉制品颜色的形成,MP 被提取和溶解在腌制液中,使肉组织中水分缔强度增大,水分的弛豫时间前移,增加肉的保水性。MP 分离增加了蛋白质的溶解性。除了滚揉时间外,蒸煮工艺也影响产品的品质属性,包括感官特性、总体可接受性以及物理化学特性。

第二节　五香酱牛肉工艺正交试验优化

牛肉类产品的嫩度影响着消费者的购买力,在五香酱牛肉加工过程中,蒸煮参数和预煮参数不恰当,会影响产品的颜色、出品率、感官特性等食用品质,还会造成牛肉 MP 的纤维结构崩解,使纤维小片化加大,肉结构致密性减小,肉的嫩度降低到不被消费者感官接受的状态。肌肉蛋白的结构与肉食用品质具有相关性,因为在热处理过程中肌原纤维和胶原纤维之间自由水损失,细胞中的脂肪、蛋白也会发生溶出现象,造成肌浆液的损失,影响产品的口感和风味。滚揉会增加蛋白质的空间结构,如会使肌球蛋白丝和肌动蛋白丝的距离增加,同时蛋白质的交联程度也会改变。滚揉工艺处理,可以加速盐溶性蛋白的提取,改变蛋白组织结构,使蛋白质吸收更多的水分,提高嫩度降低剪切力。滚揉后肉的微孔结构发生改变,滚揉工艺时间的延长会使肌纤维的排列散乱,肌原纤维的粗丝和细丝之间发生分离,肌节被拉长,肌束膜等也会受到外力松散破碎,肌节会发生断裂松弛。因此本试验对五香酱牛肉工艺进行优化。

一、试验材料

1. 主要试验材料(表 3 - 15)

表 3 - 15　主要试验材料

材料	厂家
牛前腱	大庄园肉业集团有限公司
卡拉胶	青岛德惠海洋生物科技公司
大豆分离蛋白	郑州博研生物科技有限公司

表 3–15（续）

材料	厂家
黄原胶	山东阜丰发酵有限公司
食盐	中国盐业集团有限公司
多聚磷酸盐	徐州海成食品添加剂有限公司
亚硝酸钠	天津市福晨化学试剂厂
抗坏血酸钠	郑州拓样实业有限公司
白糖	郑州拓样实业有限公司
葡萄糖	内蒙古阜丰生物科技有限公司
白酒	黑龙江省玉泉酒业有限责任公司
味精	河南莲花健康产业股份有限公司

2. 主要试验仪器

Quanta 200 电子扫描显微镜为美国 FEI 公司；其余主要仪器见表 3–16。

表 3–16　主要试验仪器

仪器型号	厂家
TA–XT plus 型质构分析仪	英国 Stable Micro Systems 公司
CAV214C 电子天平	奥豪斯仪器（上海）有限公司
JZC–YTC–30 电子天平	上海亚津电子科技有限公司
CR–410 色彩色差计	柯尼卡美能达（中国）投资有限公司
VTS–42 真空滚揉机	美国 BIRO 公司
盐水注射器	艾博生物医药（杭州）有限公司
NMI20–Analyst 低场核磁共振分析仪	上海纽迈电子科技有限公司
CFXB150–5M 电饭锅	广东半球实业集团公司
MB45 水分含量测定仪	奥豪斯仪器（上海）有限公司

二、试验设计

1. 试验方法

根据正交试验设计原理进行正交试验，以出品率和感官评定为目标值 Y_1 和 Y_2，以前期试验 3.1 结果为依据将预煮时间（A）、蒸煮时间（B）、蒸煮温度（C）、滚揉时间（D）作为因素进行正交试验，并进行扫描电镜，见表 3–17 和表 3–18。

表 3-17 正交试验因素和水平

水平	试验因素			
	A 预煮时间/min	B 蒸煮时间/h	C 蒸煮温度/℃	D 滚揉时间/min
1	3	195	94	60
2	6	210	97	90
3	9	225	100	120

表 3-18 正交试验设计表

试验号	试验因素			
	A 预煮时间/min	B 蒸煮时间/h	C 蒸煮温度/℃	D 滚揉时间/min
1	1 (3 min)	1 (195 min)	1 (94 ℃)	1 (60 min)
2	1	2 (210 min)	2 (97 ℃)	2 (90 min)
3	1	3 (225 min)	3 (100 ℃)	3 (120 min)
4	2 (6 min)	1	2	3
5	2	2	3	1
6	2	3	1	2
7	3 (9 min)	1	3	2
8	3	2	1	3
9	3	3	2	1

2. 出品率测定

将原料肉净重记 W_1,制品净重记 W_2。

$$出品率(\%) = W_2/W_1 \times 100\%$$

3. 蒸煮损失测定

取出腌制好的牛前腱,用滤纸吸去可见的水分或腌制液,称量肉重 W_1,肉煮好之后冷却,用滤纸吸去可见水分,称量肉重 W_2。

$$蒸煮损失(\%) = (W_1 - W_2)/W_1 \times 100\%$$

4. 水分含量测定

取 0.5 g 左右的熟肉样,使用 MB45 水分含量测定仪,按 TARE 键进行称量,完成称量后按 START 键进行水分含量的测定。

5. 色差测定

采用 CR-410 色彩色差计,光源为 D65,以白板校准后,测定样品 L^* 值(明度,反映色泽的亮度),a^* 值(正数代表红色,负数代表绿色),b^* 值(正数代表黄色,负数代表蓝色)。

6. 剪切力测定

根据 Xia 的方法并做适当修改,利用 TA-XT plus 型质构分析仪检测样品的嫩度,采用 HDP/BS 探头进行测定。将熟制后的牛前腱切成 2 cm×2 cm×2 cm 大小的肉块,按照与肉样肌纤维垂直的方向测试其剪切力。程序设定:测试模式 压缩;测中速度 1 mm/sec;测后速度 10 mm/s;目标模式位移,位移 60 mm;触发模式 Button;断裂模式关;停止采集点初始位置。

7. 感官评定

感官评定参考 Zhang 等人的方法并做适当修改,感官评定由感官评定小组在感官评价室完成,感官评价小组由 8 位受过培训的人员组成。感官评价的指标包括五香酱牛肉的颜色、风味、组织状态、滋气味和总体可接受性。评价指标采用 7 分制,1 分为最低,7 分为最高,总分 35 分。

8. 扫描电镜

将熟肉样用双面刀片切成 2 cm×5 mm 的小条;加入 2.5% pH 值 6.8 的戊二醛并置于 4 ℃冰箱中固定 1.5 h 左右;用 0.1 mol pH 值 6.8 磷酸缓冲溶液冲洗两次,每次 10 min;分别用 50%、70%、90% 的乙醇进行脱水各一次,每次 10 min,100% 乙醇脱水三次,每次 10 min;用 100% 乙醇:叔丁醇 = 1:1 和纯叔丁醇置换各一次,每次 15 min;将样品放在 -20 ℃ 的冰箱冷冻室 30 min,放入 ES-2030 型冷冻干燥仪对样品进行干燥;将样品观察面向上,用导电胶带粘在扫描电镜样品台上;用离子溅射镀膜仪在样品表面镀上一层金属膜;将样品进行扫描电镜观察。

三、结果与分析

1. 不同工艺组合对产品食用品质的影响结果

由表 3-19 可知,试验中处理 5 牛前腱的蒸煮损失最大为 43.25%,与其他试验组相比差异显著($p<0.05$),处理 8 的蒸煮损失最小为 31.68%($p<0.05$)。水分含量的趋势与蒸煮损失的结果相反。其中处理 8 牛前腱的 L^* 值最高为 41.57。由处理 1、处理 4、处理 8 的 a^* 值分别为 22.09、21.31、19.34 可知,产品整体颜色较好,此时处理 1、处理 4、处理 8 牛前腱的含水量分别为 66.43%、66.58% 和 68.21% 显著高于处理 3、处理 5、处理 6、处理 7 和处理 9($p<0.05$),因此 a^* 值的变化可能也与牛前腱持水性有关,水分含量的增大可降低肌肉凝胶的含氧量,使水分子包围的血红蛋白的含量增大,进而导致牛前腱 a^* 值增大。处理 1 牛前腱的 b^* 值最低为 2.47 且与其他各组差异显著($p<0.05$),处理 8 牛前腱的 b^* 值最高为 7.01,这可能是因为受试验中预煮时间和蒸煮温度的影响,与其他各组相比处理 8 的预煮时间为 9 min,长时间预煮会使肌红蛋白结构发生变化影响色泽,蒸煮时牛前腱中的脂肪溶解导致 b^* 值上升,蒸煮温度进一步升高时会使肌肉纤维蛋白变性,收缩程度加大,脂肪被推挤出来,从而使牛前腱的 b^* 值下降。

表 3-19 正交试验中五香酱牛肉的蒸煮损失、水分含量、L^* 值、a^* 值和 b^* 值结果

试验号	蒸煮损失/%	水分含量/%	颜色		
			L^*	a^*	b^*
1	34.56±0.63^e	66.43±0.83^{ab}	36.55±1.71^{cd}	22.09±1.62^a	2.47±0.39^f
2	37.13±0.82^{cd}	64.82±1.07^{bc}	31.35±0.80^f	12.30±0.58^d	4.28±0.24^d

表 3-19（续）

试验号	蒸煮损失/%	水分含量/%	颜色		
			L^*	a^*	b^*
3	40.07 ± 1.12^b	63.00 ± 0.71^{cd}	34.32 ± 0.91^{de}	18.81 ± 1.64^{bc}	6.59 ± 0.19^a
4	35.84 ± 0.52^{de}	66.58 ± 1.04^{ab}	37.36 ± 0.55^{bc}	21.31 ± 0.31^{ab}	6.52 ± 0.18^a
5	43.25 ± 1.02^a	59.28 ± 0.96^e	33.60 ± 0.04^{ef}	16.34 ± 0.03^c	5.09 ± 0.01^c
6	39.69 ± 0.57^b	61.08 ± 0.58^{de}	33.90 ± 0.46^{ef}	16.58 ± 0.14^c	3.92 ± 0.15^{de}
7	39.09 ± 0.67^b	61.18 ± 1.07^{de}	33.93 ± 0.89^e	13.35 ± 1.21^d	3.65 ± 0.15^e
8	31.68 ± 0.63^f	68.21 ± 0.60^a	41.57 ± 1.15^a	19.34 ± 0.15^b	7.01 ± 0.19^a
9	38.54 ± 1.15^{bc}	59.86 ± 0.96^e	39.83 ± 0.44^{ab}	10.93 ± 0.57^d	5.87 ± 0.21^b

注：同列肩标字母不同表示差异显著（$p < 0.05$）。

如图 3-6 所示，处理 1 和处理 6 五香牛前腱的剪切力大于 40 N，显著高于其他处理组（$p < 0.05$），说明此时牛前腱嫩度较差，这可能是因为处理 1 和处理 6 在 94 ℃ 条件下蒸煮温度不足，造成牛前腱组织偏硬。随着蒸煮工艺的进行，胶原纤维发生溶解和凝胶化，对牛前腱起到嫩化作用，而处理 1 的蒸煮时间为 195 min，蒸煮时间最短，从而造成牛前腱嫩度差。处理 8 的蒸煮温度也为 94 ℃，但其滚揉时间为 120 min，显著提高了牛前腱的嫩度。由图 3-6 所示，处理 4 和处理 7 牛前腱的剪切力值低于其他处理组，牛前腱较嫩。

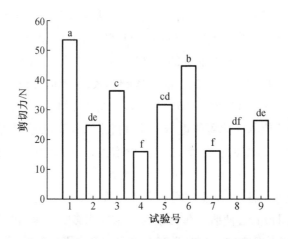

图 3-6 正交试验中剪切力的趋势图（各试验之间字母不同表示差异显著，$p < 0.05$）

由表 3-20 的结果可以看出，五香酱牛肉具有较高出品率的最佳工艺组合为 C1D3A3B1，感官评定的最佳组合为 C2D2A3B3，可知，采用两种目标值的正交试验中只有预煮时间优化出的工艺都为 9 min，而在滚揉时间、蒸煮时间及蒸煮温度上具有不一致性，需结合考虑。由表 3-20 可知，处理 1、处理 4 与处理 8 的出品率最高，分别为 80.59%、80.91%、83.71%，并且感官评定中处理 4 与处理 8 的评分也较高。由表中数据可知，滚揉时间过长及蒸煮温度过高会导致五香酱牛肉出品率下降、口感和组织状态变差，滚揉时间 90 min 时牛前腱整体品质最佳，蒸煮温度和蒸煮时间过低会导致肉感官评分下降，这与图

3-6剪切力分析出的结果相符,同时蒸煮时间过长可能会导致产品出品率降低,故蒸煮温度选为97 ℃,蒸煮时间选为210 min。

表3-20 正交试验方案及结果

试验号		因素				出品率/%	感官评定总分
		A(预煮时间)	B(蒸煮时间)	C(蒸煮温度)	D(滚揉时间)		
1		1(3 min)	1(195 min)	1(94 ℃)	1(60 min)	80.59	23.87
2		1	2(210 min)	2(97 ℃)	2(90 min)	77.60	25.25
3		1	3(225 min)	3(100 ℃)	3(120 min)	74.46	24.50
4		2(6 min)	1	2	3	80.91	25.12
5		2	2	3	1	72.21	23.37
6		2	3	1	2	74.15	26.12
7		3(9 min)	1	3	2	74.23	25.00
8		3	2	1	3	83.71	25.50
9		3	3	2	1	78.85	26.00
出品率	k_1	77.55	78.57	79.48	77.21		
	k_2	75.75	77.84	79.12	75.32		
	k_3	78.93	75.82	73.63	79.69		
	R	3.17	2.75	5.85	4.36		
感官评定	k_1	24.54	24.66	25.16	24.41		
	k_2	24.87	24.70	25.45	25.45		
	k_3	25.50	25.54	24.29	25.04		
	R	0.96	0.87	1.16	1.04		

2. 扫描电镜结果

牛肉的嫩度是其重要食用品质之一,肌纤维的有序结构以及结缔组织对其起到重要作用,而这些组织对肉嫩度的贡献与肉的加工方法有关。结合上述正交试验优化出的最佳工艺参数,进一步探究不同加工条件下牛前腱肌原纤维蛋白和结缔组织(胶原蛋白)结构的变化,以及对产品品质的影响。肌肉中的结缔组织主要以肌外膜、肌束膜、肌内膜形式存在,影响产品嫩度改变的主要是肌束膜。结缔组织对于肉制品嫩度的影响,主要是通过由肌束膜和肌内膜连接的交联结构进行控制。肌束膜和肌内膜出现裂痕、分解成单个胶原纤维、肌内膜蜂窝状结构发生变形以及肌束膜内胶原纤维松散变形,都会使肉制品品质得以改善。

9组处理中的滚揉时间都是经过前期优化过的工艺,如图3-7所示,五香牛前腱整体显示出松散破碎的肌纤维状态,而这种破碎的程度也会影响肉的嫩度。由图3-7肌纤维的微观结构扫描电镜结果可知,处理4与处理7中牛前腱肌纤维组织的破碎程度较大,这可能是因为处理4中的滚揉时间为120 min,造成了组织结构松散,肌纤维完整性丧失、M线和I

带发生弱化和裂解程度大,肉制品嫩度提高,而且处理 4 中蒸煮温度为 97 ℃ 和处理 7 中滚揉时间为 90 min 都已是正交试验优化结果中的参数,图 3-6 剪切力的结果中,处理 4 和处理 7 的剪切力值也是低于其他组,肉质较嫩。处理 1 中肌纤维结构排列整齐,可溶性的肌浆蛋白大部分没有被分解,而此时处理 1 中的工艺参数都不在正交试验优化结果的范围内,造成肉嫩度差,与图 3-6 中剪切力分析的结果一致。

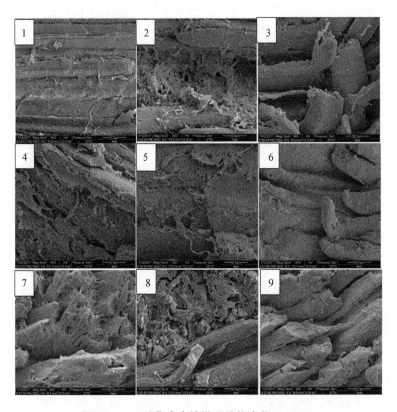

图 3-7 五香酱牛肉的微观结构变化(×500)

由图 3-8 中的处理 4-1 和处理 7-1 的结缔组织状态扫描电镜结果可知,此时筋膜膨松状态较明显,内部出现明显的裂痕及变形,肉制品经热工艺后,胶原纤维结构会被弱化,这与维持结缔组织结构的主要成分-肌间蛋白多糖溶解现象有关,因为它会使其连接肌纤维之间的能力减弱,结缔组织胶原蛋白的溶解使肉得到嫩化,这个结果与图 3-6 中五香牛前腱剪切力的结果相一致。而 1-1 的肌束膜的结构平整、无凸起及颗粒化现象,这可能是因为处理 1 中的工艺预煮时间 3 min、蒸煮时间 195 min、蒸煮温度 94 ℃ 和滚揉时间 60 min 都不是正交试验优化结果中的最佳参数,导致其牛前腱嫩度差。由处理 1-2 和处理 6-2 可以看出,肌束膜和肌内膜结缔组织结构破坏程度尚小,部分胶原纤维凝聚形成片状,这可能是由于处理 1 中各工艺的参数水平与上述优化得到的工艺条件相差较大,而处理 6 的蒸煮温度为 94 ℃,起不到嫩化牛前腱的效果,而 97 ℃ 蒸煮可得到理想的牛前腱产品。处理 3-2、处理 5-2 和处理 9-2 扫描电镜结果中肌束膜和肌内膜松散迹象明显,处理 2-2 和处理 8-2 胶原纤维发生变性和凝胶化现象,同时可以发现处理 7-2 和处理 4-2 肌束膜和肌内膜结构破坏程度严重,肌内膜的蜂窝状结构严重变形,胶原纤维发生凝聚和颗粒化现象,这可能是因为处理 4 中滚揉时间为 120 min 最长、处理 7 中蒸煮温度为 100 ℃ 最高,滚揉时间过长会导致牛前腱组织状态差,而正交试验优化出的滚揉时间正是 90 min。以上现象最终会影响五香酱牛肉产品嫩度及整体工艺品质的变化,加工生产中需严格按照优化工艺进行,保证肉制品品质一致。

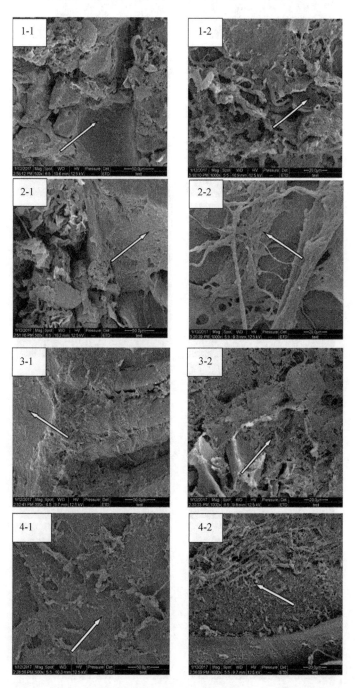

图 3-8 -1 系列为五香酱牛肉结缔组织的微观结构变化(×500); -2 系列为五香酱牛肉胶原纤维微观结构变化(×1000)

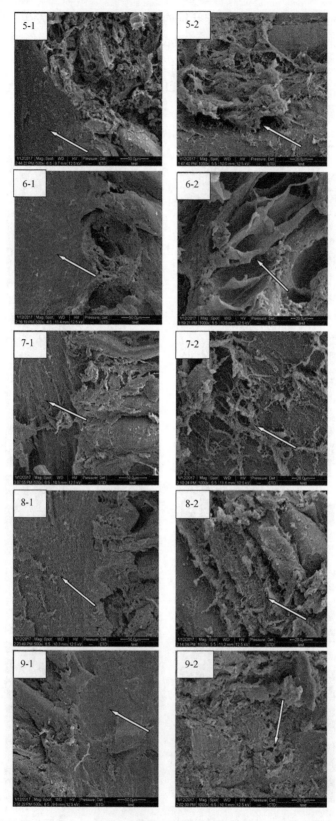

图 3-8(续)

四、讨论

牛肉类产品的嫩度影响着消费者的购买力,五香酱牛肉在加工过程中,蒸煮参数和预煮参数不恰当,会影响产品的颜色、出品率、感官特性等食用品质,还会造成肉制品 MP 的纤维结构崩解,使纤维小片化加大,肉结构致密性减小,肉的嫩度降低到不被消费者感官接受的状态。蒸煮和滚揉工艺会改变肉的微观结构,当肉经腌制及熟制后,胶原纤维会发生变性和凝胶化甚至部分溶化,肌细胞破裂、肌节收缩、肌纤维和肌束间产生较大空隙,蛋白质在胞外发生聚集呈颗粒状,进而影响肉制品品质量。加热过程可以导致 MP 的缩减。肌束膜和肌内膜的崩解和变性、肌原纤维的变性会造成 Z 线的断裂破坏而导致肌肉纤维的缩减。肌肉和肌内膜组织的退化降解会使肌纤维和肌束之间出现缝隙缺口。肉蒸煮过后蛋白质发生热变性,其微观结构会发生明显的变化,这种肌纤维和胶原纤维结构的改变与肉在加工过程中的质地变化关系密切,通过扫描电镜观察可以看出,肉制品加工后,其形成的蛋白质立体网状结构的变化对产品品质、水分含量、咀嚼性至关重要。肌肉蛋白的结构与肉制品食用品质具有相关性,因为在热处理过程中肌原纤维和胶原纤维之间自由水损失,细胞中的脂肪、蛋白也会发生溶出现象,造成肌浆液的损失,影响产品的口感和风味。滚揉会增加蛋白质的空间结构,如会使肌球蛋白丝和肌动蛋白丝的距离增加,同时蛋白质的交联程度也会改变。滚揉工艺处理,可以加速盐溶性蛋白的提取,改变蛋白组织结构,使蛋白质吸收更多的水分,提高嫩度降低剪切力。滚揉后肉制品的微孔结构发生改变,滚揉工艺的延长会使肌纤维的排列散乱,肌原纤维的粗丝和细丝之间发生分离,肌节被拉长,肌束膜等也会受到外力松散破碎,肌节会发生断裂松弛。

五、结论

滚揉过程若控制不当会破坏其微孔结构,造成最终产品的品质变差。通过对五香酱牛肉滚揉腌制工艺、预煮工艺、蒸煮工艺的研究,结合数据分析及正交试验的优化,从产品的颜色、嫩度、出品率、感官评定,以及肌纤维和结缔组织的微观结构分析出最佳工艺参数,与滚揉 60 min、预煮 3 min、94 ℃蒸煮 195 min 相比,在滚揉 90 min、预煮 9 min、97 ℃蒸煮 210 min 条件下加工的五香酱牛肉品质更好,肌纤维的 Z 线发生裂解变性,同时结缔组织主要成分胶原蛋白发生溶解,凝结,肌纤维间隙增大,结缔组织膜受到较大程度破坏,相比较而言,适当的微观结构的变化,肌肉嫩度较佳,五香酱牛肉口感及品质好。

第三节 复合保鲜剂对低温五香牛前腱贮藏品质的影响

任何产品都具有一定的货架期,相对于高温肉制品来说,低温肉制品的加热温度较低,因而它的保质期较短。目前低温肉制品在一定贮藏条件下因前期加工工艺或处理方法不当会使其脂肪蛋白质等成分发生氧化、亚硝酸盐含量超标以及菌落总数过高,甚至导致致癌物质亚硝胺的产生,这些一系列的酱卤类的加工与销售过程中的问题成为食品工业化的热点与焦点。单一的使用一种香辛料往往起不到较好的抑菌和抗氧化的作用,几种恰当的香辛料复合才能起到较好的保鲜作用,0.05%丁香、0.12%肉桂皮、0.03%迷迭香、0.05% Nisin 组合使用对于五香牛前腱中腐败微生物具有特殊的抑菌作用,真空包装肉制品中腐败微生物一般包括乳酸菌、耐热芽孢杆菌、热死环丝菌、假单胞菌、肠杆菌等,致病菌有金黄色葡萄球菌等。因此要研究不同的天然保鲜剂对五香酱牛肉贮藏期间安全品质的影响,可进一步揭示五香酱牛肉在贮藏过程中品质变化的规律及初步机理,并为五香酱牛肉的生产贮藏提供技术指导,也为复合保鲜剂在生产中的应用提供理论参考。

一、试验材料

1. 主要试验材料(表3-21)

表3-21 主要试验材料

材料	厂家
牛前腱	大庄园肉业集团有限公司
乳酸链球菌素	浙江新银象生物工程有限公司
迷迭香	福克斯食品有限公司
肉桂 丁香	大庆市北京华联超市
2-硫代巴比妥酸 BR	国药集团化学试剂有限公司
二丁基羟基甲苯 AR	国药集团化学试剂有限公司
三氯乙酸 AR	天津永晟精细化工有限公司
亚铁氰化钾 AR	沈阳市华东化工厂
乙酸锌 AR	沈阳市华东化工厂
四硼酸钠 AR	天津永晟精细化工有限公司
无水对氨基苯磺酸 AR	沈阳市华东化工厂
N-1-奈乙二胺盐酸盐 AR	辽宁泉瑞试剂有限公司
亚硝酸钠 AR	辽宁泉瑞试剂有限公司
无水硫酸钠 GR	天津市科密欧化学试剂有限公司
二氯甲烷 色谱纯(HPLC)	天津市大茂化学试剂厂
N-亚硝基二甲胺标准品	上海安谱实验科技股份有限公司
碳酸钾 AR	天津永晟精细化工有限公司
硼酸 AR	辽宁泉瑞试剂有限公司
甲基红 AR	沈阳市华东化工厂
溴甲酚绿 AR	沈阳市华东化工厂

2. 主要试验仪器(表 3-22)

表 3-22 主要试验仪器

仪器型号	厂家
SPECORD 210 plus 紫外可见分光光度计	那拿分析仪器(北京)公司
肌肉 pH 测定仪	北京布拉德科技发展有限公司
日本 CR-410 色彩色差计	柯尼卡美能达(中国)投资有限公司
VTS-42 真空滚揉机	美国 BIRO(必劳)公司
GC-2010 气相色谱仪	岛津企业管理(中国)有限公司
TTL-DCII 型氮吹仪	北京同泰联科技发展有限公司
R-210 旋转蒸发仪	瑞士步琪有限公司
5810 R 离心机	德国艾本德公司

二、试验设计

1. 试验方法

取新鲜牛前腱 50 kg,每组 10 kg,盐水注射加入腌制剂并在真空度为 68 kPa 条件下进行真空间歇滚揉工艺,一个周期为工作 15 min、间歇 5 min,滚揉后于 4 ℃左右温度下腌制 24 h,取腌好后的牛前腱沸水预煮 9 min,最后在 97 ℃条件下加入复配的天然保鲜剂。见表 3-23 蒸煮 210 min,二次包装后于 85 ℃水浴中二次杀菌 30 min。最后于低温 4 ℃条件下贮藏。

表 3-23 复配保鲜剂

序号	Nisin/%	丁香/%	迷迭香/%	肉桂/%
对照组	0	0	0	0
处理 1	0.05	0.05	0	0.12
处理 2	0.05	0.05	0.03	0
处理 3	0	0.05	0.03	0.12
处理 4	0.05	0.05	0.03	0.12

2. 品质测定

(1)红度值测定

采用 CR-410 色彩色差计,光源为 D65,对设备以白板校准后,测定肉样品 a^* 值,该值越高说明肉制品颜色越好。

(2)pH 值的测定

对肌肉 pH 值测定仪设备进行校准,校准后直接插在样品中心进行测定。

(3) TBARS 值的测定

根据 Kang、Utrera 等人的方法并做适当修改,称取 0.4 g 肉样,加入 3 mL TBA(硫代巴比妥酸)溶液,15 mL TCA(三氯乙酸)-HCl 溶液,加入 0.05 mL、0.01% 的抗氧化剂(BHT),均质,沸水浴 30 min,冰水冷却。取上述溶液 5 mL,加 5 mL 氯仿,3 000 r/min 下离心 10 min,取上清液,532 nm 下测吸光值。

$$TBARS(mg/kg) = \frac{9.48 \times A_{532}}{m}$$

式中　A_{532}——溶液吸光度;

　　　m——样品质量(g)。

(4) 蛋白浊度的测定

按照 Benjakul 等人的方法测定猪 MP 的浊度。吸取 5 mL 蛋白浓度为 1 mg/mL 的 MP 溶液于试管中,然后将试管分别置于 30 ℃、40 ℃、50 ℃、60 ℃、70 ℃、80 ℃ 的水浴中保温 30 min 后取出,冷却后以无蛋白的溶液为空白,于 600 nm 处测定吸光值。

(5) TVB-N 的测定

称取 10 g 样品放入 150 mL 的带塞三角瓶,加入 100 mL 蒸馏水,室温振摇 30 min,用 Whatman Ⅱ 号滤纸进行过滤,滤液 4 ℃ 备用。样液滴入左边 1 mL,饱和碳酸钾滴入右边 1 mL,立即盖好,密封后将器皿于桌面上轻轻转动,使样液与碱液混合,中间 1 mL 吸收液及 0.05 mL 混合指示液(1 份甲基红乙醇溶液与 5 份溴甲酚绿乙醇溶液临用时混合),密封好 37 ℃ 反应 2 h,后加入指示剂,用 0.01 N 盐酸标准溶液进行滴定。记录数据。

$$TVB\text{-}N(mg/100g) = \frac{(V_1 - V_2) \times 0.01 \times 14}{m \times \frac{1}{100}} \times 100$$

式中　V_1——样液消耗盐酸标准滴定溶液的体积(mL);

　　　V_2——试剂空白消耗盐酸标准滴定溶液的体积(ml);

　　　0.01——盐酸标准滴定溶液的浓度(mol/L);

　　　14——滴定 1.0 mL 盐酸 $C(HCL) = 1.000$ mol/L;

　　　标准滴定溶液相当的氮的质量(g/mol);

　　　m——试样质量(g)。

(6) 菌落总数的测定

按照《食品安全国家标准　食品微生物学检验　菌落总数测定》(GB 4789.2—2016)中的方法进行测定。

(7) 亚硝酸盐量的测定

按照《食品安全国家标准　食品中亚硝酸盐与硝酸盐的测定》(GB 5009.33—2016)中的分光光度法测定。

(8) N-二甲基亚硝胺的测定

样品前处理:亚硝胺具有强亲水性、强极性和强挥发性,导致其难以从水相中分离,本试验亚硝胺的提取采用水蒸气蒸馏法,参考《食品安全国家标准　食品中 N-亚硝胺类化合物的测定》(GB 5009.26—2016)。

采用配有 FID 检测器的 GC-2010 气相色谱仪,经过反复试验得出最佳色谱条件。色谱条件:进样口温度 230 ℃;检测器温度 250 ℃。色谱柱温度:程序升温,初始温度 40 ℃,保持 4 min,以 6 ℃/min 的速度升到 240 ℃,保持 40 min;色谱柱 DB – FFAP:内径 0.25 mm,长 30 m 的毛细管柱。压力:100 KPa。总流量:50 mL/min。吹扫流量:3 mL/min;进样量 1 μL;高纯氮气。

利用 GC solution 色谱工作站分析处理数据,进行分析。

3. 感官评定

根据 Zhang 等人的方法并做适当修改,五香牛前腱的感官评定由感官评定小组在感官评价室完成,感官评价小组由 8 位受过培训的人员组成。感官评价的指标包括五香牛前腱的颜色、风味、组织状态、滋气味和总体可接受性。评价指标采用 7 分制,1 = 不好,4 = 较好,7 = 很好。

三、试验结果与分析

1. 不保鲜剂处理对产品贮藏期间红度值的影响

由表 3 – 24 可知,贮藏期间产品的红度值(a^* 值)是呈下降的趋势,a^* 值代表产品的鲜艳颜色,a^* 值越大表示产品颜色越好,对照组 0 d 的 a^* 值为 18.84 与处理 1(19.09)、处理 2(18.64)、处理 3(18.91)、处理 4(19.12)差异不显著($p > 0.05$),贮藏 60 d 对照组的 a^* 值为 10.82,低于处理 2(12.82)、处理 3(12.05)的 a^* 值,并且显著低于处理 1(13.45)和处理 4(14.51)的 a^* 值($p < 0.05$)。产品在贮藏过程中由于脂肪氧化和色素退化会发生颜色的改变。值得注意的是在贮藏过程中,肌内膜上脂肪氧化形成的羰基,可以与蛋白色素的自由基发生反应,使褐色素物质合成进程加快,产品颜色变差。McKenna 等人研究脂肪氧化程度越低,肌肉的色泽稳定性越好。处理 4 的五香酱牛肉产品在 0 ~ 30 d 内其 a^* 值下降不显著($p > 0.05$),直到贮藏 45 d 时才开始发生显著变化,可能是复合天然抗氧化剂 0.05% Nisin + 0.05% 丁香 + 0.03% 迷迭香 + 0.12% 肉桂共同发挥了保鲜作用。Hang 等人发现添加肉桂后的猪肉糜在 4 ℃ 贮藏下,脂肪氧化变慢其颜色的劣变程度也变缓。产品在贮藏过程中微生物的生长消耗五香酱牛肉中残留的氧气,会促进高铁肌红蛋白的形成。Nisin 的添加可利用其离子间的作用力,及其分子的 C 末端、N 末端对微生物细胞膜系统施加作用,致使细胞内物质溶解出来,使细胞解体死亡,减慢延缓由此造成的肉颜色变差。

表 3 – 24　不同保鲜剂处理对五香酱牛肉贮藏期间红度值的影响

天数	对照组	处理 1	处理 2	处理 3	处理 4
0	18.84 ± 1.03^{aA}	19.09 ± 0.81^{aA}	18.64 ± 0.50^{aA}	18.91 ± 0.05^{aA}	19.12 ± 0.43^{aA}
15	15.42 ± 0.93^{bB}	16.81 ± 0.96^{bAB}	17.41 ± 0.47^{abAB}	16.14 ± 0.87^{bB}	18.37 ± 0.53^{aA}
30	13.74 ± 0.34^{bcC}	14.84 ± 0.87^{bcBC}	15.51 ± 1.13^{bcBC}	15.90 ± 0.26^{bB}	17.83 ± 0.34^{aA}
45	12.46 ± 0.78^{cdB}	14.02 ± 0.13^{cAB}	13.49 ± 0.45^{cdAB}	12.98 ± 0.68^{cB}	15.24 ± 1.07^{bA}
60	10.82 ± 0.40^{dC}	13.45 ± 0.59^{cAB}	12.82 ± 0.98^{dABC}	12.05 ± 0.28^{cBC}	14.51 ± 1.20^{bA}

注:同列小写字母不同表示相同处理组在不同贮藏时间之间差异显著($p < 0.05$);同行大写字母不同表示不同处理组在相同贮藏时间之间差异显著($p < 0.05$)。

2. 不同保鲜剂处理对产品贮藏期间 pH 值的影响

微生物细胞膜的电荷性质,以及细胞中蛋白质均受氢离子浓度的影响,因此 pH 值直接影响肉制品中微生物的生长状况。由表 3-25 可知,产品在贮藏期间 pH 值的变化是波动的,贮藏 0 d 时,对照组、处理 1、处理 2、处理 3、处理 4 的 pH 值分别为 6.45、6.41、6.48、6.43、6.40,贮藏 0～15 d 时,产品 pH 值减小,这可能是因为在真空包装条件下,微生物主要以无氧酵解进行代谢活动,产生的二氧化碳溶解在肉表面形成碳酸,造成了 pH 值的减小,低 pH 值抑制了腐败微生物对蛋白质的分解力,从而减少了胺类等亚硝胺的前体物质产生,体系中的微生物通过一系列反应将糖类等分解成乳酸等酸性物质(或食品原料本身酶的消化作用)。随着贮藏的进行,肉中的蛋白质肽键水解为一系列碱性物质,pH 值上升。贮藏 60 d 时,对照组的 pH 值最大为 6.47,显著高于处理组 1(6.40)与 4(6.37)的 pH 值($p<0.05$),处理 4 的值小于其他 4 组,可见蛋白质分解现象不明显。

表 3-25 不同保鲜剂处理对五香酱牛肉贮藏期间 pH 值的影响

天数	对照组	处理 1	处理 2	处理 3	处理 4
0	6.45 ± 0.02^{abA}	6.41 ± 0.03^{aA}	6.48 ± 0.03^{aA}	6.43 ± 0.06^{aA}	6.40 ± 0.01^{aA}
15	6.44 ± 0.01^{abA}	6.40 ± 0.02^{abA}	6.44 ± 0.02^{abA}	6.32 ± 0.01^{bB}	6.37 ± 0.05^{abAB}
30	6.31 ± 0.01^{cBC}	6.34 ± 0.01^{cBC}	6.35 ± 0.01^{cAB}	6.38 ± 0.02^{abA}	6.30 ± 0.02^{bC}
45	6.41 ± 0.01^{bAB}	6.36 ± 0.01^{bcB}	6.44 ± 0.03^{abA}	6.39 ± 0.02^{abAB}	6.41 ± 0.03^{aAB}
60	6.47 ± 0.01^{aA}	6.40 ± 0.02^{abBC}	6.42 ± 0.01^{bABC}	6.45 ± 0.02^{aAB}	6.37 ± 0.02^{abC}

注:同列小写字母不同表示相同处理组在不同贮藏时间之间差异显著($p<0.05$);同行大写字母不同表示不同处理组在相同贮藏时间之间差异显著($p<0.05$)。

3. 不同保鲜剂处理对产品贮藏期间 TBARS 值的影响

由表 3-26 可知,贮藏 0 d 时对照组、处理 1、处理 2、处理 3、处理 4 的 TBARS 值分别为 0.10 mg/kg、0.08 mg/kg、0.11 mg/kg、0.10 mg/kg、0.09 mg/kg。Nisin 可对微生物细胞产生吸附形成"穿膜"孔道、迷迭香捕捉自由基、丁香和肉桂中的挥发香精油等抗氧化活性成分,均有效地对产品进行防腐保鲜。从处理 4 贮藏 60 d 时的 TBARS 值(0.30 mg/kg)可以看出,显著小于相同贮藏时间的处理 3 和对照组($p<0.05$)。TBARS 值在五香酱牛肉贮藏期间是波动的,但贮藏期间内整体呈上升趋势,其增加与脂肪氧化相关。Armenteros 等人研究丁香、肉桂、大蒜精油处理火腿,贮藏在 -80 ℃ 条件下,TBARS 值在 30～150 d 贮藏期间总体也是呈上升的趋势。贮藏进行中,TBARS 值波动,可能是由于次级产物丙二醛与氨基反应,生成 1-氨基-3-氨基丙烯,TBARS 值进而发生下降。或是五香酱牛肉为熟肉制品,且采用牛前腱为原料,脂肪含量低,且含有大量香辛料的抗氧化成分。

表 3-26 不同保鲜剂处理对五香酱牛肉贮藏期间 TBARS 值(mg/kg)的影响

天数	对照组	处理1	处理2	处理3	处理4
0	0.10 ± 0.02^{dA}	0.08 ± 0.01^{dA}	0.11 ± 0.01^{dA}	0.10 ± 0.01^{dA}	0.09 ± 0.01^{dA}
15	0.35 ± 0.01^{bA}	0.30 ± 0.01^{bBC}	0.30 ± 0.01^{bBC}	0.32 ± 0.01^{bB}	0.28 ± 0.01^{bC}
30	0.27 ± 0.01^{cA}	0.22 ± 0.02^{cBC}	0.25 ± 0.03^{cAB}	0.23 ± 0.05^{cB}	0.19 ± 0.01^{cC}
45	0.47 ± 0.01^{aA}	0.36 ± 0.01^{aC}	0.35 ± 0.01^{aCD}	0.40 ± 0.01^{aB}	0.32 ± 0.02^{aD}
60	0.48 ± 0.01^{aA}	0.33 ± 0.01^{abDC}	0.34 ± 0.03^{abC}	0.39 ± 0.02^{aB}	0.30 ± 0.01^{abC}

注:同列小写字母不同表示相同处理组在不同贮藏时间之间差异显著($p < 0.05$);同行大写字母不同表示不同处理组在相同贮藏时间之间差异显著($p < 0.05$)。

4. 不同保鲜剂处理对产品贮藏期间挥发性盐基氮值的影响

TVB-N 是微生物产生的蛋白酶将蛋白质分解生成胺类等碱性含氮物质。由表 3-27 可知,随着贮藏时间的延长,产品 TVB-N 的数值也相应增加。贮藏 0 d 时,对照组 TVB-N 值最大(2.89 mg/100 g),处理 4 最小(1.72 mg/100 g),但是差异并不显著($p > 0.05$)。五香酱牛肉贮藏前期(0~15 d),挥发性盐基氮含量变化不显著($p < 0.05$),有可能是杀菌后体系中的存活的微生物分解蛋白质的能力差,而且牛前腱基质本身起到中和作用,在贮藏至 15 d 后,其含量开始上升,可能与微生物增殖造成蛋白质分解,致使碱性含氮物质开始发生积累现象有关。贮藏 60 d 时,处理 4 的 TVB-N 值为 12.08 mg/100 g,对照组的 TVB-N 值为 15.86 mg/100 g,两组值差异显著($p < 0.05$),同时处理 1(12.92 mg/100 g)、处理 2(13.20 mg/100 g)、处理 3(13.44 mg/100 g)小于对照组的 TVB-N 值,且差异显著($p < 0.05$),但均大于处理 4 的 TVB-N 值,迷迭香、丁香中的酚类物质与食品成分相互作用,它们能通过供氢破坏自由基的链式反应而起到抗氧化作用。Sharma 等人用丁香、肉桂、圣罗勒、百里香处理过的鸡肉香肠,在 -18 ℃的贮藏过程中与对照组相比,发现加入丁香可以延缓产品的氧化速率,进而影响挥发性盐基氮值以及 TBARS 值的变化。贮藏末期,微生物分解蛋白质等含氮有机物的能力增强,产品的 TVB-N 值加速增长,这与丁婷等人的研究结果一致。试验结果同时也说明了表 3-14 在贮藏后期 pH 值上升的可能原因。

表 3-27 不同保鲜剂处理对五香酱牛肉贮藏期间挥发性盐基氮值(mg/100 g)的影响

天数	对照组	处理1	处理2	处理3	处理4
0	2.89 ± 0.53^{dA}	1.82 ± 0.37^{dA}	2.01 ± 0.79^{edA}	2.10 ± 0.14^{dA}	1.72 ± 0.35^{dA}
15	3.96 ± 0.08^{dA}	2.89 ± 0.45^{dCD}	3.59 ± 0.29^{dAB}	2.94 ± 0.14^{dBC}	2.24 ± 0.15^{dD}
30	8.30 ± 0.21^{cA}	7.23 ± 0.42^{cBC}	7.01 ± 0.28^{cC}	7.88 ± 0.35^{cAB}	6.72 ± 0.14^{cC}
45	12.64 ± 0.63^{bA}	11.43 ± 0.53^{bAB}	11.57 ± 0.49^{bAB}	12.00 ± 0.63^{bAB}	11.10 ± 0.08^{bB}
60	15.86 ± 0.70^{aA}	12.92 ± 0.56^{aBC}	13.20 ± 0.45^{aBC}	13.44 ± 0.37^{aB}	12.08 ± 0.21^{aC}

注:同列小写字母不同表示相同处理组在不同贮藏时间之间差异显著($p < 0.05$);同行大写字母不同表示不同处理组在相同贮藏时间之间差异显著($p < 0.05$)。

5. 不同保鲜剂对贮藏期间产品菌落总数的影响

微生物在产品贮藏期间会发生复杂的变化，同时产生相应的化合物，这些生成物使食品发生变质的同时还会危害消费者的健康状况，如硫化物、生物胺、醇、酮、有机酸的产生。由表 3-28 可知，不同保鲜剂组合对五香酱牛肉在贮藏期间菌落总数的影响是不同的，在贮藏过程中，同一贮藏时间下对照组的菌落总数高于其他处理组，贮藏 0 d 时，对照组、处理 1、处理 2、处理 3、处理 4 的菌落总数分别为 2.50 lg(CFU/g)、2.51 lg(CFU/g)、2.51 lg(CFU/g)、2.50 lg(CFU/g)、2.49 lg(CFU/g)，差异不显著（$p > 0.05$），随着贮藏的进行，菌落总数呈现增加的趋势，而且从表中数据可知，贮藏 15 d 时，处理 4 的菌落总数显著小于处理 1、处理 2、处理 3 的菌落总数（$p < 0.05$），可见复合保鲜处理 4 的 0.05% Nisin + 0.05% 丁香 + 0.03% 迷迭香 + 0.12% 肉桂的保鲜效果好于其他处理组。贮藏期间，处理 3 的菌落总数高于处理 1、处理 2、处理 4 的值，这有可能是处理 3 中不含有 Nisin。

表 3-28 不同保鲜剂处理对五香酱牛肉贮藏期间菌落总数（lg(CFU/g)）的影响

天数	对照组	处理 1	处理 2	处理 3	处理 4
0	2.50 ± 0.03^{eA}	2.51 ± 0.03^{eA}	2.51 ± 0.01^{eA}	2.50 ± 0.02^{eA}	2.49 ± 0.01^{eA}
15	2.83 ± 0.01^{dA}	2.71 ± 0.01^{dC}	2.73 ± 0.02^{dB}	2.75 ± 0.01^{dB}	2.66 ± 0.01^{dD}
30	3.26 ± 0.01^{cA}	3.04 ± 0.04^{cBC}	2.99 ± 0.01^{cC}	3.10 ± 0.06^{cB}	2.97 ± 0.01^{cC}
45	3.73 ± 0.03^{bA}	3.65 ± 0.01^{bAB}	3.63 ± 0.02^{bB}	3.67 ± 0.02^{bAB}	3.60 ± 0.05^{bB}
60	3.95 ± 0.02^{aA}	3.83 ± 0.04^{aB}	3.85 ± 0.03^{aB}	3.88 ± 0.01^{aAB}	3.81 ± 0.04^{aB}

注：同列小写字母不同表示相同处理组在不同贮藏时间之间差异显著（$p < 0.05$）；同行大写字母不同表示不同处理组在相同贮藏时间之间差异显著（$p < 0.05$）。

6. 不同保鲜剂处理对产品贮藏期间感官评定的影响

由表 3-29 可知，不同保鲜剂处理对不同的贮藏期间内的产品的感官评定是不一样的，随着贮藏过程的进行，颜色、风味、状态、滋气味、总体可接受性整体是呈下降的趋势，且每组样品 0~60 d 都存在差异显著性（$p < 0.05$）。对于相同贮藏期间不同处理组来说，0~15 d 各样品之间差异不显著（$p > 0.05$）。颜色在 45 d 时对照组和处理 4 之间存在差异显著性（$p < 0.05$），状态在 45 d 时对照组、处理 3 和处理 4 之间差异显著，总体可接受性在 45 d 时处理 1、处理 4 和对照组存在显著差异，60 d 时对照组和处理 4 之间差异显著（$p < 0.05$）。这可能是因为在贮藏过程中，蛋白质和醛类相互作用导致蛋白质变性和聚集，使肉制品发生品质的变化。肉制品中脂肪发生氧化时，肉制品中的多不饱和脂肪酸、色素、脂溶性维生素减少，产生酸败味，影响肉制品的风味。

表 3-29 不同保鲜剂处理对五香酱牛肉贮藏期间感官品质的影响

保鲜剂	贮藏时间/d	感官品质				
		颜色	风味	状态	滋气味	总体可接受性
对照组	0	6.13 ± 0.83^{aA}	6.50 ± 0.53^{aA}	5.75 ± 0.46^{aA}	6.25 ± 0.71^{aA}	5.75 ± 0.71^{aA}
	15	5.38 ± 0.52^{aA}	5.63 ± 0.75^{bA}	5.50 ± 0.53^{aA}	5.25 ± 0.71^{bA}	5.50 ± 0.53^{abA}
	30	4.25 ± 0.46^{bB}	4.88 ± 0.35^{cA}	5.13 ± 0.64^{aA}	4.88 ± 0.64^{bcA}	4.88 ± 0.35^{bB}
	45	3.88 ± 0.35^{bcB}	4.37 ± 0.52^{cA}	3.88 ± 0.35^{bB}	4.13 ± 0.64^{cdA}	4.00 ± 0.53^{cB}
	60	3.25 ± 0.46^{cB}	3.12 ± 0.35^{dB}	3.50 ± 0.53^{bB}	3.38 ± 0.52^{dB}	3.50 ± 0.53^{cB}
处理 1	0	5.88 ± 0.64^{aA}	5.63 ± 0.92^{aA}	6.13 ± 0.64^{aA}	6.00 ± 0.76^{aA}	5.63 ± 0.52^{aA}
	15	5.50 ± 0.53^{aA}	5.25 ± 0.46^{abA}	5.38 ± 0.52^{abA}	5.50 ± 0.53^{abA}	5.38 ± 0.51^{abA}
	30	4.63 ± 0.52^{bAB}	5.00 ± 0.53^{abA}	4.75 ± 0.71^{bcA}	4.75 ± 0.71^{bcA}	5.13 ± 0.35^{abAB}
	45	4.50 ± 0.53^{bAB}	4.63 ± 0.52^{bcA}	4.25 ± 0.46^{cAB}	4.63 ± 0.52^{bcA}	4.87 ± 0.64^{bA}
	60	3.88 ± 0.35^{bAB}	3.88 ± 0.64^{cAB}	4.00 ± 0.76^{cAB}	4.00 ± 0.53^{cAB}	4.00 ± 0.53^{cAB}
处理 2	0	6.00 ± 0.76^{aA}	5.88 ± 0.35^{aA}	6.13 ± 0.64^{aA}	5.88 ± 0.35^{aA}	5.88 ± 0.35^{aA}
	15	5.38 ± 0.52^{abA}	5.25 ± 0.46^{abA}	5.63 ± 0.52^{abA}	5.63 ± 0.52^{abA}	5.50 ± 0.53^{aA}
	30	5.00 ± 0.53^{bA}	5.25 ± 0.46^{abA}	5.25 ± 0.71^{bA}	5.38 ± 0.52^{bA}	5.50 ± 0.53^{aA}
	45	4.63 ± 0.52^{bcAB}	4.50 ± 0.53^{bcA}	4.25 ± 0.52^{cAB}	4.38 ± 0.52^{cA}	4.75 ± 0.46^{bAB}
	60	4.00 ± 0.53^{cA}	4.00 ± 0.76^{cA}	4.00 ± 0.53^{cAB}	4.13 ± 0.35^{cAB}	4.13 ± 0.64^{bAB}
处理 3	0	6.00 ± 0.53^{aA}	5.88 ± 0.64^{aA}	5.88 ± 0.35^{aA}	5.88 ± 0.35^{aA}	5.88 ± 0.35^{aA}
	15	5.38 ± 0.52^{abA}	5.50 ± 0.53^{abA}	5.38 ± 0.52^{abA}	5.25 ± 0.46^{abA}	5.63 ± 0.52^{abA}
	30	4.75 ± 0.46^{bcAB}	5.00 ± 0.53^{bA}	5.13 ± 0.64^{bA}	4.88 ± 0.64^{bA}	5.13 ± 0.35^{bcAB}
	45	4.50 ± 0.53^{cAB}	4.75 ± 0.46^{bA}	4.13 ± 0.35^{cB}	4.13 ± 0.35^{cA}	4.75 ± 0.46^{cAB}
	60	3.75 ± 0.71^{dAB}	3.75 ± 0.46^{cAB}	3.88 ± 0.35^{cAB}	3.88 ± 0.35^{cAB}	3.75 ± 0.46^{dAB}
处理 4	0	6.25 ± 0.46^{aA}	6.13 ± 0.64^{aA}	6.13 ± 0.64^{aA}	5.87 ± 0.64^{aA}	5.88 ± 0.35^{aA}
	15	5.87 ± 0.64^{abA}	5.62 ± 0.74^{aA}	6.00 ± 0.53^{abA}	5.63 ± 0.74^{abA}	5.63 ± 0.74^{abA}
	30	5.25 ± 0.46^{bcA}	5.38 ± 0.52^{abA}	5.13 ± 0.35^{bA}	5.25 ± 0.46^{abcA}	5.38 ± 0.52^{abAB}
	45	4.87 ± 0.64^{cdA}	4.63 ± 0.52^{bcA}	4.88 ± 0.64^{bA}	4.75 ± 0.46^{bcA}	4.88 ± 0.64^{bcA}
	60	4.25 ± 0.46^{dA}	4.13 ± 0.35^{cA}	4.50 ± 0.76^{bA}	4.38 ± 0.92^{cA}	4.50 ± 0.53^{cA}

注：同列小写字母不同表示相同处理组在不同贮藏时间之间差异显著（$p<0.05$）；同列大写字母不同表示不同处理组在相同贮藏时间之间差异显著（$p<0.05$）。

7. 不同保鲜剂处理对产品贮藏期间亚硝酸盐量的影响

亚硝酸盐可以控制微生物的生长代谢，与食盐并用可起到协同作用，摄入亚硝酸盐过量会使血红蛋白转变为正铁血红蛋白，导致机体不能载氧，但亚硝酸盐具有的抑制肉毒梭状芽孢杆菌产生肉毒素的特殊作用，使其在食品中较难被替代。由表 3-30 可知，亚硝酸盐量随着贮藏进行呈现减少的趋势，贮藏 0 d 时对照组、各处理组的亚硝酸盐残留量分别为 1.08 mg/kg、1.04 mg/kg、1.05 mg/kg、1.03 mg/kg、1.01 mg/kg 差异不显著（$p>0.05$），对照组的亚硝酸盐量与处理1、处理2、处理3、处理4相比较高,迷迭香中存在的抗氧化成分二萜酚类化合物(phenolic diterpenes),以及其具有提供氢原子中断自由基链式反应的作用,均有降低亚硝酸盐含量的作用,贮藏期间 pH 值下降使肉制品中的一些细菌能将亚硝酸盐分解为 NO,NO 与肌红蛋白反应形成稳定的呈色络合物,同时亚硝酸根还会与巯基物质发生反应,从而降低了亚硝酸盐的量。贮藏60 d 时,对照组的亚硝酸盐量最高为 0.55 mg/kg,显著低于贮藏0 d 的亚硝酸盐量($p<0.05$),而处理4 的亚硝酸盐量为 0.40 mg/kg,显著低于贮藏0 d、15 d、30 d、45 d 的含量($p<0.05$)。

表3-30 不同保鲜剂处理对五香酱牛肉贮藏期间亚硝酸盐量(mg/kg)的影响

天数	对照组	处理1	处理2	处理3	处理4
0	1.08 ± 0.31^{aA}	1.04 ± 0.27^{aA}	1.05 ± 0.29^{aA}	1.03 ± 0.30^{aA}	1.01 ± 0.02^{aA}
15	0.91 ± 0.01^{abA}	0.80 ± 0.02^{abBC}	0.83 ± 0.03^{abB}	0.85 ± 0.01^{abAB}	0.76 ± 0.04^{bC}
30	0.80 ± 0.02^{abA}	0.66 ± 0.02^{bBC}	0.63 ± 0.01^{bcC}	0.68 ± 0.02^{abB}	0.63 ± 0.02^{cC}
45	0.68 ± 0.04^{bA}	0.55 ± 0.01^{bB}	0.57 ± 0.01^{bcB}	0.58 ± 0.06^{bB}	0.50 ± 0.02^{dB}
60	0.55 ± 0.01^{bA}	0.48 ± 0.01^{bBC}	0.46 ± 0.02^{cC}	0.51 ± 0.01^{bB}	0.40 ± 0.01^{eD}

注:同列小写字母不同表示相同处理组在不同贮藏时间之间差异显著($p<0.05$);同行大写字母不同表示不同处理组在相同贮藏时间之间差异显著($p<0.05$)。

8. 不同保鲜剂处理贮藏过程中五香酱牛肉中 N-二甲基亚硝胺情况分析

为了进一步追踪亚硝酸盐去处,对样品中的 N-二甲基亚硝胺进行测定。

N-二甲基亚硝胺(N-nitrosodimethylamine,NDMA)为一种对人体可产生致癌的化学物质,这类化合物摄入过量会对身体造成伤害。目前认为,亚硝胺类化合物的致癌作用机理是亚硝胺激活了在体内经细胞色素 P-450,使核酸和蛋白质甲基化改变细胞遗传特性发生突变。但是,相关研究表明,亚硝胺含量多少,或存在与否,不一定只由亚硝酸盐等的添加量所决定,如 Ozel 等人在未添加亚硝酸盐的烤肉串中检测出较高含量的亚硝胺。因此亚硝胺的形成受多种因素影响,如硫脲、卤素离子等存在也会影响亚硝化反应。目前研究中烤肉、腊肉、肠类制品等食品中均检测出其存在。根据《食品安全国家标准食品中污染物限量》(GB 2762—2017)规定肉制品中 N-二甲基亚硝胺的限量为 3 μg/kg。检测的样品为 0% NiSin +0% 丁香 +0% 迷迭香 +0% 肉桂、0.05% 丁香 +0.03% 迷迭香 +0.12% 肉桂(贮藏时间为 0 d 和 60 d),均为前期分析结果中非优的复合天然保鲜剂复配的五香酱牛肉产品,最后由检测结果分析均为未检出。其原因可能是被复合保鲜剂中不饱和脂肪酸、硫化物和黄酮类等抗氧化物质所阻断,香辛料阻断亚硝胺的机理,可能是通过与亚硝酸盐发生氧化还原反应而起到阻断效果,或是此贮藏期间 NDMA 未产生。

四、讨论

任何产品都具有一定的货架期,相对于高温肉制品来说,低温肉制品的加热温度较低,因而它的保质期较短。目前低温肉制品在一定贮藏条件下因前期加工工艺或处理方法不当会使其脂肪蛋白质等成分发生氧化、亚硝酸盐含量超标以及菌落总数过高,甚至导致致癌物质亚硝胺的产生,这些一系列的酱卤类的加工与销售过程中的问题成为食品工业化的热点与焦点。亚硝酸盐与致癌物亚硝胺产生有关。在肉制品的生产工艺中,亚硝酸盐不但是为了控制有害微生物的生成,也是为了肌肉中亚硝基肌红蛋白的形成,使肉具有较好的颜色感官特征,为最终产品提供典型的腌肉颜色。脂肪氧化和蛋白氧化是影响肉质变化的主要非生物因素。单一的使用一种香辛料往往起不到较好的抑菌和抗氧化的作用,几种恰当的香辛料复合才能起到较好的保鲜作用,0.05% 丁香、0.12% 肉桂、0.03% 迷迭香、0.05% Nisin 组合使用对于五香牛前腱中腐败微生物具有特殊的抑菌作用,真空包装肉制品中腐败微生物一般包括乳酸菌、耐热芽孢杆菌、热死环丝菌、假单胞菌、肠杆菌等,致病菌有金黄色葡萄球菌等。其中迷迭香和肉桂对大肠杆菌和金黄色葡萄球菌具有显著的抑菌效果,减缓高铁肌红蛋白的形成,使肌肉的红度值下降缓慢,并且有利于控制脂肪氧化延缓肉制品颜色的劣变,丁香中的抗氧化成分对假单胞菌、热死环丝菌、大肠杆菌、乳酸菌具有较好的抑菌效果,肉桂、丁香、迷迭香除了具有较好的抑菌作用外,还对肉制品的氧化具有明显的控制作用,包括颜色、pH 值、TBARS 值、TVB－N 值,对于亚硝酸盐的降解以及致癌物亚硝胺的产生起到协同的效果。迷迭香可以抑制极性物质和多聚物的形成控制多不饱和脂肪酸的降解。三种香辛料中的抗氧化成分对于 DPPH 自由基和过氧化氢的清除效果较 BHT 的抗氧化效果好。在加工、贮藏中,脂肪的氢过氧化物和次级产物会与蛋白或食品中的其他成分相互作用,影响食品的风味和质量。Nisin 对革兰氏阳性菌的抑制效果较优,同时也可以使肉制品的 TVB－N 值、TBARS 值的减小和亚硝酸盐含量的降低。Nisin 对于微生物细胞具有裂解作用,可避免肉制品肌肉结构颜色的变差,同时降低了贮藏过程中微生物对于 pH 值的影响,阻断自由基的链式反应通过提供氢原子,阻止脂肪氧化产物和胺类等碱性产物的产生,同时降低亚硝酸盐的含量,这种特殊的保鲜效用使得样品在 0.05% Nisin、0.05% 丁香、0.12% 肉桂与 0.05% Nisin、0.05% 丁香、0.03% 迷迭香处理后保鲜效果相差不显著,但较好于 0.05% 丁香、0.03% 迷迭香、0.12% 肉桂处理组。保鲜剂的加入可以防止蛋白质发生聚集,增加黏聚性改善产品的品质。pH 值对于肉制品组织结构之间联合强度至关重要。肉制品的氧化会产生一系列的有害物质,脂肪的初级氧化产物是氢过氧化物,它不稳定,分解成醛、酮类化合物,同时这些物质还会与蛋白和其他成分作用,对食品感官和质量产生负面影响。脂肪氧化还引起醛类物质与蛋白交联,影响质地。肉制品的蛋白质对氧化反应导致蛋白质羰基化合物的形成,羰基化是一种不可逆的,其主要是在氧化胁迫或其他诱导机理下形成。肉制品的红度值在贮藏过程中发生下降,肉制品颜色变差,肉制品色素蛋白发生变性,可能是因为在贮藏过程中肉肌红蛋白发生变性,生成了其他的衍生物。温度高时有助于氧化的进行,脂肪氧化初级产物较多。肉在贮藏过程中颜色的退化主要受色素退化和脂肪氧化,红度值的下降与脂肪氧化有关。肉在贮藏期间,保鲜剂提高了 MP 的氧化稳定性,防止 MP 变性而导致凝胶能力的下降,进而也阻止了肉产品多汁性、持水性和质构的变差。探讨不同的天然保鲜剂对五香酱牛肉贮藏期间安全品质的影响,可进一步揭示五香酱牛肉在贮藏过程中品质变化的规律及初步机理,并为五香酱牛肉的生产贮藏提供技术指导,也为复合保鲜剂在生产中的应用提供理论参考。

五、结论

贮藏过程中,产品的 a^* 值整体上是呈下降的趋势,TVB-N 值是上升的,TBARS 值是波动变化的但是最终值较前期是上升的,pH 值总体是呈波动变化的趋势,五香酱牛肉在贮藏过程中其亚硝酸盐量下降,致癌物质 N-二甲基亚硝胺在整个贮藏过程中未检出。五组处理中通过复配的天然保鲜剂处理样品进行贮藏 60 d 后,由试验结果可以看出 0.05% Nisin、0.05% 丁香、0.03% 迷迭香、0.12% 肉桂复合处理可以得到保鲜效果较好的五香酱牛肉产品,五香酱牛肉对照组样品的 TBARS 值、总挥发性盐基氮值、pH 值、红度值、亚硝酸盐量、菌落总数、感官评分与其他处理组相比较为不理想,0.05% Nisin、0.05% 丁香、0.12% 肉桂与 0.05% Nisin、0.05% 丁香、0.03% 迷迭香处理的样品组保鲜效果相差不显著,但较好于 0.05% 丁香、0.03% 迷迭香、0.12% 肉桂处理的样品。香辛料中的酚类物质与食品的成分作用,供氢阻断自由基的链式反应、酚类物质与氢过氧化物反应阻断脂质进一步反应导致丙二醛等物质的产生。保鲜剂对于脂肪和蛋白氧化过程的阻断,使得肉贮藏期间的自由基链式反应被控制或者被中断,控制链式反应的起始或延伸,保鲜剂中的活性成分会将自由基转化成不活性的基团,进而提高保鲜效果。因此在实际生产中,结合生产成本及实际生产条件考虑,有效选择各抗氧化剂进行复合保鲜。

第四节 温度波动对低温五香牛前腱贮藏品质的影响

食品中即使水分含量相同,其腐败变质的程度也不一样,因为只有与非水组分结合紧密的水才不会被微生物所利用,温度对于贮藏品质非常重要。温度波动期间,脂肪氧化产生的醛类物质还会与肌原纤维蛋白的侧链形成席夫碱,在某种程度上,会进一步加强肉制品质量的损失,质地风味的劣变。蛋白质的巯基氧化形成二硫键及羰基化合物,导致蛋白质的聚集变性,影响肌肉食品的口感和质量。本节通过分析五香酱牛肉在贮藏阶段的变化研究温度波动对五香酱牛肉的品质变化,为五香牛肉类制品的货架期和产品安全质量提供数据和理论支持。

一、试验材料

1. 主要试验材料(表 3-31)

表 3-31 主要试验材料

材料	厂家
牛前腱	大庄园
2-硫代巴比妥酸 BR	国药集团化学试剂有限公司
二丁基羟基甲苯 AR	国药集团化学试剂有限公司

表 3-31（续）

材料	厂家
三氯乙酸 AR	天津永晟精细化工有限公司
无水硫酸钠 GR	天津市科密欧化学试剂有限公司
二氯甲烷 色谱纯（HPLC）	天津市大茂化学试剂厂
平板计数琼脂（PCA）	青岛高科园海博生物技术有限公司
N-亚硝基二甲胺标准品	美国 o2si 公司
碳酸钾 AR	天津永晟精细化工有限公司
硼酸 AR	辽宁泉瑞试剂有限公司
甲基红 AR	沈阳市华东试剂厂
溴甲酚绿 AR	沈阳市华东试剂厂

2. 主要试验仪器（表 3-32）

表 3-32 主要试验仪器

仪器型号	厂家
TA-XT plus 型质构分析仪	英国 Stable Micro Systems 公司
SPECORD 210 plus 紫外可见分光光度计	耶拿分析仪器（北京）有限公司
肌肉 pH 测定仪	北京布拉德科技发展有限公司
VTS-42 真空滚揉机	美国 BIRO（必劳）公司
GC-2010 气相色谱仪	岛津企业管理（中国）有限公司
TTL-DCII 型氮吹仪	北京同泰联科技发展有限公司
R-210 旋转蒸发仪	瑞士步琪有限公司
MB45 水分测定仪	奥豪斯仪器（上海）有限公司
CH-8853 LabMaster-aw 水分活度仪	瑞士艾本德公司
SScientz-04 型无菌均质器	宁波新芝生物科技股份有限公司
DL-CJ-2ND I 洁净工作台	北京东联哈尔仪器制造有限公司
5810 R 离心机	德国艾本德公司

二、试验设计仪器（表 3-32）

1. 试验方法

五香酱牛肉的制作参照前期优化过后的工艺，取新鲜牛前腱 30 kg，每组 10 kg，盐水注射加入腌制剂并在真空度为 68 kPa 条件下进行真空间歇滚揉工艺，一个周期为工作 15 min，间歇 5 min，滚揉后于 4 ℃左右温度下腌制 24 h，取腌好后的牛前腱沸水预煮 9 min，最后在 97 ℃条件下蒸煮 210 min，二次包装后 85 ℃水浴中二次杀菌 30 min。之后在 3 个温度水平下贮藏,在 0 d、15 d、30 d、45 d、60 d 时,进行各项指标的测定。

①4 ℃(恒温);

②4/8 ℃(模拟肉制品在货架上所经历的波动温度,一天内只调一次,中午 12 点时调到 8 ℃,晚 5 点左右调回 4 ℃,每天如此);

③4/18 ℃(模拟顾客挑选时所经历的波动温度,一天内只调一次,中午 12 点时调到 18 ℃,晚 5 点左右调回 4 ℃,每天如此)。

注:8 ℃是五香酱牛肉贮藏过程中可能波动的温度(虽然设定的是 4 ℃,难免有波动);18 ℃是在超市陈列期间,被消费者挑选可能经历的波动温度,陈列柜旁温度为 12 ℃左右。

2. 品质测定

(1)水分含量测定

为了将 2DE 凝胶中的蛋白质点实现可视化,本试验参照 Yan 等人的方法,采用银染的方式进行染色,用 UMax Powerlook 2110XL(UMax)对银染胶进行扫描,并采用 ImageMaster 2D Platinum(Version 5.0,GE Amersham)软件对 2-DE 图谱进行分析。本试验的 3 个样品各重复 3 次,共 9 块胶,差异蛋白点检测设置:两组间同一蛋白点的相对丰度之比大于 1.5 倍 t-test($p<0.05$),判定该点为差异表达蛋白点。其余操作要点同去骨试验。

(2)水分活度的测定

将标记的蛋白点切下呈粒状,然后将胶粒切碎后转入离心管中,加入 200~400 μL 的 100 mmol/L NH_4HCO_3/30% 丙烯腈(acrylonitrile,ACN)脱色液(银染:加入 30~50 μL 的 30 mmol/L $K_3Fe(CN)_6$:100 mmol/L $Na_2S_2O_3$ =1:1 脱色液),清洗脱色至透明,吸弃上清,加入 100mmol NH_4HCO_3,室温孵育 15 min。吸弃上清冻干,之后加入 5 μL 2.5~10 ng/μL 测序级 Trypsin(promega)溶液(酶与被分析蛋白质质量比一般为 1:100~1:20),37 ℃反应过夜,20 h 左右;吸出酶解液,转移新离心管中,原管加入 100 μL 的 60% ACN/0.1% 三氟乙酸(trifluoroacetic acid,TFA),超声 15 min,合并酶解液冻干;若有较多盐分,则用微孔膜进行脱盐。

(3)pH 值的测定

对肌肉 pH 测定仪设备进行校准,校准后直接插在样品中心进行测定。

(4)剪切力测定

根据 Xia 的方法并做适当修改,利用 TA-XT plus 型质构分析仪检测样品的嫩度,采用 HDP/BS 探头进行测定。将熟制后的牛前腱切成 2 cm×2 cm×2 cm 大小的肉块,按照与肉样肌纤维垂直的方向测试其剪切力。程序设定:测试模式压缩;测中速度 1 mm/s;测后速度 10 mm/s;目标模式位移;位移 60 mm;触发模式 Button;断裂模式关;停止采集点初始位置。

(5)TBARS 值的测定

根据 Kang、Utrera 等人的方法并做适当修改,称取 0.4 g 肉样,加入 3 mL TBA(硫代巴比妥酸)溶液,15 mL TCA-HCl 溶液,加入 0.05 mL、0.01% 的抗氧化剂(BHT),均质,沸水浴 30 min,冰水冷却。取上述溶液 5 mL,加 5 mL 氯仿,3 000 r/min 下离心 10 min,取上清液,532 nm 下测吸光值。

$$\text{TBARS}(\text{mg/kg}) = \frac{9.48 \times A_{532}}{m}$$

式中 A_{532}——溶液吸光度；

m——样品质量（g）。

2.6 TVB – N 的测定

称取 10 g 样品放入 150 mL 的带塞三角瓶，加入 100 mL 蒸馏水，室温振摇 30 min，用 Whatman Ⅱ 号滤纸进行过滤，滤液 4 ℃ 备用。样液滴入左边 1.00 mL，饱和碳酸钾滴入右边 1 mL，立即盖好，密封后将器皿于桌面上轻轻转动，使样液与碱液混合，中间 1mL 吸收液及 0.05 mL 混合指示液（1 份甲基红乙醇溶液与 5 份溴甲酚绿乙醇溶液临用时混合），密封好 37 ℃ 反应 2 h，后加入指示剂，用 0.01 N 盐酸标准溶液进行滴定。记录数据。

$$\text{TVB} - \text{N}(\text{mg/100g}) = \frac{(V_1 - V_2) \times 0.01 \times 14}{m \times \frac{1}{100}} \times 100$$

式中 V_1——样液消耗盐酸标准滴定溶液的体积（mL）；

V_2——试剂空白消耗盐酸标准滴定溶液的体积（mL）；

0.01——盐酸标准滴定溶液的浓度（mol/L）；

14——滴定 1.0 mL 盐酸[$C(\text{HCL}) = 1.000$ mol/L]；标准滴定溶液相当的氮的质量（g/mol）；

m——试样质量（g）。

(7) 菌落总数的测定

按照《食品安全国家标准 食品微生物学检验 菌落总数测定》（GB4789.2—2016）中的方法进行测定。

(8) N – 二甲基亚硝胺的测定

样品前处理：亚硝胺具有强亲水性、强极性和强挥发性，导致其难以从水相中分离，本试验亚硝胺的提取采用水蒸气蒸馏法，参考《食品安全国家标准食品中 N – 亚硝胺类化合物的测定》（GB 5009.26—2016）。

采用配有 FID 检测器的 GC – 2010 气相色谱仪，经过反复试验得出最佳色谱条件。色谱条件：进样口温度 230 ℃；检测器温度 250 ℃。色谱柱温度：程序升温，初始温度 40 ℃，保持 4 min，以 6 ℃/min 的速度升到 240 ℃，保持 40 min；色谱柱 DB – FFAP：内径 0.25 mm，长 30 m 的毛细管柱。压力：100 kPa。总流量：50 mL/min。吹扫流量：3 mL/min；进样量 1 μL；高纯氮气。

利用 GC solution 色谱工作站分析处理数据，进行分析。

3. 统计分析

每个试验重复 3 次，结果表示为"平均数 ± 标准差"，数据统计分析采用 Statistix 8.1 软件中的 Linear Models 程序进行，差异显著性（$p < 0.05$）分析使用 Tukey HSD 程序，采用 Sigmaplot 12.5 软件作图。

三、试验结果与分析

1. 温度波动对贮藏期间产品水分含量的影响

由图3-9可知,4 ℃、4/8 ℃、4/18 ℃贮藏条件下,贮藏期间产品的水分含量呈现上升趋势,产品的起始水分含量为61.09%。当贮藏时间达到45 d时,4/18 ℃(63.98%)温度条件下贮藏的五香酱牛肉产品的水分含量显著高于4 ℃(62.95%)、4/8 ℃(63.14%)贮藏条件下的五香酱牛肉($p<0.05$)。此时水分含量的变化可能是因为肌肉组织中游离水的增多导致整个产品中水分含量上升,而游离水的增多有可能是因为18 ℃条件下贮藏过程中产品劣变而致使肌肉结构发生了崩解。从另一方面考虑,产品水分含量的上升可能是因为前期参照的产品加工工艺所制成的产品保水性较好,通过改变自由基和活性氧的性质,进而改变蛋白质的结构,最终改变了肉制品的结构。产品pH值发生下降时,蛋白质会发生凝胶化,有可能造成肌肉结构保水能力差。

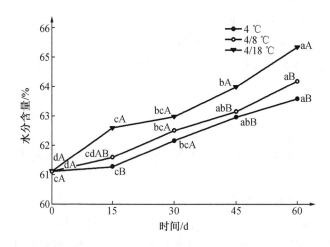

图3-9 温度波动对五香酱牛肉贮藏过程中水分含量(%)的影响

注:同条曲线小写字母不同表示相同处理组在不同贮藏时间之间差异显著($p<0.05$);相同贮藏时间下大写字母不同表示不同处理组之间差异显著($p<0.05$)。

2. 温度波动对贮藏期间产品水分活度的影响

a_w为食品中水分存在的状态,即水分与食品缔合程度。a_w值越高,食品和水分越弱。一般情况下,水分活度随着温度的升高而上升。a_w和pH值被证明是肉品质安全以及货架期稳定性的控制因素,同时与微生物增长也有一定的关系。由图3-10可知,产品的初始a_w为0.954,不同温度波动情况下,五香酱牛肉中水分活度整体是呈上升的趋势,水分活度对产品的品质起着至关重要的作用,它影响肌肉的微观组织结构,a_w也影响肉制品中的菌落的生长。贮藏在4/18 ℃条件下时产品水分活度变化较大,这有可能是因为较高的外部环境致使肌肉中肌浆蛋白遭到破坏,进而影响产品肌肉中水的分布状态,影响产品的水分活度。

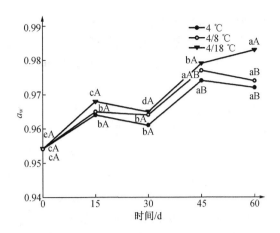

图 3-10　温度波动对五香酱牛肉贮藏过程中水分活度的影响

注：同条曲线小写字母不同表示相同处理组在不同贮藏时间之间差异显著（$p<0.05$）；相同贮藏时间下大写字母不同表示不同处理组之间差异显著（$p<0.05$）。

3. 温度波动水贮藏期间产品 pH 值的影响

由图 3-11 可知，产品的起始 pH 值为 6.42，产品在整个贮藏期间的 pH 值是呈先下降后上升的趋势，下降可能是因为产品中存在的产酸微生物利用牛前腱中的碳水化合物发酵产酸，从而造成 pH 值发生下降的趋势。pH 值下降还与基础分解物质有关，比如腐败菌分解的挥发性碱性胺。有相关研究表明，产品贮藏初期，产品 pH 值的降低主要与真空包装中优势菌乳酸菌快速繁殖有关。贮藏 45～60 d 时，pH 值走向趋于平稳，这可能是因为五香酱牛肉中营养成分被消耗殆尽，微生物的发酵能力和生长代谢减弱，后期微生物聚集产品表面，形成了碳酸，中和了一部分碱性物质，使 pH 值变化不显著。一般情况下整个贮藏期间牛肉 pH 值整体是增加的。4/18 ℃条件下贮藏，产品中的微生物的迅速繁殖加快分解肌肉蛋白产生较多的胺类物质，pH 值呈上升的趋势，过高的贮藏温度使部分蛋白质结构发生分解，产生一系列的碱性小分子等含氮物质。

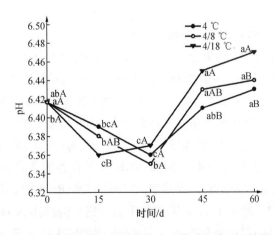

图 3-11　温度波动对五香酱牛肉贮藏过程中 pH 的影响

注：同条曲线小写字母不同表示相同处理组在不同贮藏时间之间差异显著（$p<0.05$）；相同贮藏时间下大写字母不同表示不同处理组之间差异显著（$p<0.05$）。

4. 温度波动对贮藏期间产品嫩度的影响

牛前腿中含有丰富的 MP,它与肉制品中的水分子形成具有一定抗压力的网状结构,这种结构的稳定性除了与加工工艺有关外,还与产品在贮藏期间的状态有关,比如贮藏温度。由图 3 – 12 可知,五香酱牛肉贮藏 0 d 时产品的剪切力为 18.07 N,在三种波动温度条件下,五香酱牛肉产品的剪切力呈先上升后下降的趋势,开始阶段可能是因为肌节的收缩的原因,后期是因为肌纤维的完整性丧失导致,在贮藏 45 d 后,4/18 ℃温度条件下的产品的剪切力达到最大为 37.56 N,与其他贮藏阶段相比剪切力较大其嫩度也较差。pH 值在贮藏过程中对肌肉的嫩度有一定的影响,随着 pH 值的降低,肉的水合作用减小,蛋白质肽键之间静电和氢键作用加大,致使肌肉蛋白的网状结构紧密,剪切力增大。而随着 pH 值向蛋白质等电点中心靠近,肉制品的水合作用降低,此时肉制品的嫩度降低。而当 pH 值偏离等电点时,蛋白质肽键之间的内聚力下降,肉制品的水化作用升高,此时肉制品剪切力变小。

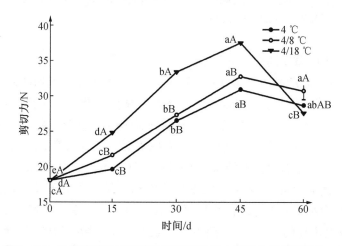

图 3 – 12　温度波动对五香酱牛肉贮藏过程中剪切力(N)的影响

注:同条曲线小写字母不同表示相同处理组在不同贮藏时间之间差异显著($p < 0.05$);相同贮藏时间下大写字母不同表示不同处理组之间差异显著($p < 0.05$)。

5. 温度波动对贮藏期间产品 TBARS 值的影响

肉制品在贮藏过程中,脂肪氧化是肉制品品质恶化的重要原因,它会使肉中的营养物质脂肪酸和脂溶性维生素发生一定的损失。在肉制品低温贮藏期间,微生物的生长繁殖可以得到延缓,但是肌肉的化学变质却是不可逆的,如脂肪氧化和蛋白氧化。肉制品中的脂肪会发生氧化生成醛、酮、酸等小分子物质,TBARS 值反映脂肪的氧化程度。由表 3 – 33 可知,贮藏至 15 d 时,三种波动温度条件下的 TBARS 值分别为 0.24 mg/kg、0.26 mg/kg、0.32 mg/kg,并且 4/18 ℃下的 TBARS 值显著高于 4 ℃、4/8 ℃条件下五香酱牛肉产品的 TBARS 值($p < 0.05$)。当贮藏至 60 d 时,4/18 ℃五香酱牛肉产品的 TBARS 值已经达到 0.56 mg/kg,同时显著高于相同贮藏时间下的 4 ℃、4/8 ℃条件下五香酱牛肉产品的 TBARS 值($p < 0.05$),较高的温度贮藏会对产品的脂肪氧化产生一定的推动作用,这有可能是因为温度高加速了酶的反应过程,同时贮藏温度过高会使肌纤维膜系统受到破坏,导致易氧化的脂肪暴露于空气中,此时色素蛋白质也会发生变性释放出铁等金属离子,加速脂肪氧化过程。同时肉制

品中的自由水的损失也会造成剩余溶液浓度的升高,而这种浓度的升高会造成脂肪进一步发生氧化。高的贮藏温度可以加速产品中丙二醛及相关副产物的形成。在贮藏期间 TBARS 值出现减小的现象,可能是因为次级产物 MDA(丙二醛)与组织中氨基反应生成 1-氨基-3-氨基丙烯。肉类产品在贮藏过程中多不饱和脂肪会由于一系列的链式反应而被氧化,这种氧化变质会影响肉的感官品质以及质构。贮藏在 18 ℃ 条件下,脂肪氧化情况比较明显,这有可能是因为高温度条件下肌细胞破损将酶释放到肌浆中,脂肪氧化进程加快。

表 3-33 温度波动对五香酱牛肉贮藏期间 TBARS 值(mg/kg)的影响

天数	4 ℃	4/8 ℃	4/18 ℃
0	0.07 ± 0.01^{dA}	0.07 ± 0.01^{cA}	0.07 ± 0.01^{dA}
15	0.24 ± 0.03^{bB}	0.26 ± 0.01^{bB}	0.32 ± 0.01^{cA}
30	0.23 ± 0.01^{cC}	0.27 ± 0.01^{bB}	0.29 ± 0.01^{cA}
45	0.30 ± 0.01^{aB}	0.33 ± 0.01^{aB}	0.38 ± 0.02^{bA}
60	0.31 ± 0.01^{aB}	0.32 ± 0.01^{aB}	0.56 ± 0.03^{aA}

6. 温度波动对贮藏期间产品 TVB-N 的影响

总挥发性盐基氮(total volatile basic-nitrogen,TVB-N)值是肉制品中的重要指标,当产品遭受到细菌污染后发生繁殖,细菌分泌的酶引起了脱氨、脱羧反映,致使蛋白质发生分解产生碱性物质,同时该类物质还会与肉腐败过程中的有机酸结合生成一种为盐基态氮($+NH_4 \cdot R-$)的物质累积在肉制品中,肉制品中的 TVB-N 值与肉制品腐败程度成正比。肉制品中的蛋白质由于细菌和内源酶的影响会发生分解,生成含氮的碱性物质。由表 3-34 可知,贮藏期间内产品的 TVB-N 值是呈上升的趋势,三种温度条件下初始值为 1.26 mg/100 g,贮藏 30 d 时,三种温度条件下产品的挥发性盐基氮值之间差异显著($p < 0.05$),并且在 4/18 ℃ 贮藏条件下,产品的 TVB-N 值最大。当贮藏时间达到 60 d 时,在 4 ℃ 条件下贮藏的产品的 TVB-N 值能够达到 12.32 mg/100 g,而 4/18 ℃ 条件下产品的 TVB-N 值已经达到 20.90 mg/100 g,此时产品的腐败程度较明显,产品的整体品质已经受到严重的破坏。肉制品蛋白质发生氧化后,其蛋白质结构会发生改变,羰基含量增加,蛋白质溶解度降低,肌原纤维凝胶强度和蛋白质保水性也会发生降低。

表 3-34 温度波动对五香酱牛肉贮藏期间挥发性 TVB-N 值(mg/100g)的影响

天数	4 ℃	4/8 ℃	4/18 ℃
0	1.26 ± 0.14^{eA}	1.26 ± 0.14^{eA}	1.26 ± 0.14^{eA}
15	2.10 ± 0.14^{dB}	2.61 ± 0.29^{dAB}	3.17 ± 0.21^{dA}
30	6.44 ± 0.28^{cC}	8.02 ± 0.29^{cB}	10.50 ± 0.42^{cA}
45	10.08 ± 0.14^{bC}	11.71 ± 0.21^{bB}	13.91 ± 0.49^{bA}
60	12.32 ± 0.50^{aB}	13.16 ± 0.28^{aB}	20.90 ± 0.56^{aA}

7. 温度波动对贮藏期间产品菌落总数的影响

一般情况下,微生物造成肉制品腐败的原因主要是微生物利用肉制品中的营养物质繁殖并产生代谢产物。贮藏期间微生物对蛋白质、脂肪产生分解或水解力,因差异性而对产品的品质影响不一样。由图3-13可知,五香酱牛肉产品在贮藏期间的菌落总数是呈上升的趋势,当贮藏至30 d、45 d时,在4/8 ℃条件下的产品菌落数显著高于4 ℃的产品菌落数($p<0.05$),贮藏至60 d时,在4/18 ℃条件下的五香酱牛肉产品的菌落总数已经达到4.38 lg(CFU/g),显著高于4 ℃和4/8 ℃条件下的产品菌落数($p<0.05$)。可以看出贮藏在4/18 ℃波动的温度条件下的产品的菌落总数生长较快,其主要原因可能是因为在温度高的情况下细胞内的酶反应和代谢速率都加快,而在低温贮藏条件下,微生物细胞的原生质膜处于凝固状态,不能进行正常的生长代谢。

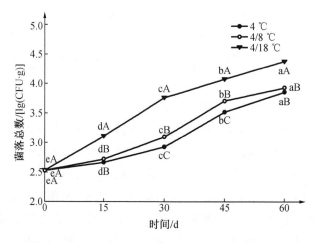

图3-13 温度波动对五香酱牛肉贮藏过程中菌落总数(lg(CFU/g))的影响

8. 温度波动贮藏过程中五香牛前腱中N-二甲基亚硝胺情况分析

亚硝胺为一类对人体致癌的化合物,《食品安全国家标准 食品中污染物限量》(GB 2762—2017)中规定肉制品中N-二甲基亚硝胺的含量不能超过3 μg/kg,否则易对人体产生危害,破坏人体免疫系统。检测的样品中为4 ℃(0 d)、4/18 ℃(60 d),最后结果均为未检出。亚硝酸盐在腌肉及贮藏过程中较大可能地与胺类等含氮物质发生反应生成一系列N-亚硝胺类化合物,当消费者过多地摄入这种物质时,会产生中毒现象,损坏肝脏等器官,这也是引起广大学者对于这一部分的研究与探索的原因。除了亚硝酸盐外,其他的氮氧化合物也会与这些胺类物质发生反应。Magee等人在1596年首次对N-二甲基亚硝胺的致癌性和毒性进行了阐述,Ender等人发现一种名叫青鱼粉的饲料在使用亚硝酸盐进行防腐后,会导致饲养的动物中毒,而经检验后这种制毒的物质正是NDMA。腌肉中一般都会添加亚硝酸盐作为添加剂,不单是为了发色以及典型的风味作用,更多的是因为亚硝酸盐可以较强的抑制肉毒梭状芽孢杆菌的繁殖与产生毒素,而这种抑制的作用是任何添加剂所代替不了的。一般亚硝胺的控制方法主要有阻断、分解、降低生成速率、寻找替代物。

四、讨论

食品中即使水分含量相同,其腐败变质的程度也不一样,因为只有与非水组分结合紧密的水才不会被微生物所利用,a_w 对于贮藏品质非常重要。肉制品在贮藏过程中会经历温度波动,而低温肉制品也不会始终保持在 4 ℃的温度下,设备的不稳定、人为的影响都会造成贮藏期间温度的变化,而这种温度的变化 4/8 ℃会对贮藏时产品的品质产生影响,降低肉制品贮藏品质以及消费者的购买力,更加显著的温度波动 4/18 ℃对肉制品产生的损坏可能达到低温恒定状态下数倍,它影响着贮藏期间的微生物的增殖以及内源酶对蛋白质的降解。当温度由低温 4 ℃升高到 18 ℃的贮藏温度时,肌原纤维和胶原纤维发生严重的崩解,微观结构的适当横向或竖向的伸展,可使肉质得到优化,但这种高温导致的微观结构的恶性变化易使肉制品变质。贮藏温度向 18 ℃波动时也会加速蛋白质和脂肪的自动链式反应,这种反应带来的负面影响则会使细胞外和细胞内的汁液流失,蛋白质中的结合水流出,会导致肌纤维蛋白遭到破坏,蛋白质的降解对于肉的组织形态和颜色也具有影响,肌肉组织遭到破坏后还会降低与水的结合力。TBARS 值在贮藏期间的变化与肉加工方法有关。pH 值的变化情况会影响产品的蒸煮损失与肉色。温度波动期间 pH 值会发生上升,这种升高的情况主要与微生物引起的胺类碱性物质的产生或者是自溶挥发性物质的产生有关,或是因为肉制品中自身的内源酶和微生物引起的。贮藏阶段温度的波动破坏了肌原纤维组织形态,造成溶酶体数量的增加,肌肉蛋白的分解和氧化速度也会加快。菌落总数的上升情况与 TVB－N 值的升高趋势相同,体系中 TVB－N 值的升高也表示着肉制品中碱性物质含量增多,这与微生物分解蛋白质产生胺类等物质有关系,4/8 ℃、4/18 ℃的波动有助于微生物繁殖、ATP 的降解加快。香辛料阻断 N－二甲基亚硝胺的合成可能是与亚硝酸盐发生了氧化还原反应,或者是因为此过程中亚硝胺未产生。温度波动期间,脂肪氧化产生的醛类物质还会与肌原纤维蛋白的侧链形成席夫碱,在某种程度上,会进一步加强肉质量的损失,质地风味的劣变。蛋白质的巯基氧化形成二硫键及羰基化合物,导致蛋白质的聚集变性,影响肌肉食品的口感和质量。通过分析五香酱牛肉在贮藏阶段的变化研究温度波动对五香酱牛肉的品质变化,为五香牛肉类制品的货架期和产品安全质量提供数据和理论支持。

五、结论

低温贮藏可以增加颜色的稳定性减少褪色率,温度升高会使红色的氧合肌红蛋白脱氧形成肌红蛋白,提高其自动氧化的进程。研究发现,随着贮藏过程的进行,在 4 ℃、4/8 ℃、4/18 ℃条件下的五香酱牛肉产品的品质变化情况差异较大,其中在低温 4 ℃正常贮藏条件下产品的整体的保鲜效果较好,在 4/8 ℃贮藏条件下的产品食用品质较差,而在 4/18 ℃条件下贮藏将严重破坏产品的整体品质,产品贮藏后期腐败程度较明显,并且产品的嫩度差,整体的品质严重下降的同时还危害着消费者的健康。贮藏后期在 4 ℃、4/8 ℃条件下产品的 TBARS 值、TVB－N 值均低于 4/18 ℃条件下产品的脂肪蛋白质的氧化值。并且 4/18 ℃

条件下贮藏后期,产品的 a_w 变化较大,产品品质变差,贮藏至 60 d 时产品的 pH 值,高于在 4 ℃、4/8 ℃条件下贮藏的产品的 pH 值,蛋白氧化程度较明显。肉的氧化酸败主要是基于肌红蛋白的氧化和脂肪的自由基氧化。低温五香酱牛肉在贮藏过程中必须严格控制贮藏或流通温度,以保证产品销售期间的整体食用安全品质。

本章参考文献

[1] 丁婷,李婷婷,励建荣. 0 ℃冷藏三文鱼片新鲜度综合评价[J],中国食品学报,2014,11(4):252-259.

[2] XIA X F, KONG B H, LIU J, et al. Influence of different thawing methods on physicochemical changes and protein oxidation of porcine longissimus muscle[J]. LWT - Food Science and Technology, 2012, 46(1): 280-286.

[3] ZHANG L, LENG Y H. Effect sage(Salvia officinalis) on the oxidative stability of Chinese - style sausage during refrigerated storage[J]. Meat Science, 2013, 95(2): 146-147

[4] BERTRAM H C, Annette S, KATIJA R, et al. Physical changes of significance for early post mortem water distribution in porcine M. longissimus [J]. Meat Science, 2004, 66(4): 915-924.

[5] KANG D C, Zou Y H, CHENG Y P, et al. Effects of power ultrasound on oxidation and structure of beef proteins during curing processing[J]. Ultrasonics Sonochemistry, 2016, 33: 47-53.

[6] UTRERA M, MORCUENDA D, ESTEVEZ M. Temperature of frozen storage affects the nature and consequences of protein oxidation in the beef patties[J]. Meat Science, 2014, 96(3):1250-1257.

[7] UTRERA M, PARRA V, ESTEVÉZ M. Protein oxidation during frozen storage and subsequent processing of different beef muscles[J]. Meat Science, 2014, 96(2): 814-815.

[8] BERTRAM H C, SUNE D, ANDERS H K. Continuous distribution analysis of T_2 relaxation in meat - an approach in the determination of water - holding capacity[J]. Meat Science, 2002, 60(3): 279-285.

[9] XIA X F, KONG B H, LIU Q, et al. Physicochemical change and protein oxidation in porcine longissimus dorsi as influenced by different freeze - thaw cycles [J]. Meat Science, 2009,83(2): 239-245.

[10] MCKENNA D R, MIES P D, BAIRD B E, et al. Biochemical and physical factors affecting discoloration characteristics of 19 bovine muscles[J]. Meat Science, 2005,70(4):664-681.

[11] ZHANG J, WANG Y, PAN D D. Effect of black pepper essential oil on the quality fresh pork during storage[J]. Meat Science, 2016, 117(4): 131-132.

[12] ESSENTIAL O, CHICKEN S, ANTI M A, et al. Use of various essential oils as bio preservatives and their effect on the quality of vacuum packaged fresh chicken sausages under frozen conditions[J]. LWT – Food Science and Technology, 2017, 81(1): 118–127.

[13] OZEL M Z, GOGUS F, YAGCI S, et al. Determination of volatile nitrosamines in various meat products using comprehensive gas chromatography nitrogen chemiluminescence detection[J]. Food and Chemical Toxicology: An International Journal Published for the British Industrial Biologinal Research, 2010, 48(11): 3268–3273.

[14] MAGEE P N, BARNES J M. The production of malignant primary hepatic tumours in the rat by feeding dimethylnitrosamine[J]. British Journal of Cancer, 1956, 10(1): 114–122.

[15] ENDER F, HAVRE G, Helgebostad A, et al. Isolation and identification of a hepatotoxic factor in herring meal produced from sodium nitrite preserved herring[J]. Naturwissenschaften, 1964, 51(24): 637–638.

[16] GANHAO R, MORCUENDE D, ESTÉVEZ M. Protein oxidation in emulsified cooked burger patties with added fruit extracts: influence on colour and texture deterioration during chill storage[J]. Meat Science, 2010, 85(3): 402–409.

[17] BENJAKUL S, VISESSANGUAN W, KIJROONGROJANA K, et al. Effect of heating on physical properties and microstructure of black tiger shrimp (Penaeus monodon) and white shrimp (Penaeus vannamei) meats[J]. International Journal of Food Science and Technology, 2008, 43(6): 1066–1072.

[18] MAGEE P N, BARNES J M. The experimental production of tumours in the rat by dimethylnitrosamine (N – nitroso dimethylamine)[J]. Acta Unio Int Contra Cancrum, 1959, 15(1): 187–190.

第四章 北方酱卤猪手品质提升的关键技术

随着人们消费和饮食习惯的变化,人们对高品质、高营养、易食用的产品的追求率逐步上升。现在市场上常见的方便肉类食品多以肉干肉脯类为主。酱卤猪手是具有典型北方特色的中式酱卤肉制品,但是酱卤猪手的消费局限性较大,究其原因在于酱卤猪手的风味和品质不稳定,配方多变,加工工艺参数模糊,且作坊式生产中还存在添加剂乱用等关键问题,另外一个重要原因还在于酱卤猪手的食用方便性,酱卤猪手由于多汁、块头大,不便于携带,食用方式多为居家餐食,也间接影响了其销量。本章针对酱卤猪手风味和品质不稳定、加工工艺参数模糊,以及块头大不便于携带等加工和销售中存在的关键问题,以猪手为原料,对休闲即食酱卤猪手配方、产品特点以及工艺及参数进行系统研究,并分别应用4种保鲜剂处理北方酱卤猪手,考察北方酱卤猪手在贮藏期间产品品质变化。

第一节 酱卤猪手配方优化

肉制品的颜色、嫩度、风味、保水性和多汁性是影响肉制品食用品质的主要因素。肉制品的食用品质反映了肉制品的消费性能和潜在价值,也直接影响消费者对肉制品的购买欲。而酱卤制品的最大卖点更在于其风味,酱卤制品中的香辛料和调味料等辅料是决定酱卤制品风味的关键因素。而中式酱卤制品由于其生产的地域不同、人们的消费习惯不同,所以各个地区的酱卤制品特点均不同。而且由于酱卤制品受加工工艺和人们消费习惯的限制,其酱卤制品风味和品质均受到不同程度的影响。因此,为了进一步促进传统肉制品的工业化生产,迫切需要对传统酱卤制品的配方和加工工艺进行系统研究。本节以猪手为主要原料对酱卤猪手的配方进行优化。

一、试验材料

1. 主要试验材料(表4-1)

表4-1 主要试验材料

材料	厂家
茶多酚	上海梦荷生物科技有限公司
Nisin	山东福瑞达生物科技有限公司
溶菌酶	东恒华道生物技术有限公司
丁香提取物	湖南郎林生物资源有限公司
猪手	黑龙江笨嘴食品加工有限公司

表 4-1（续）

材料	厂家
盐	中国盐业集团有限公司
味精	梅花味精股份有限公司
冰糖	广州佰诗的贸易有限公司
海天上等耗油	佛山市海天调味食品股份有限公司
海天酱油	佛山市海天调味食品股份有限公司
海天老抽	佛山市海天调味食品股份有限公司
三氯乙酸	四川鸿康药物化学有限公司
2-硫代巴比妥酸	上海立科药物化学有限公司
无水硫酸钠	北京依诺泰药物化学技术有限公司
硼酸	上海鼎雅药物化学科技有限公司
平板计数琼脂	格里斯（天津）医药化学技术有限公司

2. 主要试验仪器（表 4-2）

表 4-2 主要试验仪器

仪器名称	生产厂家
TA-XT plus 质构分析仪	英国 Stable Micro Systems 公司
NMI20-Analyst 低场核磁共振分析仪	上海纽迈电子科技有限公司
CR-410 色彩色差计	柯尼卡美能达（中国）投资有限公司
WS-Z20 欣琪电热恒温蒸煮锅	莲梅实业有限公司
S-340GN(HITACHI)型扫描电镜	日本日立公司
VTS-42 真空滚揉机	美国 BIRO（必劳）公司
SScientz-04 型无菌均质器	上海卡耐兹实验仪器设备有限公司
5810 R 离心机	广东科劳斯实验室仪器设备有限公司
SPECORD 210 plus 紫外可见分光光度计	长春市奥特实验室设备有限公司
CAV214C 电子天平	上海安帕特实验室仪器有限公司
DZ-600/2S 真空包装机	山东亿煤机械装备制造有限公司
7890B 气相色谱	杭州瑞析科技有限公司
5975C 质谱仪	泰灵佳科技（北京）有限公司
DB-Wax(30m×250 μm×0.25 μm)色谱柱	南京科捷分析仪器有限公司
MB45 水分测定仪	奥豪斯仪器（上海）有限公司
CH-8853 LabMaster-aw 水分活度仪	无锡市华科仪器仪表有限公司

二、试验设计

1. 配方优化工艺流程(图4-1)

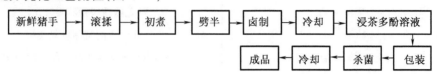

图4-1 配方优化工艺流程

2. 操作要点

(1)原料选择:选择来自非疫区经过卫生检验合格的新鲜猪手。尽量挑选大小整齐、肥壮丰满、皮色新鲜的猪手为原料。

(2)滚揉:选择好的原料在真空度为68 kPa的条件下进行真空间歇滚揉工艺,一个周期为工作15 min,间歇5 min,滚揉时间30 min。

(3)初煮:初煮过程水和猪手的质量比为2:1,10 kg猪手加入40 mL料酒、20 g。鲜姜和20 g大葱,初煮时间15 min,初煮的目的是去异味。

(4)劈半:去除猪手残毛,从肉缝正中入刀,避免出现碎骨。

(5)卤制:以猪手质量计量加入调味料和香辛料包,料包冷水入锅,锅中温度达到卤制所需温度97 ℃后将猪手放入锅中,卤制时间150 min。

(6)浸茶多酚溶液:卤制好的猪手冷却至室温,放入2%茶多酚溶液中浸泡2 min。浸泡后的猪手取出沥干1 min进行真空包装。

(7)杀菌:包装后的产品进行水浴巴氏杀菌,杀菌温度85 ℃,杀菌时间20 min,最终产品置于4 ℃条件下贮藏。

3. 试验设计

以猪手为主要原料对酱卤猪手的配方进行优化。食盐添加量为猪手质量的百分比(3.2%、3.6%、4.0%、4.4%、4.8%)、酱油添加量为猪手质量的百分比(3.2%、3.6%、4.0%、4.4%、4.8%)、老抽添加量为猪手质量的百分比(2.8%、3.2%、3.6%、4.0%、4.4%、4.8%)、冰糖添加量为猪手质量的百分比(0.1%、0.3%、0.5%、0.7%、0.9%)。对4个变量做单因素试验,以感官评分为主要评价指标,以出品率、色差、嫩度为辅助评价指标,研究各个因素对休闲酱卤猪手品质的影响。单因素试验因素水平表见表4-3。

表4-3 单因素试验因素水平表

水平	食盐添加量/%	冰糖添加量/%	酱油添加量/%	老抽添加量/%
1	3.2	0.1	2.8	3.2
2	3.6	0.3	3.2	3.6
3	4.0	0.5	3.6	4.0
4	4.4	0.7	4.0	4.4
5	4.8	0.9	4.4	4.8

三、结果与分析

1. 食盐添加量对酱卤猪手品质的影响

表4-4反映的是不同食盐添加量对酱卤猪手出品率、水分含量、剪切力和感官评分的影响。由表4-2可知食盐添加量为3.2%、3.6%、4.0%、4.4%、4.8%时,产品的出品率分别为93.83%、95.33%、93.5%、91.83%、90.33%,食盐添加量为3.6%的时候出品率达到最高值95.33%。随着食盐添加量的增加,产品的水分含量先增加后下降,食盐添加量为4.4%的时候,产品的水分含量达到最高值55.00%,食盐添加量为4.8%时,水分含量最低为53.42%,这可能是因为随着食盐添加量的增加,盐溶性蛋白质的溶解度提高使产品的保水性增加。随着食盐添加量的增加,产品的剪切力呈先增加后降低的趋势,但是差异不显著($p>0.05$),可能是因为食盐添加量的改变会引起表面电荷分布,肌动蛋白和肌球蛋白溶解量减小。食盐添加量为3.2%、3.6%、4.0%、4.4%、4.8%时,产品的感官评分分别为29.66、33.00、39.33、34.33、31.66,食盐添加量为4.0%时产品的感官评分达最高达到39.33。

表4-5反映的是不同食盐添加量对酱卤猪手外侧和内侧色差的影响。由表3-2可以看出食盐添加量为3.6%时产品外侧的亮度值(L^*)为41.12,红度值(a^*)为9.51达到试验水平最高,但是随着食盐添加量的增加产品的颜色变化差异都是不显著的($p>0.05$),这说明食盐添加量对产品的颜色变化影响不大。

表4-4 食盐添加量对酱卤猪手出品率、水分含量、剪切力、感官评分的影响

食盐添加量/%	出品率/%	水分含量/%	剪切力/N	感官评分
3.2	93.83 ± 0.76[ab]	53.81 ± 1.07[ab]	14.66 ± 1.21[a]	29.66 ± 0.57[d]
3.6	95.33 ± 0.29[a]	53.94 ± 1.21[a]	14.79 ± 0.96[a]	33.00 ± 1.00[bc]
4.0	93.50 ± 0.50[b]	54.31 ± 0.94[b]	15.26 ± 1.59[a]	39.33 ± 0.57[a]
4.4	91.83 ± 0.76[c]	55.00 ± 0.91[c]	15.86 ± 1.33[a]	34.33 ± 1.15[b]
4.8	90.33 ± 0.29[c]	53.42 ± 0.71[d]	13.69 ± 0.71[a]	31.66 ± 0.57[cd]

注:同列肩标不同字母表示差异显著($p<0.05$)。

表4-5 食盐添加量对酱卤猪手外侧和内侧色差的影响

食盐添加量/%	外色差			内色差		
	L^*	a^*	b^*	L^*	a^*	b^*
3.2	38.33 ± 2.63[a]	8.97 ± 0.70[a]	13.50 ± 1.59[a]	52.63 ± 1.68[a]	5.39 ± 0.60[a]	15.36 ± 3.14[a]
3.6	41.12 ± 1.41[a]	9.51 ± 0.13[a]	12.17 ± 1.34[a]	49.75 ± 2.10[a]	5.63 ± 0.14[a]	12.57 ± 1.02[a]
4.0	36.06 ± 2.99[a]	8.60 ± 0.55[a]	10.64 ± 1.65[a]	48.97 ± 0.06[a]	5.66 ± 0.29[a]	14.28 ± 1.02[a]
4.4	40.56 ± 0.52[a]	8.62 ± 0.19[a]	14.80 ± 0.24[a]	50.62 ± 1.32[a]	5.82 ± 0.14[a]	12.27 ± 0.94[a]
4.8	40.13 ± 0.54[a]	8.29 ± 0.10[a]	14.12 ± 0.12[a]	52.94 ± 0.31[a]	5.37 ± 0.19[a]	14.34 ± 2.26[a]

注:同列肩标不同字母表示差异显著($p<0.05$)。

2. 冰糖添加量对酱卤猪手品质的影响

表4-6反映的是不同冰糖添加量对酱卤猪手出品率、水分含量、剪切力和感官评分的影响。由表4-5可以看出冰糖添加量为0.1%、0.3%、0.5%、0.7%、0.9%时,产品的出品率分别为92.83%、92.50%、91.66%、92.50%、91.33%,出品率变化差异不显著($p>0.05$)。冰糖添加量0.7%时水分含量为53.70%,冰糖添加量为0.9%时,水分含量为51.77%,水分变化差异不显著($p>0.05$);剪切力变化差异不显著($p>0.05$);冰糖添加量为0.1%、0.3%、0.5%、0.7%、0.9%时,产品的感官评分分别为36.20、39.00、43.60、39.60、36.40,冰糖添加量为0.5%时,产品的感官评分达到最大值为43.60,与冰糖添加量0.1%、0.3%、0.7%、0.9%时相比感官评分差异显著($p<0.05$)。

表4-7反映的是不同冰糖添加量对休闲酱卤猪手外侧和内侧色差的影响。由表4-6可以看出冰糖添加量为0.1%、0.3%、0.5%、0.7%、0.9%时,产品外侧红度值(a^*)为8.86、9.57、10.51、9.94、9.82,冰糖添加量为0.5%的时候,产品的红度值达到最高值为10.51,这可能是冰糖随着卤制温度的升高和卤制时间的延长发生了美拉德反映对产品红度值产生影响。随着冰糖添加量的变化产品内侧颜色的变化差异不显著($p>0.05$)。

表4-6 冰糖添加量对酱卤猪手出品率、水分含量、剪切力、感官评分的影响

冰糖添加量/%	出品率/%	水分含量/%	剪切力/N	感官评分
0.1	92.83 ± 0.28[a]	51.88 ± 1.82[a]	13.10 ± 0.54[a]	36.20 ± 1.30[d]
0.3	92.50 ± 0.86[a]	53.84 ± 1.41[a]	13.35 ± 1.08[a]	39.00 ± 0.71[bc]
0.5	91.66 ± 1.25[a]	52.92 ± 0.69[a]	13.99 ± 0.95[a]	43.60 ± 1.14[a]
0.7	92.50 ± 1.80[a]	53.70 ± 1.65[a]	13.76 ± 3.02[a]	39.60 ± 1.34[b]
0.9	91.33 ± 0.76[a]	51.77 ± 1.93[a]	13.77 ± 1.28[a]	36.40 ± 2.30[cd]

注:同列肩标不同字母表示差异显著($p<0.05$)。

表4-7 冰糖添加量对酱卤猪手外侧和内侧色差的影响

冰糖添加量/%	外色差			内色差		
	L^*	a^*	b^*	L^*	a^*	b^*
0.1	36.64 ± 2.49[a]	8.86 ± 0.21[bc]	11.67 ± 2.89[a]	53.11 ± 0.89[a]	4.19 ± 0.25[a]	15.06 ± 0.80[ab]
0.3	38.64 ± 2.38[a]	9.57 ± 0.33[ab]	12.35 ± 1.56[a]	53.80 ± 2.86[a]	4.55 ± 0.48[a]	14.08 ± 1.21[ab]
0.5	38.48 ± 4.18[a]	10.51 ± 0.29[a]	13.21 ± 5.81[a]	51.50 ± 2.33[a]	4.13 ± 0.31[a]	15.27 ± 0.59[a]
0.7	38.07 ± 2.74[a]	9.94 ± 0.69[a]	13.04 ± 2.93[a]	50.31 ± 0.12[a]	4.11 ± 0.17[a]	12.69 ± 0.02[b]
0.9	38.83 ± 4.62[a]	9.82 ± 0.27[a]	13.36 ± 3.25[a]	49.35 ± 0.77[a]	4.37 ± 0.56[a]	14.28 ± 1.37[ab]

注:同列肩标不同字母表示差异显著($p<0.05$)。

3. 酱油添加量对酱卤猪手品质的影响

表4-8反映的是不同酱油添加量对酱卤猪手出品率、水分含量、剪切力和感官评分的影响。由表4-7可以看出酱油添加量为2.8%、3.2%、3.6%、4.0%、4.4%时,产品的出品

率分别为91.66%、92.00%、91.33%、91.50%、91.33%,随着酱油添加量的增加,产品的出品率变化差异不显著差异不显著($p>0.05$),酱油添加量对产品出品率影响不大。酱油添加量为3.2%时产品的水分含量为54.20%,水分含量的变化差异不显著($p>0.05$)。酱油是由大豆、小麦、食盐为主要原料经发酵而成的液体调味品,其中的主要成分除食盐外还含有很多氨基酸、有机酸和糖类。食盐可能是其中影响产品剪切力的主要因素之一,随着酱油添加量的增多产品中蛋白质变性持水力下降剪切力随之升高,肉嫩度下降,但是随着酱油添加量继续增加,产品剪切力变化不显著($p>0.05$)。酱油添加量为2.8%、3.2%、3.6%、4.0%、4.4%时,产品的感官评分为37.80、42.80、42.20、37.00、33.80,酱油添加量为3.2%时产品的感官评分最高达到42.80,酱油添加量为3.6%时产品感官评分为42.20,两个样品感官差异不显著($p>0.05$),其余三组样品的感官评分和这两组之间差异显著($p<0.05$),酱油添加量太低时味道不明显、上色不好,影响产品的口感和色泽,酱油添加量过多时产品味道过重、颜色太深,影响产品的感官评价。

表4-9反映的是不同酱油添加量对酱卤猪手外侧和内侧色差的影响。由表4-9可知酱油添加量为2.8%、3.2%、3.6%、4.0%、4.4%时,产品的红度值(a^*)为10.47、11.29、9.71、8.45、8.64,大体上先增加再下降,酱油添加量为3.2%的时候产品的红度值(a^*)最高,产品颜色最好,随着酱油添加量的增加,产品颜色变暗加深,红度值下降。随着酱油添加量的不断增加,产品外侧的亮度值(L^*)呈现不断下降的趋势,黄度值(b^*)先增加后下降。产品内侧色差变化差异不显著($p>0.05$)。

表4-8 酱油添加量对酱卤猪手出品率、水分含量、剪切力、感官评分的影响

酱油添加量/%	出品率/%	水分含量/%	剪切力/N	感官评分
2.8	91.66 ± 1.25^a	53.77 ± 1.55^a	13.98 ± 2.34^a	37.80 ± 1.09^b
3.2	92.00 ± 0.86^a	54.20 ± 0.80^a	14.66 ± 4.11^a	42.80 ± 0.83^a
3.6	91.33 ± 1.52^a	53.05 ± 0.82^a	15.19 ± 2.68^a	42.20 ± 1.09^a
4.0	91.50 ± 1.80^a	53.31 ± 1.16^a	12.26 ± 1.46^a	37.00 ± 1.73^b
4.4	91.33 ± 1.63^a	8.64 ± 0.07^d	12.00 ± 0.95^a	33.80 ± 1.94^b

注:同列肩标不同字母表示差异显著($p<0.05$)。

表4-9 酱油油添加量对酱卤猪手外侧和内侧色差的影响

酱油添加量/%	外色差			内色差		
	L^*	a^*	b^*	L^*	a^*	b^*
2.8	40.69 ± 10.10^a	10.47 ± 0.37^b	12.83 ± 4.96^a	52.96 ± 1.49^{ab}	6.28 ± 0.37^a	15.22 ± 2.43^a
3.2	40.54 ± 1.18^a	11.29 ± 0.16^a	18.24 ± 0.81^a	55.40 ± 1.55^a	5.54 ± 0.05^a	16.27 ± 0.41^a
3.6	39.72 ± 0.71^a	9.71 ± 0.24^c	14.87 ± 0.62^a	54.57 ± 2.69^a	6.73 ± 0.17^a	15.82 ± 1.74^a
4.0	38.80 ± 1.83^a	8.45 ± 0.34^d	12.04 ± 1.30^a	55.64 ± 1.02^a	6.03 ± 0.48^a	17.47 ± 0.49^a
4.4	36.98 ± 1.63^a	8.64 ± 0.07^d	12.00 ± 0.95^a	48.50 ± 1.94^b	6.45 ± 1.13^a	13.83 ± 1.32^a

注:同列肩标不同字母表示差异显著($p<0.05$)。

4. 老抽添加量对酱卤猪手品质的影响

表4-10反映的是不同老抽添加量对酱卤猪手出品率、水分含量、剪切力和感官评分的影响。由表4-10可以看出老抽添加量对产品出品率的影响差异不显著($p>0.05$),随着老抽添加量的增加产品的水分含量先增加再下降,水分含量变化差异不显著($p>0.05$)。剪切力是可以表示肉嫩度的指标之一。在老抽添加量为3.2%、3.6%、4.0%、4.8%时剪切力变化差异不显著($p>0.05$),但是老抽添加量为4.4%时产品剪切力降低为12.69,可能是购买的原料存在差异导致。试验过程中发现原料大小和完整程度都对产品的质量有所影响。在购买原料时尽量挑选大小合适,外部完整的猪手,但是还是避免不了个别原料具有的差异性。老抽添加量为4.0%时剪切力为15.27。老抽添加量为3.2%、3.6%、4.0%、4.4%、4.8%时,产品的感官评分为36.20、39.40、42.20、37.80、34.40,老抽添加量为4.0%,产品的感官评分最高达到为42.20,与其他几组产品感官评分差异显著($p<0.05$)。老抽的主要作用是调味与上色,老抽添加量低产品颜色浅,老抽添加量高产品颜色发黑,味道略苦,导致产品的感官评分降低。

表4-11反映的是不同酱油添加量对酱卤猪手外侧和内侧色差的影响。由表4-11可以看出老抽添加量为3.2%、3.6%、4.0%、4.4%、4.8%时,产品的红度值(a^*)为9.26、11.45、10.47、9.63、8.65,老抽添加量为3.6%的时候产品的红度值最高,与其他几组产品差异显著($p<0.05$)。老抽是生抽经过多次提取加入焦糖,其颜色较浓,随着老抽添加量的增加,加热过程中老抽的染色性与其中的焦糖有很大关系,焦糖是老抽本身颜色较深及着色的主要原因产品外侧的亮度值和黄度值之间变化差异不显著($p>0.05$)。老抽添加量为4.0%的时候产品内侧的红度值为6.44,可能是因为猪手在加工过程中受到了磕碰产生了瘀血,使产品内侧的红度值偏高。

表4-10 老抽添加量对酱卤猪手出品率、水分含量、剪切力、感官评分的影响

老抽添加量/%	出品率/%	水分含量/%	剪切力/N	感官评分
3.2	91.50±0.86[a]	52.02±2.76[a]	15.06±0.80[ab]	36.20±1.09[cd]
3.6	91.50±1.80[a]	52.68±0.62[a]	14.08±1.21[ab]	39.40±1.14[b]
4.0	90.50±0.50[a]	51.76±1.51[a]	15.27±0.59[a]	42.20±1.09[a]
4.4	91.00±1.32[a]	51.25±0.81[a]	12.69±0.02[b]	37.80±1.09[bc]
4.8	91.83±0.57[a]	51.20±0.91[a]	14.28±1.37[ab]	34.40±1.51[d]

注:同列肩标不同字母表示差异显著($p<0.05$)。

表4-11 老抽添加量对酱卤猪手外侧和内侧色差的影响

老抽添加量/%	外色差			内色差		
	L^*	a^*	b^*	L^*	a^*	b^*
3.2	40.20±0.76[a]	9.26±0.19[c]	13.65±0.68[a]	58.34±3.01[a]	4.94±0.76[a]	14.16±0.97[ab]
3.6	35.40±2.89[a]	11.45±0.40[a]	11.15±1.60[a]	56.070±1.91[a]	5.65±1.01[a]	15.91±1.80[ab]

表 4-11(续)

老抽添加量 /%	外色差			内色差		
	L^*	a^*	b^*	L^*	a^*	b^*
4.0	37.02±1.16^a	10.47±0.48^{ab}	11.76±1.89^a	53.01±1.29^{ab}	6.44±0.74^a	17.27±1.26^a
4.4	38.68±2.32^a	9.63±0.45^{bc}	12.21±1.80^a	54.69±2.77^a	5.94±0.73^a	16.20±0.53^b
4.8	38.50±3.21^a	8.65±0.54^c	12.88±2.67^a	49.90±1.19^b	5.81±0.07^a	14.36±0.92^{ab}

注:同列肩标不同字母表示差异显著($p<0.05$)。

综合以上单因素试验结果,加工酱卤猪手的最优配方为食盐添加量4%,冰糖添加量0.7%,酱油添加量3.2%,老抽添加量4.0%,此时风味和品质较好。

四、讨论

酱卤猪手的风味和品质受配方、加工工艺和参数等影响较大,作者前期发现食盐添加量、冰糖添加量、酱油添加量、老抽添加量对酱卤猪手的口感、色泽、味道和香气影响较大。食盐的主要成分为氯化钠,是味咸中性的白色细晶体,作为生活中必不可少的调味品,食盐对食品调味、防腐保鲜、保水性和黏着性都起到重要的作用。冰糖是甜味剂,在肉制品中添加冰糖可以改善产品的滋味,并且能促进胶原蛋白的膨胀和疏松,使肉质松软色泽良好。冰糖比盐更快的分布于肉的组织中,增加渗透压,形成乳酸降低pH值。当蛋白质和碳水化合物同时存在,微生物会先利用碳水化合物,抑制蛋白质腐败。酱油是我国传统的调味品,酱油咸味醇厚香气浓郁,还可增鲜、增色,改善风味。老抽也是经过发酵加工成的酱油的一种,老抽中加入了焦糖色,其作用是着色。单因素试验中以产品出品率、水分含量、色差、剪切力、感官评定为评价指标,可以看出食盐添加量对酱卤猪手的出品率、水分含量、感官评分的影响比较显著,这可能是因为食盐添加量对盐溶性蛋白质的溶解度有较显著的影响,食盐对MP的溶解和溶出也有影响。冰糖添加量对酱卤猪手的感官评分影响较显著,对酱卤猪手的红度值有一定影响,添加冰糖对肉制品有增鲜的作用。添加酱油和老抽都对产品感官评分和颜色有较大影响。

五、结论

通过单因素试验以出品率、水分含量、色差、剪切力、感官评定为评价指标,研究食盐添加量、冰糖添加量、酱油添加量、老抽添加量对酱卤猪手品质的影响,得出酱卤猪手的最佳生产配方为食盐添加量4%,冰糖添加量0.7%,酱油添加量3.2%,老抽添加量4.0%,在此条件下生产得到的产品颜色好、品味佳,综合品质优良。本次试验为酱卤猪手的生产加工提供了可靠的技术支持。

第二节　酱卤猪手去骨试验研究

近年来,随着工业化程度的发展,我国肉制品加工研究方向也发生了较大的改变,同时,随着人们对肉制品品质要求的逐步提高,大多企业和科研人员将深加工肉制品和休闲即食肉制品的开发和研究作为生产和研究的重点。传统肉制品经过千百年来的发展,已形成独有的特色肉制品,如何在传统的基础上创新发展肉制品,如何传承传统制品,并使之实现现代化工业化,使之打破地域限制,扩大消费市场,也已成为现在酱卤肉制品发展的方向之一。

传统酱卤猪手因其多汁、块头大、食用不方便等特点,多以居家餐食为主,为了迎合市场的需要,提高传统酱卤猪手的产业化发展,需对传统酱卤猪手进行产品改良。本研究采用了滚揉、初煮等手段处理猪手,分别优化其处理顺序和处理时间,以期得到去骨率高、出品率高(产品完整性高)的酱卤猪手产品。

一、试验材料

1. 主要试验材料(表4-12)

表4-12　主要试验材料

材料	厂家
茶多酚	上海梦荷生物科技有限公司
Nisin	山东福瑞达生物科技有限公司
溶菌酶	东恒华道生物技术有限公司
丁香提取物	湖南郎林生物资源有限公司
猪手	黑龙江笨嘴食品加工有限公司
盐	中国盐业集团有限公司
味精	梅花味精股份有限公司
冰糖	广州佰诗的贸易有限公司
海天上等耗油	佛山市海天调味食品股份有限公司
海天酱油	佛山市海天调味食品股份有限公司
海天老抽	佛山市海天调味食品股份有限公司
三氯乙酸	四川鸿康药物化学有限公司
2-硫代巴比妥酸	上海立科药物化学有限公司
无水硫酸钠	北京依诺泰药物化学技术有限公司
硼酸	上海鼎雅药物化学科技有限公司
平板计数琼脂	格里斯(天津)医药化学技术有限公司

2. 主要试验仪器（表4-13）

表4-13 主要试验仪器

仪器名称	生产厂家
TA-XT plus 质构分析仪	英国 Stable Micro Systems 公司
NMI20-Analyst 低场核磁共振分析仪	上海纽迈电子科技有限公司
CR-410 色彩色差计	柯尼卡美能达（中国）投资有限公司
WS-Z20 欣琪电热恒温蒸煮锅	莲梅实业有限公司
S-340GN（HITACHI）型扫描电镜	日本日立
VTS-42 真空滚揉机	美国（必劳）公司
SScientz-04 型无菌均质器	上海卡耐兹实验仪器设备有限公司
5810 R 离心机	广东科劳斯实验室仪器设备有限公司
SPECORD 210 plus 紫外可见分光光度计	长春市奥特实验室设备有限公司
CAV214C 电子天平	上海安帕特实验室仪器有限公司
DZ-600/2S 真空包装机	山东亿煤机械装备制造有限公司
7890B 气相色谱	杭州瑞析科技有限公司
5975C 质谱仪	泰灵佳科技（北京）有限公司
DB-Wax(30 m×250 μm×0.25 μm) 色谱柱	南京科捷分析仪器有限公司
MB45 水分测定仪	奥豪斯仪器（上海）有限公司
CH-8853 LabMaster-aw 水分活度仪	无锡市华科仪器仪表有限公司

二、试验设计

1. 工艺流程（图4-2）

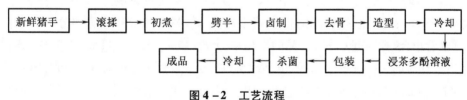

图4-2 工艺流程

2. 操作要点

（1）去骨：尽量保持皮筋的整体性，容易造型；去骨时保留猪手脚趾的完整，不进行去骨，去除猪手其余部分的骨头。

（2）造型：去骨后的猪手在温度未下降时用保鲜膜包裹，卷成卷状。

（3）冷却：将保鲜膜包裹的猪手放入冰箱冷藏室，使猪手温度下降。将降温后的猪手卷进行切片。

其余操作要点同配方优化部分操作要点相同。

3. 试验设计

传统酱卤猪手因其具有多汁、块头大、食用不方便等特点,多以居家餐食为主,为了迎合市场的需要,提高传统酱卤猪手的产业化发展,需对传统酱卤猪手进行产品改良。本研究采用了滚揉、初煮等手段处理猪手,分别优化其处理顺序和处理时间,以期得到去骨率高、出品率高(产品完整性高)的休闲酱卤猪手产品。通过查阅参考文献和对于能源消耗的考虑,在研究滚揉工艺对产品的影响时,对产品先进行滚揉后进行初煮,初煮时间固定为 10 min,滚揉时间为 0 min、30 min、60 min、90 min 和 120 min;在研究初煮工艺对产品的影响时,对产品先进行初煮后进行滚揉,滚揉时间固定为 30 min,初煮时间为 0 min、10 min、20 min、30 min 和 40 min。

表 4-14 是固定初煮时间,滚揉时间作为变量。

表 4-14 滚揉时间对酱卤猪手去骨影响因素水平表

水平	1	2	3	4	5
滚揉时间/min	0	30	60	90	120

表 4-15 是固定滚揉时间,初煮时间作为变量。

表 4-15 初煮时间对酱卤猪手去骨影响因素水平表

水平	1	2	3	4	5
初煮时间/min	0	10	20	30	40

三、结果与分析

1. 滚揉对酱卤猪手出品率、去骨率、水分含量、感官评分的影响

表 4-16 反映的是滚揉时间对酱卤猪手出品率、水分含量和感官评分的影响。由表 4-16 可以看出,滚揉时间 0 min 产品的出品率为 93.45%,水分含量为 52.77%,感官评分为 34.37;滚揉时间 30 min 时产品的出品率为 92.14%,水分含量为 51.93%,感官评分为 37.75;滚揉 30 min 与不添加滚揉工艺相比出品率略有下降,水分含量略有下降,但是感官评分有所上升。这可能是因为在滚揉过程中猪手受到机械力的作用,自由水流失,产品的出品率和水分含量都有所下降,加入滚揉工艺有效地加速产品在卤制过程中对汁液的吸收,使产品的滋味和口感都有所上升,感官评分随之升高。滚揉时间达到 60 min 时产品的出品率达到最大值 94.59%,水分含量达到最大值 54.27%,这可能是因为随着滚揉的进行,肌肉组织松弛腌制液进入,盐融性蛋白也向肉表面富集,从而提高了产品的保水性;滚揉时间 60 min 时产品感官评分达到最高值 43.75。滚揉 90 min 产品出品率为 93.81%,与滚揉 60 min 时产品出品率相比差异不显著($p > 0.05$)。滚揉达到 120 min 时产品各个指标都有所下降,出品率下降到 89.91%,水分含量也随之下降到 42.63%,可能是因为滚揉时间过长

导致滚揉过度肌肉组织松散可溶性蛋白质溶出汁液损失严重。在对产品进行去骨的过程中,随着滚揉时间的延长去骨效率增加,去骨进行更加容易,产品口感以及味道都有所下降。

表 4-16 滚揉时间对酱卤猪手出品率、水分含量、感官评分的影响

滚揉时间/min	出品率/%	水分含量/%	感官评分
0	93.45 ± 0.50^{ab}	52.77 ± 1.27^{ab}	34.37 ± 0.75^{d}
30	92.14 ± 0.98^{b}	51.93 ± 0.84^{ab}	37.75 ± 0.95^{c}
60	94.59 ± 0.26^{a}	54.27 ± 1.37^{a}	43.75 ± 0.95^{a}
90	93.81 ± 0.44^{ab}	50.84 ± 0.89^{b}	40.50 ± 1.29^{b}
120	89.91 ± 0.96^{c}	42.63 ± 1.47^{c}	39.50 ± 1.29^{bc}

注:同列肩标不同字母表示差异显著($p<0.05$)。

2. 滚揉对酱卤猪手剪切力的影响

在肉制品评价中剪切力是一项非常重要的指标,在某些时候剪切力可以表示肉的嫩度,肉嫩度和剪切力呈负相关。众所周知,肉的嫩度取决于肌原纤维和胶原蛋白变性的程度,肌原纤维的韧性在很大程度上由肌原纤维蛋白和细胞骨架蛋白决定。在肉制品生产过程中加工方式对于肉制品的感官品质和产品的安全具有很重要的作用。图4-3反映的是不同滚揉时间对酱卤猪手剪切力的影响。由图4-3可以看出随着滚揉时间的延长产品皮和筋的剪切力都呈不断下降的趋势,说明滚揉工艺的增加对酱卤猪手的剪切力有显著影响。结合扫描电镜的结果可以得出,随着滚揉时间的延长产品剪切力不断下降的原因可能是,在滚揉过程中,滚揉的时间越长胶原纤维发生破裂、变性、凝胶化的程度越明显,在接下来的初煮以及卤制过程中肌原纤维的韧性不断地被破坏,胶原蛋白变性及发生溶解,导致产品剪切力随之不断下降。

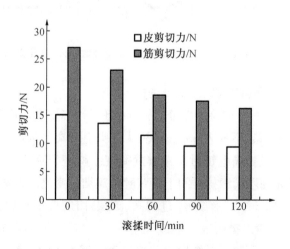

图 4-3 不同滚揉时间对酱卤猪手剪切力的影响

3. 滚揉对酱卤猪手水分分布的影响

图4-4反映的是不同滚揉时间对酱卤猪手 T_2 弛豫时间分布变化。横向弛豫时间 T_2 反映的是水分在肉制品中的存在状态、分布情况和迁移情况。由图4-4可以看出酱卤猪手中存在4种形态的水分，$T_{20}(0\sim1\ ms)$、$T_{21}(1\sim5\ ms)$、$T_{22}(5\sim400\ ms)$、$T_{23}(400\sim1\ 000\ ms$ 以上)分别对应肌肉中的强结合水、弱结合水、不易流动水、自由水，出现强弱两种结合水的原因可能是因为水分子与大分子结合的程度不同。弛豫峰面积反映的是各种状态的水分的相对含量，T_{22} 的峰面积大、信号强度强，可以说明的是酱卤猪手水分中不易流动水含量最高。由图可以看出，不滚揉(0 min)和滚揉过的几组样品不易流动水含量差异显著，这说明滚揉工艺可以有效地改善产品的保水性。随着滚揉时间的延长，酱卤猪手不易流动水含量先增加，可能的原因是蛋白凝胶三维网络结构对不易流动水的束缚能力增强。滚揉时间达到120 min时产品整体水分含量下降，可能是因为蛋白凝胶三维网络结构对不易流动水的束缚能力又随之减弱，产品水分向自由水流动，最后在卤制过程中水分流失严重。滚揉时间达到120 min时 T_{22} 的峰向弛豫时间长的方向移动，这可能是因为滚揉过度导致不易流动水与蛋白质分子结合变弱，产品稳定性下降，汁液损失严重，使产品出品率下降，最终影响产品食用品质。

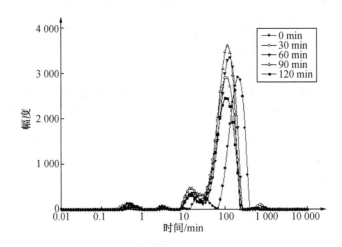

图4-4 不同滚揉时间酱卤猪手的 T_2 弛豫时间分布(先滚揉后初煮)

4. 滚揉对酱卤猪手跟腱微观结构的影响

猪跟腱(蹄筋)是猪手中重要的部分，是一种组织致密排列规则的胶原组织，在传统工艺中存在猪跟腱不易成熟、不易入味、不容易从骨头上分离等问题。将滚揉技术融入传统酱卤猪手的加工中，通过扫描电镜对猪跟腱的微观结构进行观察，了解酱卤猪手的成熟情况。图4-5反映的是在不同滚揉时间下猪跟腱微观结构变化。由图4-5可以看出猪跟腱由很多缠绕编织的胶原纤维束形成，经过初煮、滚揉、卤制等工艺后，这些胶原纤维束发生破裂、变性、凝胶化，在猪跟腱的表面形成大小不一、深浅不均的裂痕或空隙。从图中可以看出随着滚揉时间的延长，胶原纤维发生破裂、变性、凝胶化的程度越明显。这些裂痕和空隙可能是产品成熟和入味均匀的关键，猪跟腱上胶原纤维束破坏程度越大大，猪跟腱上的空隙加深,加工过程中汁液更容易进入产品内部,产品内部受热均匀,产品的风味和嫩度都有所提高,所以滚揉工艺的添加对产品的味道和成熟度具有较好的影响。滚揉 0 min 时猪跟腱表面光滑,添加滚揉工艺对猪跟腱的结构有显著影响,滚揉时间达到 90 min 时胶原纤维束破裂严重,表面组织破裂,蛋白质溶解,结构开始变得疏松,这种现象在滚揉 120 min 时更加明显。

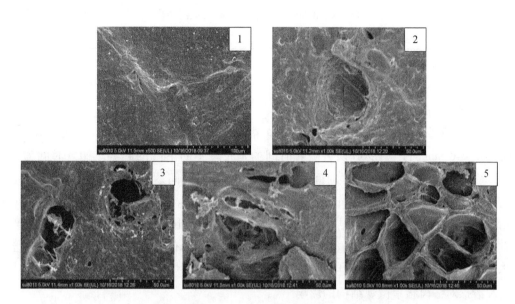

1~5 代表滚揉 0 min、30 min、60 min、90 min、120 min。

图 4-5 不同滚揉时间酱卤猪手跟腱扫描电子显微镜图片

5. 初煮对酱卤猪手出品率、水分含量、感官评分的影响

表 4-17 反映的是时间对休闲酱卤猪手出品率、水分含量和感官评分的影响。由表 4-17 可以看出,初煮时间 0 min、10 min、20 min、30 min、40 min 时产品的出品率分别为 89.31%、91.49%、92.80%、85.49%、83.74%,初煮 20 min 的时候产品的出品率最高,初煮时间达到 30 min 和 40 min 时产品的出品率下降明显,这可能是因为初煮时间延长影响了产品表面的保水性。初煮 20 min 时产品水分含量达到最大值 52.99%,随着预煮时间的增加产品的水分含量下降,可能是因为随着初煮时间的延长蛋白质受热变性,肌纤维紧缩,产品中的自由水流失严重不易流动水析出,结合核磁共振的结果也可以看出。进行初煮的主要目的是去除产品的异味,随着初煮时间的延长,产品的感官评分先升高后降低,初煮 20 min 的时候评分最高达到 41.37,初煮达到 30 min 和 40 min 的时候产品感官评分降低,可能是因为初煮时间长水分流失严重,导致产品口感下降。

表 4-17 初煮对酱卤猪手出品率、水分含量、感官评分的影响

初煮时间/min	出品率/%	水分含量/%	感官评分
0	89.31 ± 1.23[b]	45.15 ± 0.84[bc]	36.75 ± 2.21[b]
10	91.49 ± 0.46[a]	50.69 ± 1.70[a]	39.50 ± 2.38[ab]
20	92.80 ± 0.87[a]	52.99 ± 0.70[a]	41.37 ± 1.60[a]
30	85.49 ± 0.50[c]	47.18 ± 0.94[b]	39.75 ± 1.25[ab]
40	83.74 ± 0.29[c]	43.01 ± 0.83[c]	36.00 ± 1.87[b]

注：同列肩标不同字母表示差异显著（$p<0.05$）。

6. 初煮对酱卤猪手剪切力的影响

图 4-6 反映的是不同初煮时间休闲酱卤猪手剪切力的变化。由图 4-6 可以看出，初煮时间 0~40 min 时产品皮剪切力随着时间的延长呈不断下降的趋势。初煮时间为 0~10 min 时产品筋剪切力随着初煮时间的延长而减小，初煮时间达 30 min 时产品皮剪切力略有上升，但是初煮 30 min 和 40 min 产品筋剪切力下降明显。由此可以看出，初煮工艺对于产品的嫩度具有一定的影响。结合感官评分的结果可以得出，在初煮时间为 20 min 时产品具有良好的口感，初煮时间过长虽然产品的嫩度有所提高，但是由于肌原纤维和胶原蛋白破坏严重会影响产品特有的弹性口感。

7. 滚揉对酱卤猪手微观结构的影响

水分在肉制品加工中具有很重要的作用，水分子的存在形式与分布的状态也会影响肉制品的口感、货架期等。图 4-7 反映的是不同滚揉时间对酱卤猪手 T_2 弛豫时间分布变化。由图 4-7 可以看出，随着初煮时间的延长酱卤猪手不易流动水含量先升高后下降，初煮 10 min 时 T_{22} 与其他处理组相比峰信号强度大，不易流动水相应增多。初煮 40 min 时 T_{22} 值显著降低，这可能是因为自由水是产品中结合最不紧密并且最容易流失的水，随着初煮时间的延长，猪手表面的蛋白质变性流失，保水性下降，导致产品中自由水流失严重。

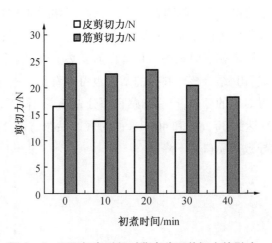

图 4-6 不同初煮时间对酱卤猪手剪切力的影响

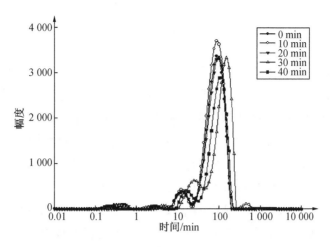

图 4-7　不同初煮时间酱卤猪手的 T_2 弛豫时间分布（先初煮后滚揉）

8. 初煮对酱卤猪跟腱微观结构的影响

对产品进行初煮的主要目的是经过短时间高温水浴去除猪手本身具有的异味，使产品表面蛋白质发生变性提高产品的保水性。图 4-8 反映的是不同滚揉时间猪跟腱微观结构变化。由图 4-8 可以看出，初煮 0 min 时猪跟腱表面平滑，胶原纤维束排列整齐，猪跟腱上可以看到附着的脂肪，表面有少量的空隙；初煮 10 min 和 20 min 时，跟腱上附着的脂肪减少，表面上除空隙外可以看到细微裂痕；初煮 30 min 和 40 min 时，跟腱中的胶原纤维束破坏严重，呈现不规则的排列形态。随着初煮时间的延长猪跟腱中空隙增多，胶原蛋白溶解析出，纤维间连接的能力减弱，产品的嫩度变好。结合感官评分可以得出，随着初煮时间的延长产品的感官评分呈先上升后下降的趋势，可能的原因是初煮时间过长，胶原纤维破坏严重，虽然产品嫩度变好但是却失去猪跟腱特有的弹性口感。

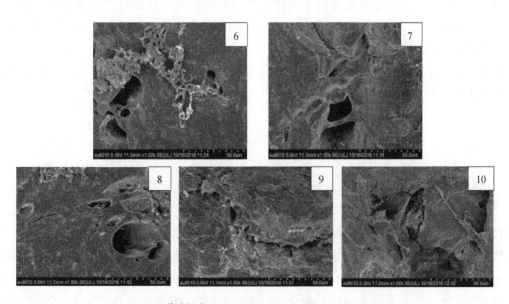

6~10 代表初煮 0 min、10 min、20 min、30 min、40 min。

图 4-8　在不同初煮时间下酱卤猪手跟腱扫描电子显微镜图片

四、讨论

骨肉分离是开发酱卤猪手的关键问题,为了开发一种休闲即食的酱卤猪手,本试验对酱卤猪手采用滚揉和煮制工艺进行去骨研究。滚揉利用的是物理原理,肉在滚揉机内部翻滚撞击,从而改善产品弹性、口感和内部结构,增强保水性,提高出品率。滚揉是否可以对去骨这一工艺产生影响,我们通过试验进行研究。通过在不同滚揉时间后加工的酱卤猪手,对其出品率、水分含量、剪切力、感官评定、水分分布(核磁共振)和扫描电镜进行测定,得出滚揉对酱卤猪手去骨率有显著影响。去骨率可以从两方面考虑:一是去骨的效率较高,即骨肉分离的程度好;二是产品出品率较高。在滚揉过程中,猪手经过翻滚摔打,筋腱中的胶原蛋白和弹性蛋白会断裂产生空隙,与不滚揉的样品比较滚揉过的样品品质也有所提升,滚揉对酱卤猪手的风味改善也有一定作用。由于猪手带有的腥味在加工时对产品风味产生不好的影响,所以用初煮这一工艺来去除异味。在试验过程中发现初煮时间长的猪手更加容易进行去骨,但是先进行初煮的猪手外观破损严重,这种现象随着初煮时间的延长而严重。因此综合风味、品质和酱卤猪手的完整性,确定了滚揉和煮制等工艺的处理顺序和时间。

五、结论

滚揉和初煮工艺可以对酱卤猪手的品质产生影响,滚揉时间达到 60 min 时,酱卤猪手的出品率、水分含量、剪切力、感官评分等指标都达到了较好的效果。虽然在滚揉 90 min 时,各项指标也都达到较好效果,并且去骨率达到了最高值,但是与滚揉 60 min 时差异并不显著,因此,从能源损失的角度来看,滚揉时间 60 min 时产品质量较好。初煮时间对产品的各项指标的影响大体上呈先上升后下降的趋势,由试验结果可以看出,初煮时间为 20 min 时产品具有较好的品质。试验过程中滚揉和初煮顺序会对酱卤猪手的外观完整性产生影响,产品先进行初煮后滚揉在滚揉的过程中会对猪手造成较明显的破坏,在后续的加工中这种破坏会显著增加,使产品的状态下降,对后面的造型工艺也会产生不好的影响。所以选择先进行滚揉后进行去骨。

第三节 酱卤猪手加工工艺的优化

肉制品的加工方式、工艺及参数均会影响肉制品品质变化。温度 30~50 ℃的时候蛋白质开始凝固变化,温度达到 90 ℃的时候蛋白质凝固硬化,盐类及浸出物从肉中析出,肌纤维收缩肉质变硬,温度升高到 100 ℃时一部分蛋白质和碳水化合物发生水解,肌纤维断裂,肉质熟烂。随着温度的升高胶原蛋白可以转化成明胶,而随着煮制时间的延长肉类制品会失去水分导致质量减轻,肌肉蛋白会发生热变性凝固肉汁分离,肉的保水性和蛋白质都会发生变化。肉中脂肪会随着加热而融化,脂肪的融化又会释放出一些挥发性化合物,这些化合物可以增加肉制品的香气。酱卤制品发展存在的关键问题在于其加工工艺不标准,因此本试验对其加工工艺条件进行了优化筛选。选择初煮时间、卤制时间、卤制温度、杀菌时间 4 个试验因素作为变量。对酱卤猪手加工工艺进行进一步的优化试验。

一、试验材料

1. 主要试验材料(表 4-18)

表 4-18　主要试验材料

材料	厂家
茶多酚	上海梦荷生物科技有限公司
Nisin	山东福瑞达生物科技有限公司
溶菌酶	东恒华道生物技术有限公司
丁香提取物	湖南郎林生物资源有限公司
猪手	黑龙江笨嘴食品加工有限公司
盐	中国盐业集团有限公司
味精	梅花味精股份有限公司
冰糖	广州佰诗的贸易有限公司
海天上等耗油	佛山市海天调味食品股份有限公司
海天酱油	佛山市海天调味食品股份有限公司
海天老抽	佛山市海天调味食品股份有限公司
三氯乙酸	四川鸿康药物化学有限公司
2-硫代巴比妥酸	上海立科药物化学有限公司
无水硫酸钠	北京依诺泰药物化学技术有限公司
硼酸	上海鼎雅药物化学科技有限公司
平板计数琼脂	格里斯(天津)医药化学技术有限公司

2. 主要试验仪器(表 4-19)

表 4-19　主要试验仪器

仪器名称	生产厂家
TA-XT plus 质构分析仪	英国 Stable Micro Systems 公司
NMI20-Analyst 低场核磁共振分析仪	上海纽迈电子科技有限公司
CR-410 色彩色差计	柯尼卡美能达(中国)投资有限公司
WS-Z20 欣琪电热恒温蒸煮锅	莲梅实业有限公司
S-340GN(HITACHI)型扫描电镜	日本 Hitachi 公司
VTS-42 真空滚揉机	美国 BIRO 公司
SScientz-04 型无菌均质器	上海卡耐兹实验仪器设备有限公司
5810 R 离心机	广州科劳斯实验室仪器设备有限公司

表 4-19(续)

仪器名称	生产厂家
SPECORD 210 plus 紫外可见分光光度计	长春市奥特实验室设备有限公司
CAV214C 电子天平	上海安帕特实验室仪器有限公司
DZ-600/2S 真空包装机	山东亿煤机械装备制造有限公司
7890B 气相色谱	杭州瑞析科技有限公司
5975C 质谱仪	泰灵佳科技有限公司
DB-Wax(30 m×250 μm×0.25 μm)色谱柱	南京科捷分析仪器有限公司
MB45 水分测定仪	瑞士 Ohaus 有限公司
CH-8853 LabMaster-aw 水分活度仪	无锡市华科仪器仪表有限公司

二、试验设计

1. 工艺流程

工艺优化工艺流程同酱卤猪手去骨试验。

2. 操作要点

工艺优化操作要点同酱卤猪手去骨试验。

3. 试验设计

选择初煮时间、卤制时间、卤制温度、杀菌时间 4 个试验因素作为变量。对酱卤猪手加工工艺进行进一步的优化试验,见表 4-20。固定卤制时间 120 min,卤制温度 97 ℃,杀菌时间 15 min,初煮时间分别为 9 min、12 min、15 min、18 min、21 min,做单因素试验。固定初煮时间 15 min,卤制温度 97 ℃,杀菌时间 15 min,卤制时间分别为 120 min、135 min、150 min、165 min、180 min 做单因素试验实验。固定初煮时间 15 min,卤制时间 120 min,杀菌时间 15 min,卤制温度分别为 88 ℃、91 ℃、94 ℃、97 ℃、100 ℃,做单因素试验。固定初煮时间 15 min,卤制时间 120 min,卤制温度 97 ℃,杀菌时间分别为 5 min、10 min、15 min、20 min、25 min,做单因素试验。

表 4-20 单因素试验因素水平表

水平	初煮时间/min	卤制时间/min	卤制温度/℃	杀菌时间/min
1	9	120	88	5
2	12	135	91	10
3	15	150	94	15
4	18	165	97	20
5	21	180	100	25

在单因素试验的基础上,以感官评定值为目标值,取初煮时间(A)、卤制时间(B)、卤制温度(C)、杀菌时间(D)4 个指标作为试验因素,选择 $L_9(3)^4$ 进行正交试验。确定最佳工

艺参数,正交试验因素和水平见表4-21。

表4-21 正交试验因素和水平

水平	试验因素			
	初煮时间/min	卤制时间/min	卤制温度/℃	杀菌时间/min
1	15	135	91	10
2	18	150	94	15
3	21	165	97	20

三、试验结果与分析

1. 初煮时间对酱卤猪手品质的影响

肉类在煮制过程中会发生明显的失去水分质量减轻的情况,为了减少这种情况,在卤制前加入初煮工艺,经过初煮的产品,其表面的蛋白质凝固速度快,表面可以形成保护膜,保证产品质量,减少营养损失,出品率也会提高。由表4-22可以看出初煮时间9 min、12 min、15 min、18 min、21 min时产品的出品率分别为90.30%、90.13%、93.53%、90.57%、88.43%,产品出品率大体上呈先上升再下降的趋势,初煮时间15 min时出品率最高。酱卤猪手产品具有较高的出品率,这可能是因为猪手中的主要成分为胶原蛋白、脂肪和跟腱,含有较少的肌肉组织,产品的保水性较好加工过程中水分流失较少。初煮时间18 min时水分含量最高55.55%。随着初煮时间的延长猪手皮和筋的剪切力都呈先上升再下降的趋势,差异不显著($p>0.05$),这可能是因为初煮过程中蛋白质凝固硬化失去黏性,随着初煮时间的延长蛋白质水解,结缔组织中的胶原蛋白转化成明胶,产品变软。随着初煮时间的延长产品的感官评分不断上升,初煮的另一个目是去除猪手的异味,随着初煮时间的延长异味降低,猪手的感官评分增加。初煮15 min、18 min、21 min产品的感官评分分别为35.00、38.33和39.33,差异不显著($p>0.05$)。

表4-22 初煮时间对酱卤猪手出品率、水分含量、剪切力、感官评分的影响

初煮时间/min	出品率/%	水分含量/%	皮剪切力/N	筋剪切力/N	感官评分
9	90.30 ± 0.66[b]	54.27 ± 1.39[a]	11.77 ± 0.64[a]	24.31 ± 2.07[a]	31.00 ± 2.65[c]
12	90.13 ± 1.09[b]	52.57 ± 1.43[ab]	13.51 ± 1.70[a]	24.80 ± 0.92[a]	33.67 ± 2.08[bc]
15	93.53 ± 1.55[a]	53.22 ± 0.39[ab]	15.63 ± 2.27[a]	26.66 ± 2.86[a]	35.00 ± 1.00[abc]
18	90.57 ± 0.60[ab]	55.55 ± 1.32[a]	15.31 ± 2.64[a]	22.14 ± 2.20[a]	38.33 ± 2.08[ab]
21	88.43 ± 1.40[b]	50.47 ± 1.04[b]	15.12 ± 0.66[a]	23.92 ± 1.69[a]	39.33 ± 1.15[a]

注:同列肩标不同字母表示差异显著($p<0.05$)。

由表4-23可以看出,随着初煮时间的延长猪手外表面的亮度值先增加后降低,初煮15 min时达到最大值41.68,红度值大体上也呈先增加后降低的趋势,初煮时间18 min时产

品外部的红度值达到了10.81,与其他时间的差异显著($p<0.05$),从综合感官评定的结果来看,产品外部的红度值大则容易引起购买欲和食欲。猪手内侧的亮度值随着初煮时间的延长一直增加,红度值先增加后降低,黄度值先增加后降低。因此,选择初煮时间18 min,此时产品各项指标都比较好。

表4-23 初煮时间对酱卤猪手外侧和内侧色差的影响

初煮时间/min	外色差			内色差		
	L^*	a^*	b^*	L^*	a^*	b^*
9	39.58±0.01^b	9.40±0.11^{bc}	14.33±0.32^{ab}	47.95±5.39^d	5.39±0.07^a	12.55±0.22^b
12	41.85±0.18^a	10.02±0.40^{abc}	16.35±0.91^a	52.67±0.08^c	5.30±0.08^{ab}	12.91±0.04^{ab}
15	41.68±0.38^a	9.32±0.20^c	13.48±0.35^b	52.82±0.13^c	5.45±0.13^a	13.46±0.40^a
18	38.16±0.17^c	10.81±0.18^a	14.53±0.27^{ab}	56.81±0.04^b	5.03±0.00^b	12.32±0.03^b
21	37.38±0.54^c	10.49±0.39^{ab}	13.27±0.68^b	57.93±0.11^a	5.34±0.00^{ab}	12.31±0.18^b

注:同列肩标不同字母表示差异显著($p<0.05$)。

2. 卤制时间对酱卤猪手品质的影响

由表4-24可以看出,卤制时间120 min、135 min、150 min、165 min、180 min时产品的出品率分别为82.33%、87.50%、91.67%、88.33%、85.17%,随着卤制时间的延长出品率先上升后下降,卤制时间150 min时出品率最大达到91.67%。水分含量呈先增加再下降的趋势,卤制165 min时水分含量达到最高值54.17%,这可能是因为卤制过程中,猪手吸收卤制汤料,水分和出品率呈上升趋势,而随着卤制时间的延长猪手中的蛋白质变性,肌原纤维收缩,乳化结构遭到破坏,保水性下降,猪手中的水分流出,出品率和水分含量也随之下降。随着卤制时间的增加猪手皮的剪切力不断降低,卤制时间120 min和180 min的剪切力差异显著($p<0.05$),可能是因为随着加热时间的延长,胶原蛋白溶解或者凝胶化,可溶性胶原蛋白产生凝胶。卤制时间120 min、135 min、150 min、165 min、180 min时产品的感官评分分别为28.67、34.67、41.00、37.33、34.00,卤制150 min时感官评分最高达到41.00。在卤制过程中,卤制时间过短猪手不入味、嫩度差,而卤制时间过长,猪手胶原蛋白流失严重,使产品的感官评分下降。

表4-24 卤制时间对酱卤猪手出品率、水分含量、剪切力、感官评分的影响

卤制时间/min	出品率/%	水分含量/%	皮剪切力/N	筋剪切力/N	感官评分
120	82.33±1.04^c	46.80±0.51^c	15.90±2.55^a	22.52±0.84^a	28.67±1.53^c
135	87.50±1.80^b	49.21±0.44^{bc}	11.48±1.41^{ab}	25.04±2.65^a	34.67±2.52^b
150	91.67±1.04^a	51.58±0.60^b	11.28±1.40^{ab}	23.97±3.31^a	41.00±1.00^a
165	88.33±1.04^{ab}	54.17±1.81^a	10.90±3.00^{ab}	23.59±1.80^a	37.33±1.15^{ab}
180	85.17±1.76^{bc}	49.71±0.71^b	8.56±2.40^b	23.26±2.39^a	34.00±1.00^b

注:同列肩标不同字母表示差异显著($p<0.05$)。

由表4-25可以看出,随着卤制时间的延长猪手外侧亮度值先增加后降低,红度值先增加后降低,黄度值也先增加后降低。卤制150 min时,产品的亮度值为37.68,红度值为10.51,黄度值为14.88,都呈较好的状态,颜色较好。随着卤制时间的延长猪手内侧的亮度值、红度值、黄度值大致呈先上升后下降的趋势,卤制120 min时红度值最大的原因是猪手内有瘀血,导致猪手内侧红度值较大。结合各项指标选择卤制150 min时产品的品质较好。

表4-25 卤制时间对酱卤猪手外侧和内侧色差的影响

卤制时间/min	外色差			内色差		
	L^*	a^*	b^*	L^*	a^*	b^*
120	34.94 ± 0.38^c	8.59 ± 0.18^b	11.13 ± 0.23^b	46.87 ± 3.23^d	7.78 ± 0.09^a	11.92 ± 0.99^c
135	36.63 ± 0.77^{abc}	9.32 ± 0.90^{ab}	12.06 ± 1.51^{ab}	50.01 ± 0.43^{ab}	5.59 ± 0.20^c	15.14 ± 0.70^{ab}
150	37.68 ± 0.27^{ab}	10.51 ± 0.13^a	14.88 ± 0.58^a	54.34 ± 0.41^a	5.77 ± 0.10^c	17.64 ± 0.06^a
165	36.31 ± 0.31^{bc}	8.61 ± 0.33^b	11.27 ± 0.33^b	48.96 ± 0.02^{ab}	6.32 ± 0.06^b	17.46 ± 0.31^a
180	38.20 ± 0.33^a	8.57 ± 0.07^b	11.60 ± 0.04^b	51.44 ± 0.63^{ab}	4.68 ± 0.07^d	14.25 ± 1.00^{bc}

注:同列肩标不同字母表示差异显著($p < 0.05$)。

3. 卤制温度对酱卤猪手品质的影响

由表4-26可以看出,卤制温度在88 ℃、91 ℃、94 ℃、97 ℃、100 ℃时,产品的出品率分别为86.16%、90.16%、93.33%、91.16%、88.16%,卤制温度94 ℃时产品的出品率最高达到93.33%。水分含量先增加然后下降,卤制温度94 ℃时产品的水分含量最大52.61%。可能是因为卤制温度较低时胶原凝胶化吸收水分,但是随着温度的升高肌纤维收缩剧烈,自由水流失严重。随着温度的升高产品皮的剪切力不断下降,卤制温度88 ℃和卤制温度97 ℃时猪手皮的剪切力差异显著($p < 0.05$)。有研究发现,影响肉嫩度的主要因素为肌原纤维和结缔组织,卤制过程中温度的变化引起的猪肉嫩度变化的原因可能是肉中肌原纤维蛋白和胶原蛋白的热变性所致,结缔组织逐渐溶解、颗粒化,加热给肌肉中的蛋白质带来结构性的变化。随着卤制温度的升高筋的剪切力先升高再下降,但是不同温度下筋剪切力的差异是不显著的($p > 0.05$)。卤制温度在88 ℃、91 ℃、94 ℃、97 ℃、100 ℃时,产品的感官评分分别为27.66、34.33、39.33、34.66、30.00,卤制温度94 ℃时产品的感官评分最高为39.33,这可能是因为随着温度的升高脂肪乳化,生成的二羧基酸类带来了不好的气味。

表4-26 卤制温度对酱卤猪手出品率、水分含量、剪切力、感官评分的影响

卤制温度/℃	出品率/%	水分含量/%	皮剪切力/N	筋剪切力/N	感官评分
88	86.16 ± 1.04^d	44.27 ± 0.65^b	14.75 ± 2.08^a	21.34 ± 0.33^a	27.66 ± 1.52^c
91	90.16 ± 1.04^c	49.55 ± 0.58^a	11.40 ± 0.75^{ab}	23.68 ± 1.95^a	34.33 ± 1.15^b
94	93.33 ± 1.04^a	52.61 ± 1.10^a	10.77 ± 2.04^b	23.66 ± 1.48^a	39.33 ± 1.15^a
97	91.16 ± 1.04^{ab}	51.56 ± 0.74^a	9.60 ± 1.20^b	23.58 ± 2.12^a	34.66 ± 0.57^b
100	88.16 ± 0.76^{cd}	44.31 ± 2.81^b	8.99 ± 1.91^b	19.29 ± 2.38^a	30.00 ± 1.73^c

注:同列肩标不同字母表示差异显著($p<0.05$)。

由表4-27可以看出,随着卤制温度的升高猪手外侧的亮度值、红度值和黄度值都呈上升再下降趋势,再卤制温度94 ℃时均达到最大值,亮度值为39.72,红度值为9.82,黄度值为16.09,卤制温度对猪手内侧的颜色影响差异不显著($p>0.05$)。结合各项指标得出,卤制温度94 ℃时产品的品质较好。

表4-27 卤制温度对酱卤猪手外侧和内侧色差的影响

卤制温度 /℃	外色差			内色差		
	L^*	a^*	b^*	L^*	a^*	b^*
88	40.86±1.38[a]	7.87±0.54[b]	13.68±0.50[a]	51.44±0.69[a]	3.94±0.03[a]	13.66±0.50[a]
91	39.72±0.20[a]	8.88±0.41[ab]	15.04±0.64[a]	53.10±2.80[a]	3.67±0.43[a]	13.90±0.92[a]
94	39.72±0.11[a]	9.82±0.55[a]	16.09±1.98[a]	52.66±2.02[a]	3.85±0.56[a]	15.27±1.32[a]
97	38.63±0.04[ab]	8.69±0.08[ab]	13.08±0.23[a]	48.07±1.18[a]	4.13±0.17[a]	12.12±0.75[a]
100	34.71±1.82[b]	7.68±0.30[b]	12.14±1.66[a]	51.93±0.41[a]	3.91±0.26[a]	13.36±0.11[a]

注:同列肩标不同字母表示差异显著($p<0.05$)。

4. 杀菌时间对酱卤猪手品质的影响

由表4-28可以看出杀菌时间5 min、10 min、15 min、20 min、25 min时产品的出品率分别为91.83%、91.50%、92.16%、90.50%、91.50%,杀菌时间对产品的出品率去骨率以及水分含量影响差异都是不显著的($p>0.05$)。随着杀菌时间的延长猪手皮的剪切力不断下降,对筋剪切力的影响差异不显著($p>0.05$)。随着杀菌时间的延长产品的感官评分先上升后下降杀菌时间15 min时产品的感官评分为39.33最高。

表4-28 杀菌时间对酱卤猪手出品率、水分含量、剪切力、感官评分的影响

杀菌时间/min	出品率/%	水分含量/%	皮剪切力/N	筋剪切力/N	感官评分
5	91.83±0.76[a]	50.29±0.76[a]	16.61±1.81[a]	21.87±1.03[a]	29.66±0.57[d]
10	91.50±1.80[a]	50.93±2.35[a]	13.75±1.38[ab]	21.86±4.62[a]	33.00±1.00[bc]
15	92.16±0.76[a]	51.64±0.72[a]	13.20±1.56[ab]	22.79±2.59[a]	39.33±0.57[a]
20	90.50±1.32[a]	50.42±1.02[a]	12.37±1.35[b]	22.87±1.39[a]	34.33±1.15[b]
25	91.50±1.80[a]	49.95±1.13[a]	10.70±1.53[b]	21.90±0.85[a]	31.66±0.57[cd]

注:同列肩标不同字母表示差异显著($p<0.05$)。

由表4-29可以看出,杀菌时间对产品的外侧和内侧的色差影响不大,产品间的亮度值红度值和黄度值差异不显著。结合各项指标得出,杀菌时间15 min时产品的品质较好。

表 4-29 杀菌时间对酱卤猪手外侧和内侧色差的影响

杀菌时间/min	外色差			内色差		
	L^*	a^*	b^*	L^*	a^*	b^*
5	41.71 ± 1.30^a	8.50 ± 0.62^a	15.12 ± 2.29^a	51.44 ± 0.63^a	4.68 ± 0.07^a	14.25 ± 1.00^a
10	37.65 ± 0.48^a	8.53 ± 0.06^{ab}	13.08 ± 0.01^a	50.40 ± 0.49^a	4.74 ± 0.24^a	15.08 ± 1.32^a
15	39.79 ± 1.91^a	9.29 ± 0.95^a	17.08 ± 2.31^a	50.84 ± 0.76^a	4.65 ± 0.16^a	14.81 ± 0.28^a
20	40.58 ± 0.14^{ab}	9.64 ± 0.16^a	15.78 ± 0.46^a	51.31 ± 0.12^a	4.17 ± 0.10^a	14.74 ± 2.07^a
25	39.72 ± 0.11^a	9.82 ± 0.55^a	15.85 ± 1.64^a	50.51 ± 0.19^a	4.88 ± 0.71^a	17.10 ± 0.46^a

注:同列肩标不同字母表示差异显著($p<0.05$)。

5. 正交试验结果

从表 4-30 可以看出,4 号产品的出品率最高达到了 93.33%,5 号试验的水分含量达到最大值 53.17%,4 号的剪切力最大为 13.48 N,但 2 号的剪切力也达到了 13.18 N,两组剪切力差异不显著($p>0.05$)。9 组试验的筋的剪切力差异都是不显著的($p>0.05$)。

表 4-30 正交试验中酱卤猪手出品率、水分含量、剪切力

试验号	出品率/%	水分含量/%	皮剪切力/N	筋剪切力/N
1	89.50 ± 1.80^{bc}	50.63 ± 0.46^{ab}	12.12 ± 0.94^{ab}	22.03 ± 0.83^a
2	91.16 ± 10.76^{abc}	50.06 ± 1.13^{ab}	13.18 ± 2.74^a	23.80 ± 0.91^a
3	88.50 ± 1.32^c	47.47 ± 1.37^b	8.80 ± 0.63^b	22.94 ± 2.14^a
4	93.33 ± 0.57^a	49.89 ± 0.66^{ab}	13.48 ± 1.26^a	19.43 ± 0.79^a
5	91.16 ± 1.04^{abc}	53.17 ± 1.71^a	8.56 ± 2.40^{ab}	23.26 ± 2.39^a
6	89.50 ± 0.50^{bc}	50.57 ± 1.69^{ab}	10.79 ± 0.63^{ab}	24.51 ± 1.90^a
7	88.50 ± 1.50^c	49.53 ± 1.09^{ab}	12.49 ± 1.21^{ab}	22.66 ± 1.66^a
8	90.66 ± 0.76^{abc}	48.53 ± 1.82^b	12.06 ± 2.76^{ab}	23.70 ± 1.14^a
9	92.16 ± 0.76^{ab}	48.75 ± 1.96^b	10.45 ± 0.34^{ab}	22.19 ± 4.87^a

从表 4-31 中的结果可以看出,试验对感官评分的影响从大到小为 B>C>A>D,即卤制时间>卤制温度>初煮时间>杀菌时间。由正交试验的均值结果可以看出感官评分的最佳组合为 A2B2C3D2,结合表 4-30 中的正交试验的出品率、水分含量和剪切力指标得出,酱卤猪手的最佳生产工艺为初煮时间 18 min,卤制时间 150 min,卤制温度 97 ℃,杀菌时间 15 min。

表4-31 正交试验

试验号	A 初煮时间/min	B 卤制时间/h	C 卤制温度/℃	D 杀菌时间/min	感官评分
1	1(15)	1(2.25)	1(91)	1(10)	32.00
2	1	2(2.5)	2(94)	2(15)	37.33
3	1	3(2.75)	3(97)	3(20)	39.33
4	2(18)	1	2	3	37.00
5	2	2	3	1	43.33
6	2	3	1	2	35.33
7	3(21)	1	3	2	38.66
8	3	2	1	3	33.33
9	3	3	2	1	41.00
K1	108.66	107.66	100.66	108.66	
K2	115.66	121.66	115.33	111.32	
K3	112.99	115.66	121.32	109.66	
R	7.00	14.00	13.33	2.66	

四、讨论

加工工艺对肉制品品质有很大影响,蒸煮的方式可以使产品多汁性良好。试验过程中发现初煮能有效地去除猪手的腥味,在前面去骨试验的基础上进一步对最佳初煮时间进行研究,由于初煮是在较高温度下进行的,所以在初煮过程中猪手表面蛋白质能够快速凝固,形成保水膜,可以减少营养成分的流失,提高产品保水性使,产品多汁性良好,从而提高出品率。卤制时间会对酱卤猪手产生较大影响,对产品出品率、颜色和水分含量都有较显著影响,酱卤制品的出品率和水分含量有直接关系,肉在煮制过程中蛋白质水解肌纤维断裂肉制品成熟,脂肪熔化可以增添肉制品香气。加热温度可以控制蛋白质变性的程度,在加热过程中水分也会发生损失,传统酱卤制品在加热过程中一般不会考虑高温对肉制品产生不良的影响,传统产品一般在沸水中进行酱卤,温度过高对产品品质产生不好的影响,肉制品中营养成分流失严重。通过试验得出,酱卤猪手加工中温度控制在97 ℃时产品综合指标较好,产品口感良好,营养物质的保留也得到保证。

五、结论

通过单因素试验和正交试验得出,以出品率、水分含量、色差、剪切力、感官评定为评价指标研究加工过程中的初煮时间、卤制时间、卤制温度、杀菌时间对酱卤猪手品质产生的影响,对各因素的显著性和交互作用进行分析,试验结果表明酱卤猪手的最佳生产工艺为初煮时间18 min,卤制时间150 min,卤制温度97 ℃,杀菌时间15 min。在此条件下进行验证试验得到的样品综合品质较好,为酱卤猪手的生产加工提供了可靠的技术支持。

第四节　酱卤猪手保质期预测及贮藏期间品质变化研究

随着人们安全意识的提高,我国肉类行业的安全问题日益受到人们的重视,现在消费者所关注的肉类安全问题主要是微生物、亚硝基化合物、药物残留、添加剂和转基因等方面。如何延长肉制品的货架期,保证贮藏期间肉制品的质量安全,是中国肉制品加工行业面临的关键行业问题。因此,要对酱卤猪手的保质期进行预测,同时研究贮藏期间品质的变化,从而延长货架期。

本试验采用加速破坏性试验模型对酱卤猪手的贮藏期进行快速预测,对产品保质期具有大概了解后,更加有效地对产品的保质期进行后续研究,并在 4 ℃冰箱中,研究贮藏期间品质的变化。

一、试验材料

1. 主要试验材料(表 4 - 32)

表 4 - 32　主要试验材料

材料	厂家
茶多酚	上海梦荷生物科技有限公司
Nisin	山东福瑞达生物科技有限公司
溶菌酶	东恒华道生物技术有限公司
丁香提取物	湖南郎林生物资源有限公司
猪手	黑龙江笨嘴食品加工有限公司
盐	中国盐业集团有限公司
味精	梅花味精股份有限公司
冰糖	广州佰诗的贸易有限公司
海天上等耗油	佛山市海天调味食品股份有限公司
海天酱油	佛山市海天调味食品股份有限公司
海天老抽	佛山市海天调味食品股份有限公司
三氯乙酸	四川鸿康药物化学有限公司
2 - 硫代巴比妥酸	上海立科药物化学有限公司
无水硫酸钠	北京依诺泰药物化学技术有限公司
硼酸	上海鼎雅药物化学科技有限公司
平板计数琼脂	格里斯(天津)医药化学技术有限公司

2. 主要试验仪器(表4-33)

表4-33 主要试验仪器

仪器名称	生产厂家
TA-XT plus 质构分析仪	英国 Stable Micro Systems 公司
NMI20-Analyst 低场核磁共振分析仪	苏州(上海)纽迈电子科技有限公司
CR-410 色彩色差计	日本 KONICA MINOLTA 公司
WS-Z20 欣琪电热恒温蒸煮锅	莲梅实业有限公司
S-340GN(HITACHI)型扫描电镜	日本 Hitachi 公司
VTS-42 真空滚揉机	美国 BIRO 公司
SScientz-04 型无菌均质器	上海卡耐兹实验仪器设备有限公司
5810 R 离心机	广州科劳斯实验室仪器设备有限公司
SPECORD 210 plus 紫外可见分光光度计	长春市奥特实验室设备有限公司
CAV214C 电子天平	上海安帕特实验室仪器有限公司
DZ-600/2S 真空包装机	山东亿煤机械装备制造有限公司
7890B 气相色谱	杭州瑞析科技有限公司
5975C 质谱仪	泰灵佳科技有限公司
DB-Wax(30 m×250 μm×0.25 μm)色谱柱	南京科捷分析仪器有限公司
MB45 水分测定仪	瑞士 Ohaus 有限公司
CH-8853 LabMaster-aw 水分活度仪	无锡市华科仪器仪表有限公司

二、试验设计

1. 工艺流程(图4-9)

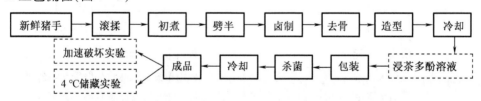

图4-9 保质期预测试验工艺流程图

2. 操作要点

(1)茶多酚溶液配制:使用蒸馏水配制成2%的茶多酚溶液,将冷却后的产品浸入茶多酚溶液2 min,取出后沥干1 min 装入真空包装袋密封。

(2)Nisin 溶液配制:使用蒸馏水配制成0.35%的溶液,将冷却后的产品浸入乳酸链球菌素溶液2 min,取出后沥干1 min 装入真空包装袋密封。

(3)溶菌酶溶液配制:使用蒸馏水配制成0.25%的溶菌酶溶液,将冷却后的产品浸入溶菌酶溶液 2 min,取出后沥干 1 min 装入真空包装袋密封。

(4)丁香提取物溶液配制:使用蒸馏水配制成 1.5% 的丁香提取物溶液,将冷却后的产品浸入丁香提取物溶液 2 min,取出后沥干 1 min 装入真空包装袋密封。

(5)处理好的样品分成两个批次,一批次放置于恒温保鲜箱中进行加速破坏试验;二批次放置于 4 ℃ 冰箱中保存,用于进行对酱卤猪手贮藏期品质变化研究。

其余操作要点同酱卤猪手去骨试验。

3. 加速破坏试验试验设计

采用加速破坏性试验(accelerated shelflife test,ASLT)模型对酱卤猪手的贮藏期进行快速预测,这个方法主要依据化学动力学原理,产品存放在高于正常贮藏温度的温度下,样品中的微生物会更加快速的繁殖,以此来预测食品在正常情况下的保质期。此方法的目的就是快速高效地对产品的保质期进行预测,对产品保质期具有大概了解后,更加有效地对产品的保质期进行后续研究。

选择温度:27 ℃,32 ℃,37 ℃。

保鲜剂:茶多酚,Nisin,溶菌酶,丁香提取物。

将对照组和 4 个样品分成 5 个批次,将这 5 个批次的 5 组样品分别置于 27 ℃,32 ℃,37 ℃ 的恒温培养箱中,并于制作当天测试产品的菌落总数。

保质期预测模型公式如下:

$$Q_5(T_1-T_2)/5 = F_2/F_1$$

式中 Q_5——温度相差 5 ℃ 时货架寿命的比值;

T_1——确定货架寿命的已知温度点;

T_2——所求货架寿命的温度点;

F_1、F_2——分别为在温度 T_1、T_2 条件下的货架寿命。

测试的时间如下

$$f_2 = f_1 \times Q_5^{\Delta T/5}$$

式中 f_1——在较高测试温度 T_1 下的测试时间;

f_2——在较低测试温度 T_2 下的测试时间;

ΔT——T_1 与 T_2 的温度差。

置于 37 ℃ 条件下的产品需每次间隔 0.5 d 测定菌落总数;置于 32 ℃ 环境下的产品每隔 1 d 取出测定菌落总数;置于 27 ℃ 环境下的产品每隔 1.5 d 取出测定菌落总数;当菌落总数超标(菌落总数 >50 000 CFU/g),《熟肉制品卫生标准》(GB 2726—2005)时停止测定,并记录贮藏时间。以贮藏时间为横坐标、菌落总数(因数值较大,以其对数值表示)为纵坐标绘制每个温度的曲线。

4. 酱卤猪手贮藏期品质变化研究

将对照组和 4 组样品置于 4 ℃ 的冰箱中,每 10 d 进行指标测定,测定的指标有菌落总数、水分含量、水分活度、pH、TBARS 值、感官评分、香气成分。

三、试验结果与分析

1. 酱卤猪手保质期预测

由图4-10可以看出,(对照组)样品1(Nisin)样品2(茶多酚)样品3(溶菌酶)样品4(丁香提取物)这组产品在37 ℃的条件下分别保存2 d、2.5 d、2.5 d、2.5 d、2.5 d。在32 ℃的条件下分别保存3 d、4 d、3 d、3 d、4 d。在27 ℃分别保存4.5 d、6 d、6 d、6 d、7.5 d。

根据公式计算出的$Q_1=1.50$、$Q_2=1.55$、$Q_3=1.60$、$Q_4=1.60$、$Q_5=1.61$。由公式继续推算可以得出对照组、样品1、样品2、样品3、样品4在室温25 ℃下的保质期分别为5 d、7.5 d、8 d、8 d、9.5 d。在4 ℃下的保质期分别为29 d、45 d、56 d、56 d、70 d。

由以上结果可以看出,在室温条件下和对照组相比,使用Nisin、茶多酚、溶菌酶、丁香提取物这4种保鲜剂对产品保质期影响不大,但是使用Nisin和丁香提取物的效果较好,从4 ℃条件下的推算中也可以看出几种保鲜剂效果最佳的是丁香提取物,其次为Nisin。Nisin是从乳酸链球菌发酵产物中提制的一种无毒、高效、安全、天然的多肽抗生素类物质,很多研究表明Nisin在猪肉保鲜中有较为突出的作用,可以较好地抑制猪肉中菌群的生长。丁香提取物是一种天然提取物,在肉制品贮藏过程中能有效地抑制菌落总数的生长,并且具有很好的抗氧化效果。

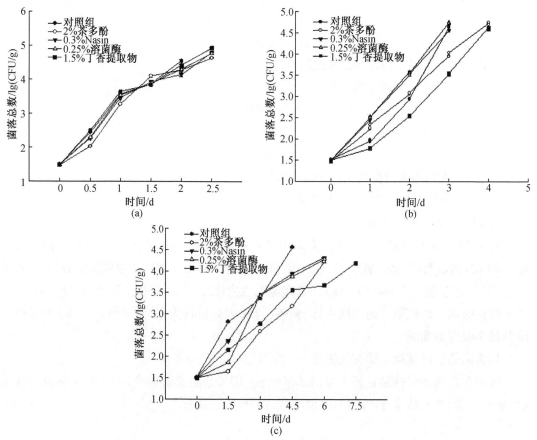

图4-10 37 ℃(a)、32 ℃(b)和27 ℃(c)条件下5个样品的菌落生长曲线

2. 不同保鲜剂处理酱卤猪手贮藏期间 pH 值变化

在肉制品贮藏过程中 pH 值对于细菌的生长有重要作用，pH 值测定是一项重要指标。由表 4-34 可以看出，贮藏时间为 0 d 时对照组的 pH 值为 6.73，样品 1 的 pH 值为 6.73，样品 2 的 pH 值为 6.73，样品 3 的 pH 值为 6.72，样品 4 的 pH 值为 6.69。当储藏期达到 10 d 时，对照组的 pH 值为 6.67，样品 1 的 pH 值为 6.68，样品 2 的 pH 值为 6.64，样品 3 的 pH 值为 6.64，样品 4 的 pH 值为 6.52。贮藏期 20 d 时对照组的 pH 值为 6.41，样品 1 的 pH 值为 6.54，样品 2 的 pH 值为 6.56，样品 3 的 pH 值为 6.57，样品 4 的 pH 值为 6.41。贮藏期 0~20 d 时 5 组样品的 pH 值呈现下降趋势，这可能是因为贮藏过程中产生了乳酸菌，也有研究表明有可能是肉制品中溶解的水和脂肪相中时，CO_2 会降低 pH 值，并使 H_2O 解离形成碳酸离子和游离 H^+。当贮藏时间达到 30 d 后对照组、样品 1 和样品 4 的 pH 值整体呈现上升的趋势，对照组的 pH 值上升趋势明显，这可能是因为蛋白质降解成多肽和氨基酸释放出碱性基团。样品 2 和样品 3 的 pH 值变化不显著。贮藏期 40 d 时样品 4 的 pH 值明显低于对照组和其余 3 组样品。

表 4-34 不同保鲜剂对酱卤猪手贮藏期 pH 值的影响

天数/d	对照组	茶多酚	Nisin	溶菌酶	丁香提取物
0	6.73 ± 0.01^{Aa}	6.73 ± 0.01^{Aa}	6.73 ± 0.01^{Aa}	6.72 ± 0.01^{Aa}	6.69 ± 0.01^{Aa}
10	6.67 ± 0.02^{Aa}	6.68 ± 0.02^{Bab}	6.64 ± 0.02^{Bb}	6.64 ± 0.02^{Bb}	6.52 ± 0.02^{BCb}
20	6.41 ± 0.03^{Bc}	6.54 ± 0.02^{Cab}	6.56 ± 0.02^{Cc}	6.57 ± 0.02^{Cc}	6.41 ± 0.03^{Cc}
30	6.46 ± 0.03^{Bbc}	6.43 ± 0.02^{Dab}	6.56 ± 0.02^{Cc}	6.46 ± 0.01^{Dd}	6.40 ± 0.01^{Cc}
40	6.50 ± 0.02^{Ab}	6.44 ± 0.30^{Ab}	6.52 ± 0.02^{Ac}	6.46 ± 0.01^{Ad}	6.42 ± 0.01^{Ac}

注：同列小写字母不同表示相同处理组在不同贮藏时间之间差异显著（$p<0.05$）；同行大写字母不同表示不同处理组在相同贮藏时间之间差异显著（$p<0.05$）。

3. 不同保鲜剂处理酱卤猪手储藏期间水分变化

由表 4-35 可以看出，贮藏时间为 0 d 时对照组的水分含量为 51.3%，样品 1 的水分含量为 50.62%，样品 2 的水分含量为 50.55%，样品 3 的水分含量为 51.70%，样品 4 的水分含量为 53.40%。贮藏时间 10 d 时对照组及 4 组样品水分含量增加。贮藏时间 20 d 和储藏时间 40 d 时对照组和 4 组样品的水分含量都呈下降趋势，贮藏时间达到 40 d 时对照组及样品 1 和样品 3 的水分含量增加，样品 2 和样品 4 的水分含量下降。试验过程中随着贮藏时间的延长，在真空包装袋中可以观察到产品中出现白色析出物质，白色物质可能含有大部分脂肪和小部分水分。

表 4-35 不同保鲜剂对酱卤猪手贮藏期水分的影响

天数/d	对照组	茶多酚	Nisin	溶菌酶	丁香提取物
0	51.30 ± 0.11^{Ab}	50.62 ± 0.93^{Ab}	50.55 ± 0.77^{Aab}	51.70 ± 0.65^{Ab}	50.43 ± 0.74^{Ab}
10	56.86 ± 0.11^{Aa}	54.12 ± 0.15^{Ba}	51.83 ± 0.23^{Da}	53.49 ± 0.25^{Ba}	52.73 ± 0.34^{Ca}
20	42.80 ± 0.41^{Cd}	46.66 ± 0.07^{Bc}	49.34 ± 0.37^{Ab}	46.86 ± 0.07^{Bc}	48.85 ± 0.18^{Ac}
30	40.96 ± 0.28^{De}	42.22 ± 0.14^{Ce}	45.24 ± 0.37^{Bc}	42.53 ± 0.13^{Ce}	46.28 ± 0.06^{Ad}
40	45.39 ± 0.73^{Ac}	43.49 ± 0.30^{Bd}	43.50 ± 0.49^{Bd}	44.16 ± 0.06^{Bd}	44.22 ± 0.14^{Be}

注：同列小写字母不同表示相同处理组在不同贮藏时间之间差异显著（$p<0.05$）；同行大写字母不同表示不同处理组在相同贮藏时间之间差异显著（$p<0.05$）。

4. 不同保鲜剂处理酱卤猪手贮藏期间水分活度变化

水分活度表示的是食品和水分子结合或游离程度，肉制品中水分活度也是影响产品贮藏期的一项重要指标，水分活度高，水分的结合程度低，不利于食品的保存。由表 4-36 可以看出，在 0~40 d 的贮藏期间对照组和 4 组样品的水分活度都呈现不断上升的趋势，这可能是因为随着贮存时间的延长贮藏 0 d 时对照组和 4 组样品的水分活度分别为 0.960、0.960、0.960、0.961、0.960，贮藏时间 40 d 时对照组和样品 1、样品 2、样品 3、样品 4 的水分活度分别为 0.994、0.988、0.986、0.987、0.983。样品 4 和其余几组样品的水分活度差异是显著的（$p<0.05$）。由于水分活度值与微生物的生长有直接关系，与其他样品比较丁香提取物样品可以有效地控制酱卤猪手水分活度的增长，说明丁香提取物对酱卤猪手中微生物控制效果较好。

表 4-36 不同保鲜剂对酱卤猪手贮藏期水分活度的影响

天数/d	对照组	茶多酚	Nisin	溶菌酶	丁香提取物
0	0.960 ± 0.0005^{Ae}	0.960 ± 0.0015^{Ae}	0.960 ± 0.0021^{Ae}	0.961 ± 0.0021^{Ad}	0.960 ± 0.0005^{Ae}
10	0.974 ± 0.0015^{Ad}	0.972 ± 0.0010^{Bd}	0.971 ± 0.0005^{Bd}	0.972 ± 0.0005^{ABc}	0.971 ± 0.0005^{Cd}
20	0.983 ± 0.0006^{Ac}	0.981 ± 0.0012^{ABc}	0.977 ± 0.0021^{Bc}	0.977 ± 0.0005^{Bb}	0.978 ± 0.0015^{Bc}
30	0.988 ± 0.0006^{Ab}	0.985 ± 0.0006^{Bb}	0.981 ± 0.0006^{Cb}	0.986 ± 0.0015^{ABa}	0.981 ± 0.0006^{Cb}
40	0.994 ± 0.0035^{Aa}	0.988 ± 0.0012^{Ba}	0.986 ± 0.0006^{BCa}	0.987 ± 0.0006^{BCa}	0.983 ± 0.0006^{Ca}

注：同列小写字母不同表示相同处理组在不同贮藏时间之间差异显著（$p<0.05$）；同行大写字母不同表示不同处理组在相同贮藏时间之间差异显著（$p<0.05$）。

5. 不同保鲜剂处理酱卤猪手贮藏期间菌落总数变化

微生物是贮藏过程中肉制品发生腐败变质的主要因素，由表 4-37 可以看出，贮藏 0 d 时对照组的菌落总数为 1.51 lg(CFU/g)、样品 1 的菌落总数为 1.49 lg(CFU/g)、样品 2 的菌落总数为 1.51 lg(CFU/g)、样品 3 的菌落总数为 1.50 lg(CFU/g)、样品 4 的菌落总数为 1.49 lg(CFU/g)，对照组和 4 组样品的菌落总数差异不显著（$p>0.05$）。对照组和 4 组样品的菌落总数随着贮藏时间的延长不断升高，样品 4 的菌落总数明显低于对照组和其余 3 组样品（$p<0.05$），菌落总数的生长速度明显慢于对照组和其余 3 组样品，由此可以说明丁香提取物对于酱卤猪手的保鲜效果明显优于茶多酚、Nisin 和溶菌酶。植物提取物可以利用具

有疏水性的特点进入细胞膜杀死细菌,起到延长保质期的作用。

表 4-37 不同保鲜剂对酱卤猪手贮藏期菌落总数的影响

天数/d	对照组	茶多酚	Nisin	溶菌酶	丁香提取物
0	1.51 ± 0.01^{Ae}	1.49 ± 0.02^{Ae}	1.51 ± 0.01^{Ae}	1.50 ± 0.01^{Ae}	1.49 ± 0.02^{Ae}
10	2.27 ± 0.21^{Ad}	1.99 ± 0.02^{Bd}	2.00 ± 0.01^{Bd}	2.14 ± 0.01^{ABd}	1.91 ± 0.01^{Bd}
20	3.05 ± 0.02^{Ac}	2.85 ± 0.015^{Bc}	2.86 ± 0.015^{Bc}	3.08 ± 0.015^{Ac}	2.76 ± 0.015^{Cc}
30	3.80 ± 0.02^{Ab}	3.56 ± 0.02^{Cb}	3.57 ± 0.01^{BCb}	3.62 ± 0.01^{Bb}	3.46 ± 0.01^{Db}
40	4.32 ± 0.08^{Aa}	4.05 ± 0.07^{Ba}	4.21 ± 0.05^{Aa}	4.18 ± 0.04^{ABa}	3.87 ± 0.05^{Ca}

注:同列小写字母不同表示相同处理组在不同贮藏时间之间差异显著($p<0.05$);同行大写字母不同表示不同处理组在相同贮藏时间之间差异显著($p<0.05$)。

6. 不同保鲜剂处理酱卤猪手贮藏期间 TBARS 值变化

TBARS 值在肉类产品中可以反映的是脂类氧化的指标,得到的结果为脂肪氧化过程中产生的丙二醛的含量。脂肪氧化是肉制品在保质期间影响产品风味的很重要的因素之一,脂肪发生氧化对于产品的风味和口感都可以产生不利的影响。由表 4-38 可以看出贮藏 0 d 时对照组、样品1、样品2、样品3 和样品4 的 TBARS 值分别为 1.51、1.50、1.50、1.49 和 1.50,差异不显著($p>0.05$)。酱卤猪手中脂肪含量略高,在 0~40 d 的贮藏期内对照组和 4 组样品的 TBARS 值都呈现不断升高的趋势,对照组相较与其余 4 组样品 TBARS 值升高较快,说明这几种保鲜剂的添加对于酱卤猪手贮藏期的脂肪氧化都有抑制作用,样品4 的 TBARS 值明显小于其余 3 组样品($p<0.05$)。丁香提取物对酱卤猪手中脂肪氧化的控制效果更好。

表 4-38 不同保鲜剂对酱卤猪手贮藏期 TBARS 值的影响

天数/d	对照组	茶多酚	Nisin	溶菌酶	丁香提取物
0	1.51 ± 0.02^{Ad}	1.50 ± 0.02^{Ad}	1.50 ± 0.01^{Ae}	1.49 ± 0.006^{Ae}	1.50 ± 0.002^{Ae}
10	1.88 ± 0.005^{Ac}	1.85 ± 0.002^{Bc}	1.86 ± 0.003^{ABd}	1.76 ± 0.007^{Cd}	1.69 ± 0.01^{Dd}
20	2.09 ± 0.006^{Ab}	2.05 ± 0.01^{Bb}	2.06 ± 0.003^{Bc}	1.98 ± 0.01^{Cc}	1.91 ± 0.015^{Dc}
30	2.20 ± 0.006^{Ab}	2.15 ± 0.003^{Bb}	2.17 ± 0.01^{Cb}	2.11 ± 0.003^{Db}	1.99 ± 0.006^{Eb}
40	2.61 ± 0.134^{Aa}	2.32 ± 0.088^{Ba}	2.24 ± 0.078^{BCa}	2.20 ± 0.013^{Ca}	2.12 ± 0.010^{Ca}

注:同列小写字母不同表示相同处理组在不同贮藏时间之间差异显著($p<0.05$);同行大写字母不同表示不同处理组在相同贮藏时间之间差异显著($p<0.05$)。

7. 不同保鲜剂处理酱卤猪手贮藏期间感官评分变化

在贮藏期间影响肉制品感官品质发生变化的因素有很多,例如发生蛋白水解,脂肪氧化,酶解还有化学氧化等。由表 4-39 可以看出储存 0 d 时对照组、样品1、样品2、样品3 和样品4 的感官评分分别为 42.5、43.5、43.2、42.7、42.5,差异不显著($p>0.05$)。随着贮藏时间的延长,对照组和 4 组产品的感官评分不断下降,说明贮藏时间和酱卤猪手的感官评分呈负相关性。可能是因为随着贮藏时间的延长产品的剪切力升高嫩度变差,水分含量下降保水性下降多汁性降低,脂肪氧化蛋白质分解酱卤猪手口味和风味下降,导致产品整体感官评分不断降低。贮藏40 d时对照组的感官评分为31,样品1的感官评分为32.8,样品2的感官评分为32.6,样品3的感官评分为32.2,样品4的感官评分为34.90,样品4的感官评分明显高于对照组及其余3组样品($p<0.05$)。结合贮藏期其余指标可以得出丁香提取物对酱卤猪手的保鲜效果较好。

表4-39 不同保鲜剂对酱卤猪手贮藏期感官评分的影响

天数/d	对照组	茶多酚	Nisin	溶菌酶	丁香提取物
0	42.50 ± 0.50^{Aa}	43.50 ± 1.00^{Aa}	43.20 ± 0.75^{Aa}	42.70 ± 0.91^{Aa}	42.50 ± 0.79^{Aa}
10	39.60 ± 1.14^{Ab}	40.60 ± 1.14^{Ab}	41.10 ± 1.02^{Ab}	40.70 ± 1.03^{Ab}	41.10 ± 0.89^{Aa}
20	39.10 ± 0.89^{Ab}	38.20 ± 0.57^{Ac}	38.20 ± 0.44^{Ac}	38.30 ± 0.57^{Ac}	38.60 ± 0.015^{Ab}
30	35.00 ± 0.93^{Ac}	35.90 ± 0.74^{Ad}	36.70 ± 0.67^{Ad}	36.50 ± 1.00^{Ad}	37.20 ± 0.57^{Ac}
40	31.00 ± 0.61^{Cd}	32.80 ± 1.15^{Be}	32.60 ± 0.41^{Be}	32.20 ± 0.75^{BCe}	34.90 ± 0.41^{Ad}

注:同列小写字母不同表示相同处理组在不同贮藏时间之间差异显著($p<0.05$);同行大写字母不同表示不同处理组在相同贮藏时间之间差异显著($p<0.05$)。

8.不同保鲜剂处理酱卤猪手贮藏期间水分分布变化

肉制品中水分图4-11至图4-15为对照组和4组保鲜剂处理样品在贮藏期间水分分布情况。从图中可以看出据酱卤猪手贮藏期间水分在产品内部的分布不断变化,贮藏0 d时对照组和4组样品均出现4个峰分别对应肌肉中的强结合水、弱结合水、不易流动水、自由水,酱卤猪手中不易流动水在水分分布中占据较大比例,5组样品的水分分布变化差异不显著。贮藏10 d时,5组样品不易流动水水含量升高,总体水分含量上升。贮藏期20 d时整体水分含量呈下降趋势,样品1和样品2中。贮藏期30~40 d,水分分布出现杂乱的峰,可能是因为蛋白氧化过程中凝胶结构发生变化,持水力下降。

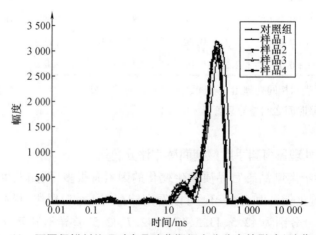

图4-11 不同保鲜剂处理对产品贮藏期间水分分布的影响(贮藏0 d)

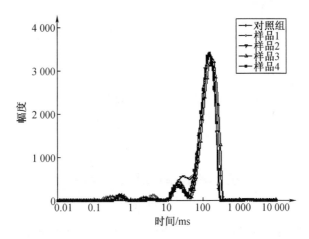

图4-12 不同保鲜剂处理对产品贮藏期间水分分布的影响(贮藏10 d)

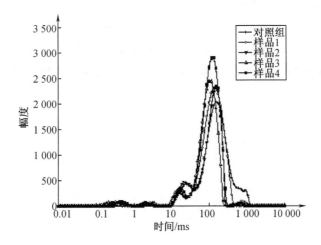

图4-13 不同保鲜剂处理对产品贮藏期间水分分布的影响(贮藏20 d)

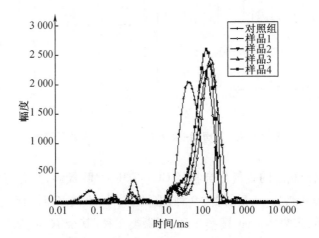

图4-14 不同保鲜剂处理对产品贮藏期间水分分布的影响(贮藏30 d)

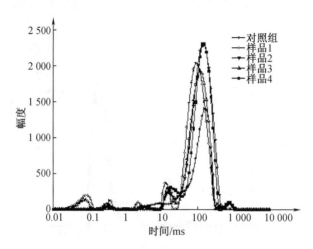

图 4-15　不同保鲜剂处理对产品贮藏期间水分分布的影响(贮藏 40 d)

9. 贮藏期间挥发性组分变化分析

从总离子流图(图 4-16)可以看出,在酱卤猪手的贮藏过程中共检测出 491 个峰,使用 ChromaTOF 软件(V 4.3x,LECO)和 NIST 数据库对质谱数据进行了峰提取,通过对比可以查阅出名称的物质有 237 种,其中对匹配度进行筛选,从中选择出的匹配度大于 80% 的化合物有 102 种。

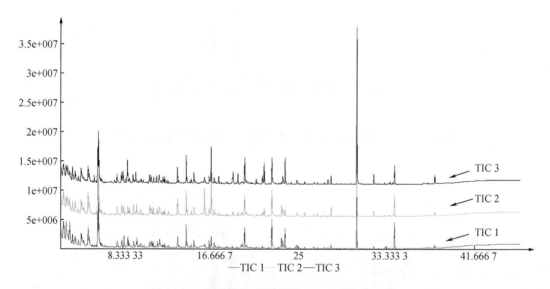

图 4-16　酱卤猪手贮藏期 GC-MS 总离子流图

萃取得到的酱卤猪手的香气化合物经 GC-TOF-MS 检验,共鉴定出 102 种挥发性组分,见表 4-38。其中烷类 14 种,烯类 9 种,醛类 17 种,酮类 12 种,苯类 6 种,萘类 4 种,醇类 12 种,酯类 7 种,苯酚类 2 种,酚类 2 种,吲哚类 2 种,其余 16 种为二甲基二硫、2-甲基吡嗪、内吸磷-S、2-乙酰基呋喃、月桂酸、反式-2-壬烯酸、N,N-二丁基甲酰胺、抗氧剂 264、三甲基乙酸酐、2-乙酰基吡咯、乙二醇苯醚、己内酰胺、洋芹脑、3-甲基噻吩、吡啶、壬醛胺。

其中含硫化合物具有强烈的嗅感,微小的含量也可以对肉品的气味产生影响,含硫化合物是最典型的肉香味物质。C_{10} 以下的醇类的气味随着分子质量的增加而增强,C_{10} 以上的醇类的气味随着分子质量的增加而减弱。1-辛烯-3-醇具有蘑菇、薰衣草、玫瑰和干草香气,用于调制香味;芳樟醇是全世界每年排出的用量最大、最常用的香料,具有铃兰香气别名里那醇;正辛醇具有强烈的芳香气味;4-萜烯醇是一种食品用香料,用于配置香辛类香精;肉桂醇具有类似风信子的甜香味。醛类是肉香味的主要来源,醛类中随着分子质量的增加刺激性的气味减弱,散发出令人愉快的气味。其中反-2-辛烯醛呈脂肪和肉类香气,并有黄瓜和鸡肉香味;糠醛和苯丙醛也是芳香族的醛,具有杏仁味;2-十一烯醛具有醛香、蜡香、柑橘香、脂肪香和青香的醛,大多应用于食用香精的调配;反式-2,4-癸二烯醛带有橘子和新鲜的甜橙香气;反式-2-癸烯醛用于香料,调制家禽类及柑橘类香精,用于食品;苯乙醛具有水果的甜香味,用于香料工业,也用于烘烤食品、冰冻乳制品、布丁。多醇一般没有气味;酮类一般具有特殊的嗅感,大分子的不饱和酮具有良好的香气,2-庚酮具有温和的樟脑似气味,有凉的柔和的香料风味;甲基庚烯酮含有类似于柠草和乙酸异丁酯的香气。酯类具有良好的水果香;酚类和酚醚一般具有强烈的香气,例如丁香酚有辛香香气、熏肉香气。

从表4-40可以看出,贮藏0 d、20 d 和40 d 相比较没有检测出的物质有1-庚烯-3-酮、二氢香芹酮、均三甲苯、1-金刚烷醇、(Z)-3,7-二甲基-2,6-辛二烯-1-醇甲酸酯、洋芹脑,贮藏20 d 没有检测到2,6,10-三甲基十二烷,贮藏40 d 没有检测出原甲酸三乙酯、3-甲基噻吩、吡啶、壬醯胺。贮藏0 d 和贮藏20 d、40 d 检测出的挥发性物质差异不显著,但是随着贮藏时间的延长产品感官评分不断下降。存在这种差异的原因可能是,感官评分是人对于样品整体香气口感以及颜色等各因素的综合评价,而挥发性物质在样品内部是以复合形式存在的,它们之间可能存在着相杀或者相乘的作用,这些作用都会影响人对肉制品味道的评价,检测得到的只是整体的挥发性物质,不能得到他们的整体香气。并且还可能存在着现在仪器设备不能检测出的物质,也可能对食品的风味有一定影响。

表4-40　酱卤猪手贮藏期挥发性物质变化表

序号	化合物名称	峰面积		
		0 d	20 d	40 d
1	聚(二甲基硅氧烷)	412 011.85	398 711.735	431 084.157
2	四甲基辛烷	5 780 240.86	3 712 482.85	2 837 592.27
3	十二烷	1 524 291.03	1 718 488.21	1 397 556.36
4	十甲基环五硅氧烷	1 884 367.31	2 595 280.44	3 190 226.73
5	2,6,10-三甲基十二烷	282 727.099	—	383 315.874
6	正十五烷	128 895.409	139 019.816	87 934.921
7	十二甲基环六硅氧烷	954 429.266	1 244 449.17	1 494 198.64
8	正二十一烷	203 366.709	64 723.978	209 076.469
9	十四烷	347 675.313	404 369.412	400 758.225

表 4-40（续 1）

序号	化合物名称	峰面积		
		0 d	20 d	40 d
10	正三十一烷	111 596.661	174 887.544	119 132.938
11	十六甲基-1,15-二羟基八硅氧烷	204 530.065	219 265.483	220 612.235
12	二苯基甲烷	33 411.723	30 982	26 475.421
13	4-甲基二苯甲烷	32 526.415	27 951.692	23 721.335
14	正二十一烷	830 063.889	1 207 023.16	1 076 347.76
15	2,4-二甲基-1-庚烯	1 563 575.86	1 152 353.02	998 813.011
16	蒎烯	88 486.31	87 069.888	190 377.995
17	莰烯	560 718.943	651 881.729	2 177 709.43
18	1-十六烯	284 456.18	326 993.92	328 639.844
19	松油烯	329 141.786	212 889.385	796 471.986
20	苯乙烯	342 237.594	2 935 019.65	1 477 600.84
21	双戊烯	48 097.779	45 794.152	178 048.029
22	桧烯	666 131.853	1 234 538.45	2 446 473.01
23	茴香烯	8 445 953.79	2 972 107.46	11 276 100
24	正己醛	12 629 054.2	10 804 432.6	12 902 422.3
25	庚醛	2 220 203.89	3 118 710.78	2 066 299.72
26	反-2-辛烯醛	79 139.098	113 800.361	69 405.172
27	糠醛	702 322.05	756 993.845	915 009.971
28	苯甲醛	5 931 178.27	23 428 511.3	19 172 560.6
29	5-甲基呋喃醛	254 140.012	266 749.381	248 368.384
30	2-十一烯醛	266 277.314	190 186.408	72 314.674
31	苯丙醛	92 557.771	363 053.831	258 792.847
32	2,4-二甲基苯甲醛	176 910.023	203 353.64	235 619.546
33	反式-2,4-癸二烯醛	6 186 743.2	5 768 557.41	642 533.377
34	3-甲氧基苯甲醛	787 101.932	403 403.808	2 769 481.63
35	肉桂醛二乙缩醛	1 914 578.93	4 636 159.62	4 054 071.71
36	alpha-甲基肉桂醛	228 174.655	29 030.853	40 050.597
37	5-羟甲基糠醛	54 617.599	67 833.174	50 532.02
38	反式-2-癸烯醛	505 359.03	410 642.676	98 497.332
39	苯乙醛	3 572 706.93	2 153 775.25	1 317 211.54
40	壬醛	746 949.154	964 860.554	966 065.277
41	2-庚酮	1 282 994.8	2 361 112.64	2 919 027.05
42	1-庚烯-3-酮	—	1 170 137.33	181 907.624

表4-40(续2)

序号	化合物名称	峰面积		
		0 d	20 d	40 d
43	仲辛酮	177 718.323	355 156.672	299 644.11
44	甲基庚烯酮	648 770.599	914 570.567	1 573 186.04
45	2-壬酮	152 712.997	474 197.939	544 938.462
46	二氢香芹酮	—	934 010.597	2 343 386.94
47	3甲基-6-(1-甲基乙基)-2-环己烯-1-酮	423 761.266	929 334.212	2 384 805.92
48	右旋香芹酮	33 878.295	2 754 270.55	7 667 951.94
49	4′,6-二甲基-2-羟基苯乙酮	2 036 225.45	2 782 232.05	6 341 398.3
50	3-丁基-1(3H)-异苯并呋喃酮	24 677 478.8	22 513 125.6	25 444 219.9
51	对甲氧基苯基丙酮	211 551.439	146 651.241	542 971.351
52	苯	382 815.698	4 276 620.16	2 597 643.69
53	间二甲苯	113 158.544	177 366.303	161 919.283
54	对二甲苯	312 856.886	283 685.631	294 651.148
55	邻-异丙基苯	1 283 047.75	111 505.191	2 725 447.66
56	均三甲苯	—	110 970.042	156 052.436
57	3,4,5-三甲基甲苯	96 340.058	41 051.503	72 205.329
58	2-甲基萘	309 491.54	283 125.328	265 481.212
59	1,8-二甲基萘	93 000.285	89 235.294	77 242.368
60	2-甲基萘	199 880.386	182 318.965	170 801.723
61	1,2-二甲基萘	26 478.532	27 801.999	21 870.533
62	1-金刚烷醇	—	335 550.865	323 106.903
63	桉叶油醇	1 522 859.77	1 245 156.34	3 243 857.43
64	1-辛烯-3-醇	4 165 470.13	4 661 262.08	5 779 932.21
65	2-乙基己醇	54 729.021	488 981.748	69 477.228
66	芳樟醇	321 699.639	485 977.489	1 359 060.4
67	正辛醇	221 645.066	282 262.627	300 738.922
68	4-萜烯醇	631 615.545	523 374.895	1 535 715.72
69	3-呋喃甲醇	900 478.51	1 257 292.42	891 822.525
70	香叶醇	28 185.323	290 659.856	548 791.719
71	1-苯氧基-2-丙醇	305 419.348	247 363.352	204 921.192
72	肉桂醇	99 655.369	121 749.503	125 592.595
73	5-茚醇	92 522.352	257 534.226	404 430.804
74	原甲酸三乙酯	71 481.083	59 522.498	—
75	甲酸己酯	1 075 068.26	1 817 266.09	972 050.025

表 4-40(续3)

序号	化合物名称	峰面积		
		0 d	20 d	40 d
76	甲酸庚酯	225 200.78	213 924.626	274 375.175
77	2-丁炔酸甲酯	208 394.208	1 314 310.98	1 259 275.98
78	(Z)-3,7-二甲基-2,6-辛二烯-1-醇甲酸酯	—	106 073.704	146 863.054
79	乙酸丁香酚酯	1 262 153.49	2 658 461.56	5 359 033.08
80	酞酸二乙酯	755 062.491	677 646.309	430 850.104
81	2,4-二叔丁基苯酚	889 865.036	987 124.91	1 004 362.43
82	3-甲基-4-异丙基苯酚	46 436.927	45 710.265	72 532.357
83	丁香酚	21 113 602	45 207 682.5	69 620 816.1
84	对甲酚	451 004.44	463 824.478	301 648.795
85	吲哚	82 680.837	311 966.757	109 359.986
86	3-甲基吲哚	42 820.954	35 586.432	40 208.511
87	二甲基二硫	82 939.981	437 031.169	305 140.947
88	2-甲基吡嗪	1 104 770.06	1 116 024.62	644 960.372
89	内吸磷-S	12 618 765.4	13 849 278.5	14 153 433
90	2-乙酰基呋喃	177 888.182	231 473.954	218 692.601
91	月桂酸	156 998.29	229 382.264	252 968.472
92	反式-2-壬烯酸	49 020.25	52 702.223	76 227.309
93	N,N-二丁基甲酰胺	129 939.193	72 773.808	66 955.831
94	抗氧剂 264	70 520.476	199 129.47	121 786.316
95	三甲基乙酸酐	49 226.67	54 756.617	56 100.798
96	2-乙酰基吡咯	873 621.592	1 260 991.78	1 041 291.67
97	乙二醇苯醚	435 308.274	336 271.026	268 735.546
98	己内酰胺	49 707.768	34 173.869	23 116.12
99	洋芹脑	—	68 424.623	176 139.001
100	3-甲基噻吩	379 761.269	150 866.231	—
101	吡啶	33 296.247	35 620.579	—
102	壬醛胺	93 245.254	41 347.135	—

四、讨论

与化学保鲜剂相比较,天然保鲜剂在安全方面可以得到保证,也更加符合消费者的需求。目前天然保鲜剂是国内外研究的热点,也是发展的重点和趋势。如何有效地控制肉制品的质量安全,是肉制品研究中的重要问题。影响肉制品安全的最主要因素就是微生物对肉制品的污染,另外脂肪氧化对肉制品品质带来的影响也不容小觑。茶多酚、Nisin、溶菌酶、丁香提取物都是现在市场上常见的天然保鲜剂,本试验对这4种保鲜剂对酱卤猪手贮藏期品质产生的影响进行了研究。茶多酚和丁香提取物属于植物源天然防腐剂,使用安全,通过抗脂质氧化、抑菌和清除自由基来达到防腐保鲜的作用。Nisin属于微生物源的天然抗菌防腐剂,对梭菌和细菌芽孢的作用显著,但是对革兰氏阳性菌、酵母和霉菌不起作用,Nisin是一种多肽,在食用后会被胃中的蛋白水解酶水解成氨基酸。溶菌酶属于动物源天然抗菌防腐剂,对多种微生物有抑菌效果。试验过程中运用加速破坏试验模型对酱卤猪手的保质期进行快速预测,加速破坏试验过程中样品4(丁香提取物)在保存过程中发挥了较好的效果,与对照组比较添加保鲜剂的4组样品对酱卤猪手的防腐保鲜都起到了作用。为了进一步了解4种保鲜剂在酱卤猪手贮藏期发挥的作用,本试验将产品置于4 ℃条件下保存,每隔10 d对酱卤猪手的感官品质、水分、水分活度、菌落总数、pH值、TBARS值进行检验,试验结果表明,与空白对照组比较,保鲜剂处理组对酱卤猪手防腐保鲜均有一定效果,但是从整体来看,丁香提取物对酱卤猪手的保鲜效果较好。在贮藏期过程中,丁香提取物组样品各项检测指标均优于其余4组样品。这可能是由于丁香提取物和茶多酚等植物源防腐剂中含有较高的多酚,其具有较强地清除自由基、抑菌、抑制脂质氧化等作用,因此随着贮藏期的延长,酱卤制品中的微生物日益增多,脂肪氧化程度加重,而多酚类化合物对其抑菌效果更为明显,因此植物源天然抗氧化的效果更好。

五、结论

通过加速破坏试验对酱卤猪手的保质期进行预测,在预测结果的基础上再在4 ℃条件下对酱卤猪手贮藏期间品质变化进行研究。贮藏过程中除对照组pH呈不断下降趋势,水分含量在贮藏20 d升高后在贮藏20~40 d不断下降,水分活度和菌落总数却不断升高。同对照组相比,4组保鲜剂对酱卤猪手都具有一定的保鲜效果,1.5%丁香提取物的保鲜效果最佳,贮藏40 d后各项指标均优于其余3组样品。

本章参考文献

[1] 孙海蛟,苏琳琳,谷大海. 北方肉制品市场现状及发展趋势[J]. 肉类研究,2009(1):3-5.

[2] 韩绍凤,谷进华,钟世虎. 我国肉制品加工业的空间布局及其协调[J]. 河南科技大学学报(社会科学版),2016,34(5):63-69.

[3] 宋磊,杜娟. 国内外肉类及其制品加工研究现状及进展[J]. 食品安全质量检测学报,2018,9(20):22-27.

[4] 刘阳,唐莉娟,王凌云,等. 即食肉制品产业发展现状与市场前景[J]. 食品工业,2017,38(2):275-279.

[5] 胡雪吟,纪芯玥,丁捷,等. 中国传统酸肉制品研究现状及展望[J]. 食品与发酵科技,2018,54(5):67-70.

[6] 刘丹,贾娜,杨磊,等. 3 种不同香辛料提取物对猪肉肌原纤维蛋白功能特性的影响[J]. 食品科学,2017,38(15):14-19.

[7] 姜绍通,吴洁方,刘国庆,等. 茶多酚和大蒜素在冷却肉涂膜保鲜中的应用[J]. 食品科学,2010(10):313-316.

[8] 韩新锋,刘书亮,缪娟,等. 茶多酚在卤肉制品保鲜中的应用[J]. 中国调味品,2012,37(8):31-35.

[9] 张慧芸,孔保华,孙旭. 丁香提取物的成分分析及对肉品中常见腐败菌和致病菌的抑菌效果[J]. 食品工业科技,2009,30(11):85-88.

[10] 罗水忠,潘利华. 乳酸链球菌素用于虾肉糜保鲜的研究[J]. 肉类研究,2004(2):23-24.

[11] 朱巧旋. 壳聚糖复合生物保鲜剂对冷却肉保鲜品质影响研究[D]. 厦门:集美大学,2012.

[12] 王当丰,李婷婷,国竟文,等. 茶多酚-溶菌酶复合保鲜剂对白鲢鱼丸保鲜效果[J]. 食品科学,2017,38(7):232-237.

[13] 师文添. 低温调理五香酱猪蹄加工技术的研究[J]. 中国调味品,2015(10):63-67.

[14] 刘兴余,金邦荃,詹巍,等. 猪肉质构的仪器测定与感官评定之间的相关性分析[J]. 食品科学,2007,28(4):245-248.

[15] 毕姗姗. 煮制条件对卤鸡腿品质的影响[D]. 郑州:河南农业大学,2014.

[16] 吕东津,梁姚顺,宋小焱. 酱油的色、香、味[J]. 中国调味品,2004(7):7-9.

[17] 朱玉英,王存芳. 响应面法优化羊乳果蔬纸加工工艺[J]. 乳业科学与技术,2015,38(5):10-15.

[18] 黄艳,谢三都,许艳萍. 响应面法优化复合酶酶解草鱼蛋白工艺[J]. 武夷学院学报,2015(12):21-27.

[19] 肖卫华,韩鲁佳,杨增玲,等. 响应面法优化黄芪黄酮提取工艺的研究[J]. 中国农业大学学报,2007,12(5):52-56.

[20] 施瑛,裴斐,周玲玉,等. 响应面法优化复合酶法提取紫菜藻红蛋白工艺[J]. 食品科学,2015,36(6):51-57.

[21] 李雪蕊,徐宝才,徐学明. 滚揉里程对牛排品质影响及工艺优化[J]. 食品与生物技术学报,2018,37(4):417-423.

[22] 刘欢,于长青,陈洪生,等. 五香金钱腱工艺技术控制与研究[J]. 中国食品添加剂,2017(5):153-162.

[23] 王政纲,赵丽华,苏琳,等. 冰温贮藏羊肉电阻抗特性及肉品质相关性分析[J]. 食品科学,2019,40(1):249-255.

[24] 马莹,杨菊梅,王松磊,等. 基于 LF-NMR 及成像技术分析牛肉贮藏水分含量变化[J]. 食品工业科技,2018(2):278-284.

[25] 白云,庄昕波,孙健,等. 超高压处理对低脂乳化肠水分分布及微观结构的影响

[J].食品科学,2018,39(21):53-58.

[26] 陈金伟,潘见,张慧娟,等.超高压处理对卤制猪蹄筋皮同步熟而不烂的工艺研究[J].安徽农业科学,2017,45(12):79-80+109.

[27] 刘科,但卫华,刘新华,等.猪跟腱的组织学研究[J].中国皮革,2015,44(17):1-4.

[28] 王蓉蓉.狭鳕和牛肌肉组织提取物在牛肉嫩化中的作用机理研究[D].南京:南京农业大学,2012.

[29] 杨珊珊.鸡肉糜脯加工工艺以及品质改善的研究[D].广州:华南理工大学,2010.

[30] 常海军.不同加工条件下牛肉肌内胶原蛋白特性变化及其对品质影响研究[D].南京:南京农业大学,2010.

[31] 张长贵,王兴华,曾文强.琥珀猪手的生产技术研究[J].食品工业,2009(6):46-48.

[32] 刘晶晶,张松山,谢鹏,等.不同中心温度对牛肉胶原蛋白特性及嫩度的影响[J].现代食品科技,2018,34(3):1-9.

[33] 王晓宇,周光宏,徐幸莲,等.猪肉剪切力的测定方法[J].食品科学,2012,33(21):24-43.

[34] 钟华珍.不同加工工艺对三类畜禽肉品质的影响[D].西安:陕西师范大学,2018.

[35] 姜云,朱科学,郭晓娜.降低水分活度和脱氧包装对半干面常温货架期及品质的影响[J].食品与机械,2017,33(11):117-121.

[36] 孙钦秀,杜洪振,李芳菲,等.复合香辛料提取物对哈尔滨风干肠中生物胺形成的抑制作用[J].食品科学,2018,39(1):22-28.

[37] 冯嫣.香辛料提取物对速冻猪肉丸脂肪氧化控制的研究[J].肉类工业,2016(10):22-27.

[38] 李君珂,吴定晶,刘森轩,等.蔬菜提取物对猪肉脯品质的影响[J].食品科学,2015,36(9):28-32.

[39] 段云霞,赵英,迟玉杰.基于低场核磁共振技术分析不同贮藏条件下白煮蛋水分分布及品质变化[J].食品科学,2018,39(9):26-32.

[40] 陈佳新,陈倩,孔保华.食盐添加量对哈尔滨风干肠理化特性的影响[J].食品科学,2018,39(12):85-92.

[41] 颜鸿飞,彭争光,李蓉娟,等.GC-TOF MS结合化学计量学用于安化黑茶的识别[J].食品与机械,2017,33(8):40-37,65.

[42] NEUMANN C, DEMMENT M, MARETZKI A, et al. The livestock revolution and animal source food consumption: benefits, risks and challenges in urban and rural settings of developing countries[J]. Livestock in A Changing Landscape, 2010(3):45-60.

[43] BELYAEVA M A. Change of meat proteins during thermal treatment[J]. Meat Science, 2003, 39(4):408-409.

[44] DEEPTHI M. S. MUNASINGHE; TAKESHI OHKUBO; TADASHI SAKAI. The lipid

peroxidation induced changes of protein in refrigerated yellowtail minced meat[J]. Fisheries Science. 2005, 71(2):462-464.

[45] SMETANA S, MATHYS A, KNOCH A, et al. Meat alternatives: life cycle assessment of most known meat substitutes[J]. The International Journal of Life Cycle Assessment, 2015, 20(9):1254-1267.

[46] EDER K, GRUNTHAL G, KLUGE H, et al. Concentrations of cholesterol oxidation products in raw, heat-processed and frozen-stored meat of broiler chickens fed diets differing in the type of fat and vitamin E concentrations[J]. British Journal of Nutrition, 2005, 93(5):633.

[47] LEE S O, LIM D G, SEOL K H, et al. Effects of various cooking and re-heating methods on cholesterol oxidation products of beef loin[J]. Asian Australasian Journal of Animal Sciences, 2006, 19(5):756-762.

[48] ZHANG J, WANG Y, PAN D D, et al. Effect of black pepper essential oil on the quality of fresh pork during storage[J]. Meat Science, 2016, 117(4):131-132.

[49] XIA X, KONG B, LIU J, et al. Influence of different thawing methods on physicochemical changes and protein oxidation of porcine longissimus muscle[J]. LWT-Food Science and Technology, 2012, 46(1):280-286.

[50] BERTRAM H C, ANNETTE S, KATJA R, et al. Physical changes of significance for early post mortem water distribution in porcine M. longissimus[J]. Meat Science, 2004, 66(4): 915-924.

[51] WATTANACHANT S, BENJAKUL S, LEDWARD D A. Effect of heat treatment on changes in texture, structure and properties of Thai indigenous chicken muscle[J]. Food Chemistry, 2005, 93(2):337-348.

[52] KIND T, WOHLGEMUTH G, LEE D Y, et al. FiehnLib: mass spectral and retention Index libraries for metabolomics based on quadrupole and Time-of-flight gas chromatography/mass spectrometry[J]. Analytical Chemistry, 2009, 81(24):38-48.

[53] KANG Z L, WANG P, XU X L, et al. Effect of a beating process, as a means of reducing salt content in Chinese-style meatballs (kung-wan): a dynamic rheological and Raman spectroscopy study[J]. Meat Science, 2014, 96(1):147-152.

[54] BRUNTON N P, LYNG J G, ZHANG L, et al. The use of dielectric properties and other physical analyses for assessing protein denaturation in beef biceps femoris muscle during cooking from 5 to 85 ℃[J]. Meat Science, 2006, 72(2):236-244.

[55] DAI Y, MIAO J, YUAN S Z, et al. Colour and sarcoplasmic protein evaluation of pork following water bath and ohmic cooking[J]. Meat Science, 2013, 93(4):898-905.

[56] WENJIAO F, YUNCHUAN C, SUN J X. Effects of tea polyphenol on quality and shelf life of pork sausages[J]. Journal of Food Science and Technology, 2014, 51(1):191-195.

[57] QI J, LI C, CHEN Y, et al. Changes in meat quality of ovine longissimus dorsi muscle in response to repeated freeze and thaw[J]. Meat Science, 2012, 92(4):619-626.

[58] KANG Z L, WANG P, XU X L, et al. Effect of beating processing, as a means of reducing salt content in frankfurters: A physico-chemical and Raman spectroscopic study[J]. Meat Science, 2014, 98(2):171-177.